信息技术项目教程

主　编　顾英杰
副主编　边春旭
参　编　吕艳芬　孙宗江　孙歌平　宋明鑫
　　　　郑晓岩　高　晗　刘泉莉
　　　　（排名不分先后）

北京理工大学出版社
BEIJING INSTITUTE OF TECHNOLOGY PRESS

内 容 简 介

本书以突出应用、强调技能为目标，以实践性、实用性为编写原则，重点介绍了计算机办公自动化的基本应用。本书包括"计算机基础知识""字处理 Word 2016""电子表格 Excel 2016""演示文稿 PowerPoint 2016""网络基础知识和应用"五大模块。

本书采用"任务驱动"编写方式，将知识要点贯穿于不同的项目和任务中。所选项目注重实用性，贴近工作实际。每个项目都附有丰富的教学资源库，同时具有活页式、立体化、数字化特点，既有助于学生实战演练、专题训练和德育洗礼，又锻炼了学生线上、线下交互式学习能力，为其职业生涯发展和终身学习奠定了基础。

本书可作为中、高职院校培养学生计算机操作能力的基础实践教材，也可作为其他学习计算机应用基础知识人员的参考书。

版权专有 侵权必究

图书在版编目（CIP）数据

信息技术项目教程 / 顾英杰主编. -- 北京 : 北京理工大学出版社, 2024. 8.
ISBN 978-7-5763-3892-8

Ⅰ. TP3

中国国家版本馆 CIP 数据核字第 2024PQ6284 号

责任编辑：王玲玲	**文案编辑**：王玲玲	
责任校对：刘亚男	**责任印制**：施胜娟	

出版发行 / 北京理工大学出版社有限责任公司
社　　址 / 北京市丰台区四合庄路 6 号
邮　　编 / 100070
电　　话 / （010）68914026（教材售后服务热线）
　　　　　　（010）63726648（课件资源服务热线）
网　　址 / http://www.bitpress.com.cn

版 印 次 / 2024 年 8 月第 1 版第 1 次印刷
印　　刷 / 河北盛世彩捷印刷有限公司
开　　本 / 787 mm×1092 mm　1/16
印　　张 / 16.5
字　　数 / 360 千字
定　　价 / 57.00 元

图书出现印装质量问题，请拨打售后服务热线，负责调换

前言

随着计算机技术的飞速发展，运用计算机进行信息处理已成为每位大学生必备的基本技能。本书面向中、高职学生，结合学生未来职业发展需要，着重介绍计算机基础知识及 Office 系列办公软件的使用方法。本书编写遵循"服务专业岗位、强化职业能力训练"的设计理念，针对教育、护理、财经和中医药等典型专业，设计了基于学生学科特点、岗位特征的项目式教学任务，同时兼顾最新计算机等级考试（一级 MS Office）大纲要求。在每个项目中，精心设计了涵盖计算机专项能力训练的操作任务，任务具有较强的专业针对性和岗位适应性，能帮助学生掌握实际工作岗位中需要的信息素养。同时，为了落实"立德树人"根本任务，发挥好本门课程的育人作用，在项目任务中融入了具有专业特点的德育素材，旨在培养学生信息素养的同时，帮助学生树立文化自信、恪守职业规范、坚定职业信念，从而弘扬工匠精神。

本书包括"计算机基础知识""字处理 Word 2016""电子表格 Excel 2016""演示文稿 PowerPoint 2016""网络基础知识和应用"五大模块。

本书具有活页式、立体化、数字化特点，配套有教学素材库、任务工单库、德育素材库、教学视频库等丰富的数字资源，形式多样、内容丰富，有益于课前、课中、课后三位一体组织教学，能促进课程学习时间和空间的延伸与拓展，从而有助于提升学生的自主学习与合作探究能力。

本书由长白山职业技术学院多位骨干教师编写，它是应教学需要并结合各位编者的教学实践编写而成的。

本书可作为中、高职院校培养学生计算机操作能力的基础实践教材，也可作为其他学习计算机应用基础知识人员的参考书。

限于编者水平，书中疏漏之处难免，恳请读者提出宝贵意见和建议，以期本书再版时更加完善。

编 者

目 录

模块 1　计算机基础知识 ……………………………………………………………… 1

　项目 1　了解计算机 ……………………………………………………………… 1
　　1.1.1　素养课堂 ……………………………………………………………… 1
　　1.1.2　案例的提出 …………………………………………………………… 2
　　1.1.3　解决方案 ……………………………………………………………… 2
　　1.1.4　相关知识点 …………………………………………………………… 2
　　1.1.5　实现方法 ……………………………………………………………… 2
　项目 2　了解计算机新技术 ……………………………………………………… 11
　　1.2.1　素养课堂 ……………………………………………………………… 11
　　1.2.2　案例的提出 …………………………………………………………… 12
　　1.2.3　解决方案 ……………………………………………………………… 12
　　1.2.4　相关知识点 …………………………………………………………… 13
　　1.2.5　实现方法 ……………………………………………………………… 13
　项目 3　Windows 10 基本操作 …………………………………………………… 19
　　1.3.1　素养课堂 ……………………………………………………………… 19
　　1.3.2　案例的提出 …………………………………………………………… 20
　　1.3.3　解决方案 ……………………………………………………………… 20
　　1.3.4　相关知识点 …………………………………………………………… 20
　　1.3.5　项目工单及评分标准 ………………………………………………… 21
　　1.3.6　实现方法 ……………………………………………………………… 22

模块 2　字处理 Word 2016 …………………………………………………………… 31

　项目 1　文字宣传单的制作 ……………………………………………………… 31
　　2.1.1　案例的提出 …………………………………………………………… 31
　　2.1.2　解决方案 ……………………………………………………………… 31
　　2.1.3　相关知识点 …………………………………………………………… 32
　　2.1.4　项目工单及评分标准 ………………………………………………… 39

2.1.5　实现方法 …………………………………………………………… 40
项目2　"促销商品清单"表格的制作 …………………………………………… 55
　　2.2.1　案例的提出 ………………………………………………………… 55
　　2.2.2　解决方案 …………………………………………………………… 55
　　2.2.3　相关知识点 ………………………………………………………… 55
　　2.2.4　项目工单及评分标准 ………………………………………………… 56
　　2.2.5　实现方法 …………………………………………………………… 57
项目3　图片宣传单的制作 ………………………………………………………… 63
　　2.3.1　案例的提出 ………………………………………………………… 63
　　2.3.2　解决方案 …………………………………………………………… 63
　　2.3.3　相关知识点 ………………………………………………………… 63
　　2.3.4　项目工单及评分标准 ………………………………………………… 64
　　2.3.5　实现方法 …………………………………………………………… 65
项目4　毕业论文设计 ……………………………………………………………… 73
　　2.4.1　案例的提出 ………………………………………………………… 73
　　2.4.2　解决方案 …………………………………………………………… 73
　　2.4.3　相关知识点 ………………………………………………………… 73
　　2.4.4　项目工单及评分标准 ………………………………………………… 76
　　2.4.5　实现方法 …………………………………………………………… 78
项目5　教学文案设计（教育系） ………………………………………………… 89
　　2.5.1　素养课堂 …………………………………………………………… 89
　　2.5.2　案例的提出 ………………………………………………………… 90
　　2.5.3　解决方案 …………………………………………………………… 90
　　2.5.4　项目工单及评分标准 ………………………………………………… 91
　　2.5.5　实现方法 …………………………………………………………… 95
项目6　医院常规文件编辑（护理系） …………………………………………… 97
　　2.6.1　素养课堂 …………………………………………………………… 97
　　2.6.2　案例的提出 ………………………………………………………… 98
　　2.6.3　解决方案 …………………………………………………………… 98
　　2.6.4　项目工单及评分标准 ………………………………………………… 99
　　2.6.5　实现方法 …………………………………………………………… 104
项目7　"自觉遵守职业道德规范从我做起"宣传活动（财经系） ……………… 105
　　2.7.1　素养课堂 …………………………………………………………… 105
　　2.7.2　案例的提出 ………………………………………………………… 105
　　2.7.3　解决方案 …………………………………………………………… 105
　　2.7.4　项目工单及评分标准 ………………………………………………… 106
　　2.7.5　实现方法 …………………………………………………………… 109
项目8　"树立医药文化自信"宣传活动（药学系） ……………………………… 111
　　2.8.1　素养课堂 …………………………………………………………… 111

2.8.2　案例的提出 ………………………………………………………………… 112
　　2.8.3　解决方案 …………………………………………………………………… 112
　　2.8.4　项目工单及评分标准 ………………………………………………………… 113
　　2.8.5　实现方法 …………………………………………………………………… 119

模块 3　电子表格 Excel 2016 ……………………………………………………… 121

项目 1　创建学生成绩表 …………………………………………………………… 123
　　3.1.1　案例的提出 ………………………………………………………………… 123
　　3.1.2　解决方案 …………………………………………………………………… 123
　　3.1.3　相关知识点 ………………………………………………………………… 123
　　3.1.4　项目工单及评分标准 ………………………………………………………… 132
　　3.1.5　实现方法 …………………………………………………………………… 133

项目 2　学生成绩表的数据计算 ……………………………………………………… 139
　　3.2.1　案例的提出 ………………………………………………………………… 139
　　3.2.2　解决方案 …………………………………………………………………… 139
　　3.2.3　相关知识点 ………………………………………………………………… 139
　　3.2.4　项目工单及评分标准 ………………………………………………………… 141
　　3.2.5　实现方法 …………………………………………………………………… 142

项目 3　学生成绩表的管理与分析 …………………………………………………… 151
　　3.3.1　案例的提出 ………………………………………………………………… 151
　　3.3.2　解决方案 …………………………………………………………………… 151
　　3.3.3　相关知识点 ………………………………………………………………… 151
　　3.3.4　项目工单及评分标准 ………………………………………………………… 153
　　3.3.5　实现方法 …………………………………………………………………… 154

项目 4　护理人员综合管理（护理系） ……………………………………………… 165
　　3.4.1　素养课堂 …………………………………………………………………… 165
　　3.4.2　案例的提出 ………………………………………………………………… 165
　　3.4.3　解决方案 …………………………………………………………………… 165
　　3.4.4　项目工单及评分标准 ………………………………………………………… 166
　　3.4.5　实现方法 …………………………………………………………………… 172

项目 5　员工工资核算（财经系） …………………………………………………… 173
　　3.5.1　素养课堂 …………………………………………………………………… 173
　　3.5.2　案例的提出 ………………………………………………………………… 174
　　3.5.3　解决方案 …………………………………………………………………… 175
　　3.5.4　项目工单及评分标准 ………………………………………………………… 175
　　3.5.5　实现方法 …………………………………………………………………… 182

项目 6　病例统计表（药学系） ……………………………………………………… 183
　　3.6.1　素养课堂 …………………………………………………………………… 183
　　3.6.2　案例的提出 ………………………………………………………………… 184

3.6.3　解决方案 ……………………………………………………………… 184
　　3.6.4　项目工单及评分标准 ………………………………………………… 185
　　3.6.5　实现方法 ……………………………………………………………… 195

模块 4　演示文稿 PowerPoint 2016 …………………………………………… 197

项目 1　长白山旅游演示文稿案例分析 ……………………………………………… 197
　　4.1.1　案例的提出 …………………………………………………………… 197
　　4.1.2　解决方案 ……………………………………………………………… 197
　　4.1.3　相关知识点 …………………………………………………………… 198
　　4.1.4　项目工单及评分标准 ………………………………………………… 200
　　4.1.5　实现方法 ……………………………………………………………… 201

项目 2　课件制作（教育系） …………………………………………………………… 213
　　4.2.1　素养课堂 ……………………………………………………………… 213
　　4.2.2　项目工单及评分标准 ………………………………………………… 214
　　4.2.3　实现方法 ……………………………………………………………… 216

项目 3　制作大学生职业发展规划 PPT（护理系） ………………………………… 223
　　4.3.1　素养课堂 ……………………………………………………………… 223
　　4.3.2　项目工单及评分标准 ………………………………………………… 224
　　4.3.3　实现方法 ……………………………………………………………… 230

项目 4　制作"诚实守信"主题演示文稿（财经系） ………………………………… 231
　　4.4.1　素养课堂 ……………………………………………………………… 231
　　4.4.2　项目工单及评分标准 ………………………………………………… 231
　　4.4.3　实现方法 ……………………………………………………………… 233

项目 5　制作"中医药文化宣传——名医篇"主题演示文稿（药学系） …………… 235
　　4.5.1　素养课堂 ……………………………………………………………… 235
　　4.5.2　项目工单及评分标准 ………………………………………………… 236
　　4.5.3　实现方法 ……………………………………………………………… 241

模块 5　网络基础知识和应用 …………………………………………………… 243

项目 1　网络故障排查、修复案例分析 ……………………………………………… 243
　　5.1.1　案例的提出 …………………………………………………………… 243
　　5.1.2　解决方案 ……………………………………………………………… 243
　　5.1.3　相关知识点 …………………………………………………………… 243
　　5.1.4　实现方法 ……………………………………………………………… 252

项目 2　网上漫游案例分析 …………………………………………………………… 255
　　5.2.1　案例的提出 …………………………………………………………… 255
　　5.2.2　解决方案 ……………………………………………………………… 255
　　5.2.3　相关知识点 …………………………………………………………… 255
　　5.2.4　实现方法 ……………………………………………………………… 255

模块 1

计算机基础知识

项目 1　了解计算机

教学目标

- ◆ 了解计算机的发展历程。
- ◆ 了解计算机硬件系统。
- ◆ 了解计算机软件系统。

1.1.1　素养课堂

让青年科技人才挑起"科技强国"的大梁

（来源：光明日报）

习近平总书记强调，要造就规模宏大的青年科技人才队伍，把培育国家战略人才力量的政策重心放在青年科技人才上，支持青年人才挑大梁、当主角。

近年来，我国科技人才规模不断扩大，青年科技人才已成为我国科技创新发展的生力军，是国家战略人才力量的重要组成部分。要紧紧围绕深入实施人才强国战略，从体制机制上促进青年科技人才的高质量发展，全面提升青年科技人才挑起"科技强国"大梁。

青年时期是人才培育和塑造的关键期，要用党的初心使命感召青年科技人才，引导其树立科技报国的伟大志向，大力弘扬科学家精神，充分激发青年科技人才报国的内驱力。

报国信仰是支撑人才实现价值的精神支撑，在青年时期就确定科技报国信仰关系着科技人才一生的价值追求。引导青年科技人才树立坚定的科技报国信仰，可从强化思想引领、激发主体自觉、培养科技创新的主人翁意识入手，使其变被动适应为主动担当，激发科技报国的内在斗志。让青年科技人才清晰认识科技创新在国际竞争和民族复兴中的重要作用，真正从祖国和人民的现实需要出发，用科技创新的实际行动实现自己的人生价值。

全面提升青年科技人才的政治素养还需要从培育家国情怀入手。家国情怀是一个人刻在骨子里最深沉的信仰，更是对国家富强、民族振兴、人民幸福的不懈追求。青年科技人才的家国情怀培养必须加持国家利益和人民利益，在科研探索领域勇闯"无人区"，敢啃"硬骨头"，弘扬老一辈科学家精神，在培养家国情怀中不断激发科技报国内驱力，自觉把爱国情、强国志、报国行融入追梦征程中，真正把科技创新写在祖国大地上。

科技强国，人才先行。培养用好青年科技人才，对建设科技强国和人才强国意义重大。新时代必须充分研究其成长发展规律，全方位、多措并举破解青年科技人才培育和成长中的各项难题。切实尊重、珍惜、支持青年科技人才，更好地吸引、留住、用好青年科技人才，让青年科技人才挑起"科技强国"的大梁,促成科技成果高质量转化,在以中国式现代化,全面推进中华民族伟大复兴进程中奉献青春和智慧。

1.1.2 案例的提出

经历了严峻的高考的考验,李晓迈入大学校门。对于现代化的办公工具计算机,虽然他在日常生活中也有一些接触与应用,但是了解得并不系统,应用得也很有局限性。所以他迫切需要掌握这种现代办公自动化的手段,以备踏入社会为将要从事的实际工作之需,增强基于工作实践的学习体验。因此,李晓决定从了解计算机的基础知识开始,学习计算机的诞生与发展历程,掌握计算机的硬件系统和软件系统的相关知识,进而熟练掌握现代化的办公自动化手段。

1.1.3 解决方案

① 通过了解计算机发展历程,进一步了解我国计算机发展状况,从而增加民族自信心和自豪感,鼓舞学生刻苦学习。
② 学习计算机的硬件、软件理论知识,掌握计算机工作原理。
③ 通过手机观看视频,利用互联网自主探讨学习自己动手组装计算机,从而拓展知识面,夯实计算机基础知识。

1.1.4 相关知识点

① 计算机的发展历程。
② 计算机的硬件系统。
③ 计算机的软件系统。

1.1.5 实现方法

经过学习和研究,李晓准备依照前面设计的"解决方案"采用以下方法实现。

【任务1】 了解计算机的发展历程。了解一个完整的计算机系统组成。
学习步骤:

① 计算机的发展史。1946年2月,世界上第一台通用电子数字计算机"ENIAC"(Electronic Numerical Integrator And Computer,埃尼阿克)在美国宾夕法尼亚大学研制成功。它每秒可进行5 000次加减运算,使用了18 800个电子管,占地170 m²,重达30吨,每小时耗电量为150 kW,价格为140万美元,可谓庞然大物。它的诞生具有划时代的意义,是科学技术发展史上的重大里程碑,开创了电子技术的新时代——计算机时代,如图1-1所示。

图1-1 世界上第一台通用电子数字计算机

知识拓展

冯·诺依曼——电子计算机之父

冯·诺依曼（图1-2），美籍匈牙利人，对世界上第一台电子计算机ENIAC的设计提出了建议，采用二进制代码和存储程序的设计理论设计了当时最快的计算机，这个理论称为冯·诺依曼体系结构，并沿用至今。

冯诺依曼体系结构的特点：

◇ 计算机处理的数据和指令一律用二进制数表示。

◇ 顺序执行程序。计算机运行过程中，把要执行的程序和要处理的数据首先存入主存储器（内存），计算机执行程序时，将自动并按顺序地从主存储器中取出指令一条一条地执行，这一概念称作顺序执行程序。

◇ 计算机硬件由运算器、控制器、存储器、输入设备和输出设备五大部分组成。

由于冯·诺依曼对现代计算机技术的突出贡献，因此其被称为"现代电子计算机之父"。

图1-2 冯·诺依曼

② 根据计算机采用的电子元器件，可以将计算机的发展分为四个阶段。

第一代（1946—1957年）是电子管计算机。它的基本电子元件是电子管，内存储器采用水银延迟线，外存储器主要采用磁鼓、纸带、卡片、磁带等。由于当时电子技术的限制，运算速度只是每秒几千次至几万次基本运算，内存容量仅几千个字。程序语言处于最低阶段，主要使用二进制表示的机器语言编程，后阶段采用汇编语言进行程序设计。因此，第一代计算机体积大，耗电多，速度低，造价高，使用不便，主要局限于一些军事和科研部门进行科学计算。

第二代（1958—1964年）是晶体管计算机。1948年，美国贝尔实验室发明了晶体管，10年后，晶体管取代了计算机中的电子管，诞生了晶体管计算机。晶体管计算机的基本电子元件是晶体管，内存储器大量使用磁性材料制成磁芯存储器。与第一代电子管计算机相比，晶体管计算机体积小，耗电少，成本低，逻辑功能强，使用方便，可靠性高。

第三代（1965—1970年）是集成电路计算机。随着半导体技术的发展，1958年夏，美国德克萨斯公司制成了第一个半导体集成电路。集成电路是在几平方毫米的基片上，集中了几十个或上百个电子元件组成的逻辑电路。第三代集成电路计算机的基本电子元件是小规模集成电路和中规模集成电路，磁芯存储器进一步发展，并开始采用性能更好的半导体存储器，运算速度提高到每秒几十万次基本运算。由于采用了集成电路，第三代计算机各方面性能都有了极大提高：体积缩小，价格降低，功能增强，可靠性大大提高。

第四代（1971年至今）是大规模集成电路计算机。随着集成度达到上千甚至上万个电子元件的大规模集成电路和超大规模集成电路的出现，电子计算机发展进入了第四代。第四代计算机的基本元件是大规模集成电路，甚至超大规模集成电路，集成度很高的半导体存储器替代了磁芯存储器，运算速度可达每秒几百万次，甚至上亿次基本运算。

③ 中国计算机发展历程。1956年，时任国务院总理的周恩来亲自主持制定的《十二年科学技术发展规划》，选定计算机、电子学、半导体、自动化四项作为科学规划的紧急措

施。从此，中国计算机事业走上一条从无到有、从弱到强的道路。以下是中国四代计算机的发展历程：

◇ 第一代电子管计算机研制（1956—1964年）。我国从1956年在中科院计算所开始研制通用数字电子计算机，1958年8月1日，该机已经可以表演短程序运行，它标志着我国第一台电子数字计算机的诞生。随后这种名为103型的计算机（即DJS-1型）在738厂开始少量生产。1959年10月1日研制成功了我国第一台大型通用数字电子计算机，代号104机，我国第一颗原子弹的有关计算就是由这台计算机完成的。

◇ 第二代晶体管计算机研制（1965—1972年）。1965年，我国第一台大型晶体管计算机109机在中科院计算所研制成功，随后对109机加以改进，两年后推出了109丙机，这台计算机在我国两弹试制中发挥了突出作用，被用户誉为"功勋机"。此外，华北计算所先后研制成功108机、108机（DJS-6）、121机（DJS-21）和320机（DJS-8），并在738厂等五家工厂生产。1965—1975年，738厂总共生产320机等第二代产品380余台。1965年2月，哈军工（国防科技大学前身）441B晶体管计算机研制成功，并且小批量生产了40多台。

◇ 第三代中小规模集成电路的计算机研制（1973—20世纪80年代初）。1973年，北京大学与北京有线电厂等单位联合研制成功运算速度为每秒100万次的大型通用计算机。1974年，清华大学等单位联合设计研制成功DJS-130小型计算机，接着又推出DJS-140小型机，形成了100系列产品。同一时期，以华北计算所为主要基地，组织全国57个单位联合进行DJS-200系列计算机的设计，同时也设计开发DJS-180系列超级小型机。70年代后期，电子部32所研制成功655机，国防科技大学研制成功151机，速度都在百万次级。进入80年代，我国高速计算机特别是量子计算机有了新的发展。

◇ 第四代超大规模集成电路的计算机研制（20世纪80年代初至今）。和国外一样，我国第四代计算机研制也是从微机开始的。20世纪80年代初我国不少单位也开始采用Z80、X86和6502芯片研制微机。1983年，电子部六所研制成功与IBM PC机兼容的DJS-0520微机。近十几年来，我国的微机生产基本与世界水平同步，诞生了联想、长城、方正、同创、同方、浪潮等一批国产微机品牌，它们正稳步向世界市场发展。

21世纪开始，中国的计算机产业进入了繁荣创新期，已经成为国民经济发展的重要支柱，并且已经形成了完整的产业链，从硬件制造到软件开发，从数据中心建设到云计算服务，都取得了长足的进步。这个时期，中国的计算机用户也呈现爆发式增长，个人用户、企业用户均对计算机的需求越来越高，促进了中国计算机产业的不断升级和创新。近年来，随着人工智能、物联网、大数据等新技术的快速发展，中国的计算机产业又迎来了新的发展机遇。中国的计算机企业开始在新技术领域寻求突破，推出了一系列具有创新性的产品和服务。例如，中国的超级计算机已经达到了世界领先水平；中国的芯片企业取得了骄人的成绩；中国的大数据、云计算、人工智能等企业也正在国内外市场上与国际巨头展开了激烈的竞争。

中国计算机的发展历程是一部充满挑战和机遇的历史。在起步比美国晚了13年的情况下，经过几十年的发展，中国的计算机产业已经从最初的引进国外产品，到现在的自主创新、全面发展，迅速成为具有全球竞争力的产业。随着计算机新技术的不断发展，未来中国的计算机产业定会日新月异，得到长足的发展。

知识拓展

中国十大最快计算机、中国超级计算机排名，你知道吗？

神威·太湖之光（125 436 TFlop/s）

"神威·太湖之光"是由国家并行计算机工程技术研究中心开发并安装在国家超级计算机无锡研究中心的超级计算机，其峰值速度超过每秒10亿次。在2016年美国盐湖城发布的新一期TOP 500排行榜单和2017年全球超级计算机500强排名榜单中，"神威·太湖之光"以9.3 TFlop/s的浮点运算速度赢得了第一名，在2019年国际超级计算大会ISC公布的世界500强超级计算机排名榜单中，它以12.5 TFlop/s的浮点运算速度榜单排名世界第三，"神威·太湖之光"目前主要用于自然灾害的预防和医学研究。如图1-3所示。

天河二号（100 679 TFlop/s）

"天河二号"是由国防科技大学开发的超级计算机系统。在2014年世界500强超级计算机榜单排名中位于榜首，速度是美国泰坦（亚军）的两倍。2015年，"天河二号"以每秒33.86万亿次的速度再次获得冠军。其在2018年世界500强超级计算机榜单排名中位列第三。目前，其主要用于天气预报、新材料、电子商务、动漫设计和数字媒体、大数据和云计算。如图1-4所示。

图1-3 神威·太湖之光

图1-4 天河二号

派-曙光（8 189.5 TFlop/s）

"派-曙光"（Pai-Shuguang）是一种高性能气象计算机系统，它应用的是国产卫星数据，运行的是国产模型。其峰值计算速度达到每秒8 189.5万亿次，约为以前中国气象局使用的高性能计算机系统的8倍，整体系统的可用性高达99%。目前，"派-曙光"已承接了很多种GRAPES全球四维变分同化系统、国家高分辨率风能太阳能多源数值预报集成业务、北京市气象局冬奥睿图模式运行、全球发展大气再分析产品研制等高科技科研项目。如图1-5所示。

天河一号（4 701 TFlop/s）

2009年，"天河一号"（Tianhe-1）在中国国防科技大学研发成功，其部署在天津的国家超级计算机中心。值得自豪的是，"天河一号"使用了中国自主研发的龙芯片，是能够执行每秒运算次数达千万亿次的自主研制的超级计算机。2010年，"天河一号"于世界纪录协会创下了超级计算机最快运行速度的世界纪录。2019年，"天河一号"的性能再次得到较大提升，峰值速度达到了创纪录的最高点，直接达到4 701 TFlop/s。在国际超级计算机大会ISC 2019公布的世界500强超级计算机排名榜单中，天河排名第五。目前，"天河一号"主要用于海洋环境模拟、气候预测、航空航天等领域。如图1-6所示。

图1-5 派-曙光　　　　　　　图1-6 天河一号

神威 E 级原型机（3 130 TFlop/s）

　　神威 E 级原型机是由国家并行计算机工程技术研究中心、国家超级计算济南中心以及其他团队联合开发和部署的。其关键技术研究和突破历时两年多，现已开发和部署成功并投入使用。在 2018 年超级计算机全国百强高性能计算机学术年会上，神威 E 级原型机获得第四名。目前，神威 E 级原型机已升级为神威 E 级超级计算机。目前，神威 E 级原型机主要用于海洋数值模拟、全球气候变化、生物医学模拟和类脑智能等领域。如图 1-7 所示。

星云（3 000 TFlop/s）

　　星云是在中国具有自主知识产权的超级计算机，它在各个方面都取得了新的突破和创新，其实测性能已超过一万亿次，其峰值计算速度可以达到每秒 3 000 万亿次。在 2010 年国际超级计算大会 ISC 公布的世界 500 强超级计算机排名榜单中位列第二。截至 2019 年，星云的峰值速度已达到 3 000 TFlop/s，而且还在不断提高。目前，它主要在国家超级计算机深圳中心部署，应用领域主要有互联网智能搜索、基因测序、科学计算等。如图 1-8 所示。

图1-7 神威 E 级原型　　　　　　　图1-8 星云

神威·蓝光（1 100 Flop/s）

　　"神威·蓝光"计算机最大的特点是核芯处理器全部采用国产 CPU 神威 1600 处理器，是国内首个使用国产 CPU 和系统软件构建的千万亿次计算机系统，部署于国家超级计算济南中心。神威·蓝光计算机使用的是 8 704 片 16 核神威 1600 处理器，具有每秒 1 100 万亿浮点计算的峰值计算速度和 738 万亿次的连续计算能力。它于 2011 年 10 月投入运行时，它的计算速度在中国排名第二，在全球排第 14 名。然而，2019 年之后，神威·蓝光的风头就被神威·太湖之光抢走，尽管如此，它仍具有超实用性。目前主要应用领域有天气预报、海洋科学、财务分析、新特药研发、工业模拟仿真等。如图 1-9 所示。

深腾 X8800（1 064 TFlop/s）

深腾 X8800 是由联想集团开发的具有向 E 级计算机过渡能力的超级计算机。全国"985"高校中有 49 所高校使用 Lenovo 超算，北京大学的高性能计算机公共平台"未名一号"使用了深腾 X8800 作为中国首个 45 ℃温水水冷式超级计算中心，深腾 X8800 凭借计算 1 064 TFlop/s 的速度可节省 50%的制冷散热成本，每年预计将为北京大学节省 60 万度电。如图 1-10 所示。

图 1-9　神威·蓝光

图 1-10　深腾 X8800

曙光 5000A（230 TFlop/s）

曙光（Sugon）5000A 高性能计算机是一项由国家"863"计划高性能计算机及其核心软件重大项目支持的研究项目。曙光 5000A 的第一个超大型系统于 2009 年在上海超级计算中心部署。它诞生较早，峰值速度为 230 TFlop/s，在 ISC 于 2008 年发布的世界 500 强超级计算机排名榜单中排第十名。历经十几年，尽管曙光 5000A 略微落后，但是作为中国第一台万亿次超级计算机，它的贡献仍不可磨灭，它仍为石油、钢铁、船舶、气象和海底隧道等领域提供了强大的算力服务。如图 1-11 所示。

银河系列巨型计算机（1.064 7 TFlop/s）

银河系列巨型计算机（Galaxy）历史悠久，是由中国国防科技大学开发的。它诞生于 1983 年，是一台在中国每秒运行超过 1 亿次操作的巨型计算机。银河系列巨型计算机有四种型号：Galaxy-Ⅰ（1983 年，峰值速度为每秒 1 亿次）、Galaxy-Ⅱ（1994 年，速度为每秒 10 亿次）、Galaxy-Ⅲ（1997 年，速度为每秒 130 亿次）、Galaxy-Ⅳ（2000 年，速度为每秒 1 万亿次）。

在 20 世纪 80 年代和 90 年代，Galaxy 系列超级计算机一直位于世界前列，与国际比肩而行，它使中国成为是继美国和日本之后为数不多的能够独立设计和制造超级计算机的国家之一。如图 1-12 所示。

图 1-11　曙光 5000A

图 1-12　银河系列巨型计算机

④ 计算机系统的组成。一个完整的计算机系统是由计算机硬件系统和计算机软件系统组成的。计算机执行程序时,计算机硬件系统和计算机软件系统要协同工作,两者缺一不可,如图 1-13 所示。

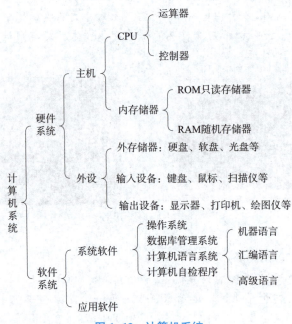

图 1-13　计算机系统

【任务 2】 了解计算机硬件的组成。
学习步骤:

① 计算机硬件(Computer hardware)是指组成计算机的能够看得见、摸得着的物理设备,是计算机系统中由电子、机械和光电元件等组成的各种物理装置的总称,这些物理装置按系统结构的要求构成一个有机整体,为计算机软件运行提供物质基础。硬件的功能是输入并存储程序和数据,以及执行程序把数据加工成可以利用的形式,它包括计算机的主机和外部设备。其中,计算机硬件的五大功能部件是运算器、控制器、存储器、输入设备和输出设备。这五大部件相互配合,协调工作。首先由输入设备接收外界信息,也就是原始数据,控制器发出指令,将数据送入存储器,然后向存储器发出取指令命令,在取指令命令下,程序指令逐条送入控制器,控制器对指令进行译码,并根据指令的操作要求,向存储器和运算器发出存数、取数运算命令,经过运算器并把计算结果存储在存储器内,最后在控制器发出的取数和输出命令的作用下,通过输出设备输出计算结果。计算机硬件系统协调工作方式如图 1-14 所示。

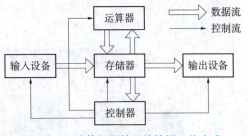

图 1-14　计算机硬件系统协调工作方式

② 中央处理器(Central Process Unit,CPU),它是计算机中最重要的指令中枢,是计算机的核心配件,由运算器和控制器组成。如果把计算机比作人,那么 CPU 就是人的大脑。

CPU 包括运算逻辑部件、寄存器部件、运算器和控制部件等，主要负责读取指令，对指令翻译编码并执行指令。虽然 CPU 体积还没有火柴盒大，但是在计算机系统中却占有举足轻重的地位，其性能指标是影响计算机系统运算速度的重要因素。

目前，CPU 的生产厂商主要有：

Intel 公司，Intel 生产的 CPU 占有大约 80% 的市场份额，成为事实上的 x86 CPU 技术规范和标准。最新的酷睿 2 成为 CPU 的首选。

AMD 公司，是一家真正意义上的跨国公司，70% 以上的收入来自国际市场。其专门为计算机提供通信和消费电子行业设计以及制造各种创新的微处理器（CPU、GPU、APU、主板芯片组、电视卡芯片等）、闪存和低功率处理器解决方案。其是目前业内唯一可以提供高性能 CPU、高性能独立显卡 GPU、主板芯片组三大组件的半导体公司，为了明确其优势，AMD 提出 3A 平台的新标志，在笔记本领域有"AMD VISION"标志的就表示该计算机采用 3A 构建方案。

龙芯（Loongson），是中国有自主知识产权的通用处理器，于 2002 年 09 月 29 日研制成功，由中国科学院计算技术所授权的北京神州龙芯集成电路设计公司研发，目前已经有 2 代产品。最新的龙芯 2F 已经赶上 Intel 中端 P4 的水平。

威盛（VIA），是台湾一家主板芯片组厂商，其收购了 Cyrix 和 IDT 两家老厂商的 CPU 部门，推出了自己的 CPU。威盛的性能可以与 Intel 的经济型 CPU 相比，功耗只有 1 W，在 Intel 与 AMD 的双重压迫下艰难生存。

③ 运算器、控制器和内存储器合称为计算机的主机。

④ 从外观上看，位于主机箱外部的主机、显示器、鼠标和键盘等设备称为计算机的外设。主机箱背面是用于连接电源、键盘、鼠标、打印机等许多输入、输出设备的插孔和接口。主机箱内部的设备称为内设，通常包括 CPU、内存、硬盘、光驱、电源等硬件。一般来看，装上软件后，主机自身已经成为一个能够独立运行的计算机系统，但如服务器那样有专门用途的计算机通常只有主机，没有其他外设。计算机硬件外观如图 1-15 所示。

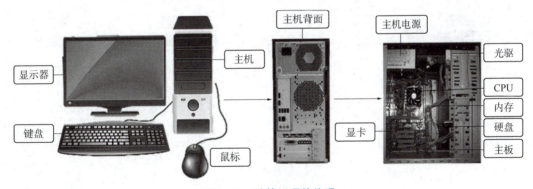

图 1-15 计算机硬件外观

【任务 3】了解计算机软件的组成。

学习步骤：

① 计算机软件（Computer Software）简称软件，是指计算机系统中的程序及其文档。程序是计算任务的处理对象和处理规则的描述，是按照一定顺序执行的、能够完成某一任务的指令集合，而文档则是为了便于了解程序所需的说明性资料。

② 计算机语言也称程序设计语言。计算机之所以能够按照用户的要求运行，是因为计算机采用了计算机语言编写的程序。计算机语言是用于书写计算机程序的语言，分为机器语言、汇编语言、高级语言三大类。机器语言是用二进制代码组成的代码指令。汇编语言的实质和机器语言是相同的，都是直接对硬件进行操作，只不过指令采用了英文缩写的标识符，所以比机器语言更容易识别和记忆。高级语言是一种独立于机器的算法语言，其表达方式接近于人们的自然语言和数学表达式，并且有语法规则。高级语言是绝大多数编程者的首选。高级语言种类繁多，主要有 Basic、C 语言、Pascal、Fortran、Java、智能化语言（LISP、Prolog）、动态语言等。高级语言源程序可以用解释、编译两种方式执行。

③ 计算机软件总体分为系统软件和应用软件两大类。

系统软件是指控制和协调计算机及其外部设备，支持应用软件开发和运行的系统。其主要功能是调度、监控和维护计算机系统，同时负责管理计算机系统中各种独立的硬件，协调它们的工作。系统软件是应用软件运行的基础，所有应用软件都是在系统软件上运行的。系统软件主要分为操作系统、语言处理程序、数据库管理系统和系统辅助处理程序等。

应用软件是指一些具有特定功能的软件，即为解决各种实际问题而编制的程序，包括各种程序设计语言，以及用各种程序设计语言编制的应用程序。计算机中的应用软件种类繁多，这些软件能够帮助用户完成特定的任务，如果要编辑一篇文章，可以使用 Word；如果要制作一份报表，可以使用 Excel；如果要制作一套幻灯片，可以使用 PowerPoint。这些软件都属于应用软件。常见的应用软件种类有办公、图形处理与设计、图文浏览、翻译与学习、多媒体播放和处理、网站开发、程序设计、磁盘分区、数据备份与恢复、网络通信等。

项目 2　了解计算机新技术

教学目标

◆ 认识人工智能。
◆ 认识大数据。
◆ 认识云计算。
◆ 认识其他新兴技术。

1.2.1　素养课堂

故乡情怀，科技筑梦
——科技感拉满！2023世界机器人大赛总决赛在白山开赛！

世界机器人大赛是经国务院批准，北京市人民政府、工业和信息化部、中国科学技术协会共同主办的活动，这是中国机器人领域规模最大、规格最高、国际元素最丰富的国际会议。大赛汇聚了全球专家智慧、集结了世界顶尖企业展示最新科技成果，对中国机器人领新创业具有非常重要的指导意义，成为沟通中国与世界、融合科技与产业、交流技术与应用的重要平台。

世界机器人大赛设有高峰论坛、世界机器人博览会、世界机器人大赛和主题活动等。

世界机器人大赛是世界机器人大会（World Robot Conference）的重要组成部分，由选拔赛、总决赛、锦标赛组成，大赛围绕科研类、技能类、科普类设置相关竞赛项目。世界机器人大赛自2015年起已成功举办了数届，吸引了全球20余个国家20余万名选手参赛，被广泛赞誉为机器人界的"奥林匹克"，得到了国家自然科学基金委员会的连续指导，已连续入围了教育部办公厅公布的面向中小学生的全国性竞赛活动名单，并实现了多个竞赛项目的大赛成绩国际互认。

世界机器人大赛的展区由工业机器人、服务机器人、医疗机器人、特种机器人、智能物流机器人等部分组成。大赛邀请了全球机器人领域著名企业、高校、科研机构，集中展示世界机器人领域的最新科研成果、应用产品与解决方案，为中国机器人产业提供国际性产业交流平台。

2023世界机器人大赛总决赛于2024年1月25日—1月31日在吉林省白山市组织举办（图1-16）。大赛从五大赛事（图1-17）抽取四项，设有共融机器人挑战赛、BCI脑控机器人大赛、机器人应用大赛、青少年机器人设计大赛共四大赛事，下设20余个大项、50余个小项、近100个竞赛组别，大赛旨在不断发挥自身平台优势，激发机器人行业科技研发潜力，成为推动全球创新型、应用型、技能型人才培养的重要力量。

白山市位于吉林省东部，地处东北老工业基地，中华人民共和国成立后为祖国奉献了源源不断的矿产资源、林业资源、中药资源等，改革开放后，经济发展较沿海城市日趋滞后。2023年世界机器人大赛落户白山，让这座小山城科技感拉满，白山市势必以此次大赛为契机，展现家乡情怀，共筑科技强乡之梦。

图 1-16　2023 世界机器人大赛总决赛

图 1-17　五大赛事

1.2.2　案例的提出

职院学生科技迷李晓知道了"2023 世界机器人大赛总决赛在白山开赛"的消息，兴奋得一夜没睡好。李晓对机器人特别感兴趣，这次观赛让他大开眼界，认识到人工智能不再仅限于简单的人机交流层面，有些领域已经可以使用人工智能技术来代替人完成一些高难度或高危险的工作。他了解到，人工智能是计算机科学的一个分支，如机器人、语言识别、图像识别以及自然语言处理等，其涉猎的领域广博而神秘，因此，他迫切希望更深入地了解新兴的科学技术。

1.2.3　解决方案

当今世界正经历百年未有之大变局，我国数字经济发展的内外部环境正在发生深刻变化，既有错综复杂国际环境带来的新矛盾新挑战，也有国内社会主要矛盾变化带来的新特征、新要求。国内形势要求新一代青年学生了解科学强国战略，了解新兴科学技术。

互联网、大数据、云计算、人工智能、区块链等新技术已深入渗透到人们生活的各个领域。国际形势要求青年学生了解认识新一轮科技革命和产业变革新成果。

如今的中国，正在通过科技改变生活、创新引领未来。新产业、新业态、新模式推动着生产方式、生活方式发生着深刻的变化。作为新一代大学生，本身正享用着手机支付、共享单车、高铁、网购这新四大发明带来的支付、出行、购物等诸多便利，智能手机、智能家居、无人驾驶等都是新技术给人们带来的红利。生活中应用着新技术，实践中感受着新技术，特别是借助手机或电脑通过互联网就能更充分地了解各种新技术。

1.2.4 相关知识点

① 认识人工智能。
② 认识大数据。
③ 认识云计算。
④ 认识其他新兴技术。

1.2.5 实现方法

【任务1】认识人工智能。

学习步骤：

① 人工智能的定义。人工智能（Artificial Intelligence，AI）也叫机器智能，是指由人工制造的系统所表现出来的智能，可以概括为研究智能程序的一门科学。人工智能研究的主要目标在于研究用机器来模仿和执行人脑的某些智力功能，探究相关理论，研发相应技术，如判断、推理、识别、感知、理解、思考、规划、学习等思维活动。

② 人工智能的应用。人工智能技术已经渗透到人们日常生活的各个方面，涉及的行业也很多，包括新闻媒体、在线服务、自动驾驶、金融、游戏、智慧生活、智慧医疗等，目前人工智能已经运用于量子科学这种领先的研究领域。人工智能并不是遥不可及的，Windows 10 的 Cortana、百度的度秘、苹果 Siri 等智能助理和智能聊天类应用，都属于人工智能的范畴。

③ 人工智能分3个级别：弱人工智能、强人工智能、超人工智能。其中，弱人工智能应用得非常广泛，比如手机的自动拦截骚扰电话、邮箱的自动过滤等。强人工智能有自己的思考方式，能够进行推理、制订和执行计划，拥有一定的学习能力，能够边实践边进阶。超人工智能的定义最为模糊，因为没有人知道超越人类最高水平的智慧，到底会表现为何种能力。假设计算机程序通过不断发展，可以比世界上最聪明的人类还聪明，那么由此产生的人工智能系统就可以称为超人工智能，人们担忧的是它会挑战、威胁人类。

【任务2】认识大数据。

学习步骤：

① 大数据的定义。数据是指存储在某种介质上的包含信息的物理符号。大数据是指无法在一定时间范围内用常规软件工具进行捕捉、管理、处理的数据集合，而要想从这些数据集合中获取有用的信息，就需要对大数据进行分析，这不仅需要采用集群的方法获取强大的数据分析能力，还需对面向大数据的新数据分析算法进行深入的研究。

② 大数据技术。大数据技术是针对大数据进行分析，是指为了传送、存储、分析和应用大数据而采用的软件和硬件技术，也可将其看作面向数据的高性能计算系统。就技术层面而言，大数据必须依托分布式架构来对海量的数据进行分布式挖掘，必须利用云计算的分布式数据库、分布式处理、云存储和虚拟化技术，因此，大数据与云计算是密不可分的。

③ 大数据的计量单位。在研究和应用大数据时，数据的计量单位也在逐步发生变化。在平时的生活当中，MB、GB、TB 等常用单位已无法有效地描述，大数据会用到 PB、EB、ZB、YB、BB、NB、DB、CB 等各种单位。内存换算是 1024 进制，也就是 2 的 10 次方，数值换算及数值换算单位名称见表 1-1。

表 1-1 数值换算及数值换算单位名称

1 B（byte，字节）= 8 bit（比特，即为位）
1 KB（Kilobyte，千字节）= 1 024 B = 2^{10} B
1 MB（Megabyte，兆字节，百万字节，简称"兆"）= 1 024 KB = 2^{20} B
1 GB（Gigabyte，吉字节，十亿字节，又称"千兆"）= 1 024 MB = 2^{30} B
1 TB（Terabyte，万亿字节，太字节）= 1 024 GB = 2^{40} B
1 PB（Petabyte，千万亿字节，拍字节）= 1 024 TB = 2^{50} B
1 EB（Exabyte，百亿亿字节，艾字节）= 1 024 PB = 2^{60} B
1 ZB（Zettabyte，十万亿亿字节，皆字节）= 1 024 EB = 2^{70} B
1 YB（Yottabyte，一亿亿亿字节，佑字节）= 1 024 ZB = 2^{80} B
1 BB（Brontobyte，一千亿亿亿字节，珀字节）= 1 024 YB = 2^{90} B
1 NB（NonaByte，一百万亿亿亿字节，诺字节）= 1 024 BB = 2^{100} B
1 DB（DoggaByte，十亿亿亿亿字节，地字节）= 1 024 NB = 2^{110} B
1 CB（Corydonbyte，万亿亿亿亿字节，侧字节）= 1 024 DB = 2^{120} B
1 XB（Xerobyte，千万亿亿亿亿字节，约字节）= 1 024 CB = 2^{130} B

④ 大数据处理的基本流程。通常需要经过采集、导入、预处理、统计分析、数据挖掘和数据展现等步骤。

⑤ 云计算使收集和处理数据变得更加便捷，国务院在印发的《促进大数据发展行动纲要》中系统地部署了大数据发展工作，促进了大数据在高能物理、商品/新闻/视频等推荐系统、搜索引擎系统等各行各业的不断创新应用，大数据必将创造更多、更大价值。

【任务 3】 认识云计算。

学习步骤：

云计算的定义。中国云计算专家咨询委员会秘书长刘鹏教授对云计算做了长、短两种定义。长定义是："云计算是一种商业计算模型。它将计算机任务分布在大量计算机构成的资源池上，使各种应用系统能够根据需要获取计算能力、存储空间和信息服务。"短定义是："云计算是通过网络按需提供可动态伸缩的廉价计算服务。"这种资源池称为"云"。

什么是云计算技术？云计算技术是硬件技术和网络技术发展到一定阶段出现的新的技术模型，是对实现云计算模式所需的所有技术的总称。分布式计算技术、虚拟化技术、网络技术、服务器技术、数据中心技术、云计算平台技术、分布式存储技术等都属于云计算技术的范畴，同时，云计算技术也包括新出现的 Hadoop、HPCC、Storm、Spark 等技术。它是国家战略性新兴产业，是基于互联网服务的增加、使用和交付模式，是传统计算机和网络技术发展融合的产物。云计算技术意味着计算能力也可作为一种商品通过互联网进行流通。

云计算技术分为资源的整合运营者、资源的使用者和终端客户3种角色。资源的整合运营者负责资源的整合输出，资源的使用者负责将资源转变为满足客户需求的应用，终端客户则是资源的最终消费者。

云计算技术作为一项应用范围广、对产业影响深的技术，正逐步向信息产业等各种产业渗透，产业的结构模式、技术模式和产品销售模式等都会随着云计算技术发生深刻的改变，进而影响人们的工作和生活。

云计算在安全方面的应用。云安全是云计算技术的重要分支，在反病毒领域获得了广泛应用。云安全技术可以通过网状的大量客户端对网络中软件的异常行为进行监测，获取互联网中木马和恶意程序的最新信息，自动分析和处理信息，并将解决方案发送到每一个客户端。

云计算在存储方面的应用。云存储是一种新兴的网络存储技术，可将存储资源放到"云上"供用户存取。云存储通过集群应用、网络技术或分布式文件系统等功能将网络中大量不同类型的存储设备集合起来协同工作，共同对外提供数据存储和业务访问功能。通过云存储，用户可以在任何时间、任何地点，将任何可联网的装置连接到云上存取数据。

各大互联网企业开发的云盘也是一种以云计算为基础的网络存储设备。

云计算在游戏方面的应用。云游戏是一种以云计算技术为基础的在线游戏技术，云游戏模式中的所有游戏都在服务器端运行，并通过网络将渲染后的游戏画面压缩传送给用户。云游戏技术主要包括云端完成游戏运行与画面渲染的云计算技术，以及玩家终端与云端间的流媒体传输技术。对于游戏运营商而言，只需花费服务器升级的成本，而不需要不断投入巨额的新主机研发费用；对于游戏用户而言，用户的游戏终端无须拥有强大的图形运算与数据处理能力等，只需拥有流媒体播放能力与获取玩家输入指令并发送给云端服务器的能力即可。

【任务4】认识其他新兴技术。
学习步骤：

① 物联网（Internet of Things，IoT）是互联网、传统电信网等信息的承载体，它让所有能行使独立功能的普通物体实现互连互通的网络。简单地说，物联网就是把所有能行使独立功能的物品，通过信息传感设备与互联网连接起来，进行信息交换，以实现智能化识别和管理。在物联网上，每个人都可以应用电子标签连接真实的物体。通过物联网可以用中心计算机对机器、设备、人员进行集中管理和控制，也可以对家庭设备、汽车进行遥控，以及搜索设备位置、防止物品被盗等，通过收集这些小的数据，最后聚集成大数据，从而实现物和物相连。

② 移动互联网（Mobile Internet，MI）是一种通过智能移动终端，采用移动无线通信方式获取业务和服务的新兴业态，包含终端、软件和应用3个层面。移动互联网具备以下几个特点：便携性、即时性、感触性、定向性、隐私性。移动互联网的5G时代已经到来，5G是面向业务应用和用户体验的智能网络，它已打造了一个以用户为中心的信息生态系统。目前，6G核心技术已列入多国创新战略，成为大国科技博弈高精尖领域和全球抢占的战略制高点。6G有个愿景：实现空天地一体通信，卫星互联网与地面移动通信网络充分融合。未来用户只需携带一部终端，便能实现全球无缝漫游和无感知切换。6G的空天地一体网络架构将以地面蜂窝移动网络为基础，结合低轨道通信卫星通信的广覆盖、灵活部署、高效广播

的特点，通过多种异构网络的深度融合来实现海陆空全覆盖，将为海洋、机载、跨国、天地融合等市场带来新的机遇。空天地一体化网络架构如图1-18所示。

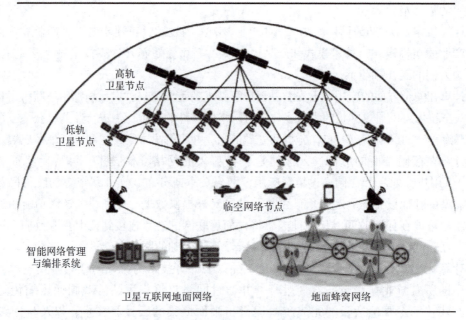

图1-18　空天地一体化网络架构

③ VR（Virtual Reality）即虚拟现实技术，是一种可以创建和体验虚拟世界的计算机仿真系统。其主要包括模拟环境、感知、自然技能和传感设备等方面，其中，模拟环境是指由计算机生成的实时动态的三维立体图像；感知是指一切人所具有的感知，包括视觉、听觉、触觉、力觉、运动感知，甚至嗅觉和味觉等；自然技能是指计算机对人体行为动作数据进行处理，并对用户输入做出实时响应；传感设备是指三维交互设备。

④ AR（Augmented Reality）即增强现实技术，是一种实时计算摄影机影像位置及角度，并赋予其相应图像、视频、3D模型的技术。增强现实技术的目标是在屏幕上把虚拟世界套入现实世界，然后与之进行互动。VR技术是百分之百的虚拟世界，而AR技术则是以现实世界的实体为主体，借助数字技术让用户可以探索现实世界并与之交互。该技术包含了多媒体、三维建模、实时视频显示及控制、多传感器融合、实时跟踪及注册、场景融合等多项新技术。增强现实技术与虚拟现实技术的应用领域类似。

⑤ MR（Mediated Reality）即介导现实或混合现实技术。MR技术可以看作VR技术和AR技术的集合，VR技术是纯虚拟数字画面，AR技术在虚拟数字画面上加上裸眼现实，MR则是数字化现实加上虚拟数字画面，它结合了VR与AR的优势，利用MR技术，用户不仅可以看到真实世界，还可以看到虚拟物体，将虚拟物体置于真实世界中，让用户可以与虚拟物体进行互动。

⑥ CR（Cinematic Reality）即影像现实技术，是Google投资的Magic Leap提出的概念，通过光波传导棱镜设计，多角度将画面直接投射于用户的视网膜，直接与视网膜交互，产生真实的影像和效果。CR技术与MR技术的理念类似，都是物理世界与虚拟世界的集合，所

完成的任务、应用的场景、提供的内容，都与 MR 相似。与 MR 技术的投射显示技术相比，CR 技术虽然投射方式不同，但本质上仍是 MR 技术的不同实现方式。

⑦ 3D 打印是一种快速成型技术，以数字模型文件为基础，运用特殊蜡材、粉末状金属或塑料等可黏合材料，通过逐层打印的方式来构造三维物体。该技术需借助 3D 打印机来实现，3D 打印机的工作原理是把数据和原料放进 3D 打印机中，机器按照程序把产品一层一层地打印出来。可用于 3D 打印的介质种类非常多，如塑料、金属、陶瓷、橡胶类物质等，还能结合不同介质，打印出不同质感和硬度的物品。

⑧ "互联网+"即"互联网+各个传统行业"的简称，它利用信息通信技术和互联网平台，让互联网传统行业深度融合，创造出新的发展业态。"互联网+"是一种新的经济发展形态，它充分发挥了互联网在社会资源配置中的优化和集成作用，将互联网的创新成果深度融合于经济、社会的各领域中，以提升全社会的创新力和生产力，形成更广泛的以互联网为基础设施和实现工具的新经济发展形态。"互联网+"将互联网作为当前信息化发展的核心特征提取出来，并与工业、商业和金融业等服务行业全面融合。实现这一融合的关键在于创新，只有创新才能让其具有真正的价值和意义，因此，"互联网+"是创新 2.0 下的互联网发展新业态，是知识社会创新 2.0 推动下的经济社会发展新形态的演进。当今社会，通信（如 QQ、微信）、购物（如淘宝、京东）、饮食（如美团、大众点评）、出行（如共享单车、无人驾驶汽车）、交易（如支付宝、云闪付）、企事业单位（如医保、社保）等行业和领域都对"互联网+"进行了实践应用。

⑨ 区块链。狭义来讲，区块链是一种按照时间顺序将数据区块以顺序相连的方式组合成的一种链式数据结构，并以密码学方式保证的不可篡改和不可伪造的分布式账本。广义来讲，区块链技术是利用块链式数据结构来验证与存储数据、利用分布式节点共识算法来生成和更新数据、利用密码学的方式保证数据传输和访问、利用由自动化脚本代码组成的智能合约来编程和操作数据的一种全新的分布式基础架构与计算方式。

从科技层面来看，区块链涉及数学、密码学、互联网和计算机编程等很多科学技术问题。从应用视角来看，简单来说，区块链是一个分布式的共享账本和数据库，具有去中心化、不可篡改、全程留痕、可以追溯、集体维护、公开透明等特点。这些特点保证了区块链的"诚实"与"透明"，为区块链创造信任奠定基础。而区块链丰富的应用场景，基本上都基于区块链能够解决信息不对称问题，实现多个主体之间的协作信任与一致行动。（本项目参考文献：《大学计算机基础（第 3 版）（微课版）》，刘志成、石坤泉主编，人民邮电出版社）

项目 3　Windows 10 基本操作

教学目标

◆ 掌握 Windows 10 的基本操作。

◆ 掌握 Windows 10 的文件管理。

◆ 培养学生的职业素养，使学生在今后的办公自动化工作中能够有效地管理电子信息文件。

1.3.1　素养课堂

恪尽职业操守，弘扬工匠精神

——大国工匠艾爱国讲述初心故事

（来源：湘潭在线）

为深入学习贯彻习近平新时代中国特色社会主义思想和党的二十大精神，中央组织部和中央广播电视总台联合制作的《榜样7》专题节目于 2023 年 3 月 25 日晚播出，湘钢焊接顾问艾爱国在节目中讲述了自己的初心故事。

《榜样》系列节目每年制播一期，通过典型事迹展示、现场访谈、重温入党誓词等形式，生动展现中国共产党人坚定信念、践行宗旨、拼搏奉献、廉洁奉公的高尚品质和精神风范，彰显基层党组织战斗堡垒作用和党员先锋模范作用，是开展党员教育培训的生动教材。

艾爱国（图 1-19），中共党员，党的十五大和党的二十大代表。自 1968 年进入湘钢工作以来，他从学徒做起，刻苦钻研、攻坚克难，终成集丰厚的理论素养、实际经验和操作技能于一身的技能大师，攻克焊接技术难关 400 多个，改进工艺 72 项。从北京大兴国际机场、港珠澳大桥，到石岛湾核电站，从上海中心大厦、京沪高铁，到超级液化天然气船，艾爱国参与了多项大国重器的制造，完成了多项超级工程的建设任务，先后获得全国十大杰出工人、全国劳动模范、全国五一劳动奖章、全国职工自学成才奖、中华技能大奖、全国道德模范、"七一勋章"等奖项和荣誉。

节目以艾爱国带头解决焊接领域近乎无解的"超级难题"——国家西气东输干线管道工程核心部件丝扣裂纹的焊接问题为切入，讲述了一名一线普通工人成长为大国工匠的初心故事（图 1-20）。"作为受党培养教育几十年的中共党员，今后只有更好地为国家和党多做贡献，来回报党对我的养育之恩。"这是艾爱国的庄严承诺，也是他的"行动指南"。

节目现场，艾爱国表示，今后他不仅将继续把技能水平传授给年轻人，而且会持续发挥老党员的先锋带头作用，把老一代共产党员的光荣传统和优良作风教授给年轻人，让中国焊接行业的发展越来越好。

图1-19 大国工匠——艾爱国

图1-20 丝扣裂纹焊接

1.3.2 案例的提出

恪尽职业操守，弘扬工匠精神，职院教职员工在行动。

习近平总书记指出，"中华优秀传统文化是中华民族的突出优势，是最深厚的文化软实力"。中华优秀传统文化是中华民族的精神命脉，是培养社会主义核心价值观的重要源泉。为了引导学生树立正确的人生观、价值观，提高学生的设计能力、计算机综合应用能力，发挥学生的兴趣特长，学校特开展电子报设计竞赛活动。

活动方案一出，同学们很快行动起来，查找资料，积累素材，采访实事，书写文稿……同学们忙得热火朝天。初步预测，将有几百份作品上交。为了确保学生们上交的作品不会在文件管理环节上出错，学校安排实习教师李明专门负责此项管理工作。李明精心策划，决定应用有关文件管理的计算机基础知识来解决这一实际问题，具体提出如下解决方案。

1.3.3 解决方案

① 创建多个文件夹，分类存放文件，有序管理。将同类文件建立、移动或复制到同一个文件夹中，方便查找。
② 把重要文件的最新结果及时备份，也可以设置只读、隐藏属性，确保文件安全。
③ 经常清理计算机中的垃圾文件，用于增加存储空间，避免文件混乱问题。
④ 为经常访问的文件夹创建快捷方式，以提高工作效率。
⑤ 按需搜索，通过使用通配符缩小搜索范围，以节省查询时间。

1.3.4 相关知识点

① 文件（文件夹）的新建。
② 文件（文件夹）的属性设置。
③ 文件（文件夹）的重命名。
④ 文件（文件夹）的复制、移动、删除。
⑤ 文件（文件夹）快捷方式的建立。
⑥ 文件（文件夹）的搜索。

1.3.5 项目工单及评分标准

工单编号：

姓　　名		学　　号			
班　　级		总　　分			
项　目　工　单		评分标准			
		评分依据	分值	得分	
【任务1】如样图所示，在F:盘上根目录中创建文件夹"电子报"，然后在其中分别创建文件夹"教育系""护理系"。在"教育系"文件夹中再分别创建文件夹"教育系24.1班""教育系24.2班"，在"护理系"文件夹中创建文件夹"护理系24.1班""护理系24.2班"。创建完成后，请同学们注意观察"树"状的文件夹目录结构。 本地磁盘 (F:) 　├─电子报 　　├─护理系 　　　├─护理系24.1班 　　　└─护理系24.2班 　　└─教育系 　　　├─教育系24.1班 　　　└─教育系24.2班		新建文件夹	10		
【任务2】在"F:\电子报\教育系\教育系24.1班"文件夹下分别创建Word文档"24.1班张三.docx""李四.docx"；在此文件夹下再次分别创建文本文档"教育系24.1班王五.txt""教育系24.1班徐六.txt"。		创建新文件	10		
【任务3】将"24.1班张三.docx"设置为只读文件属性，将"李四.docx"设置为隐藏文件属性和存档属性。		只读属性	5		
		隐藏属性	5		
【任务4】将"24.1班张三.docx"更名为"教育系24.1班张三.docx"，将"李四.docx"更名为"教育系24.1班李四.docx"，将"教育系24.1班王五.txt"更名为"教育系24.1班王五.docx"。		文件（文件夹）重命名	10		

续表

项目工单	评分标准		得分
	评分依据	分值	
【任务5】将桌面上"文件接收柜"文件夹中教育系24.2班的所有文件移动到"教育系24.2班"文件夹下。将护理系24.1班和24.2班的文件分别复制到对应的文件夹下。删除教育系24.1班王五的文件。	移动文件	5	
	复制文件	10	
	删除文件	5	
【任务6】将"教育系24.1班"文件夹创建快捷方式到"电子报"文件夹下,并更名为"快捷 教育系24.1班"。将"教育系24.1班"文件夹下的"教育系24.1班张三.docx"文件建立快捷方式到"电子报"文件夹下。	文件夹快捷方式的建立	10	
	文件快捷方式的建立	10	
【任务7】在"电子报"文件夹下搜索扩展名为.txt的文件,然后全部删除。	复制文件	5	
	搜索文件	10	
	删除文件	5	

1.3.6 实现方法

经过学习和研究,李明准备先认识一下"资源管理器"。

资源管理器是 Windows 10 系统提供的资源管理工具,用户可以使用它查看计算机中的所有资源,特别是它提供的树形文件系统结构,能够让使用者更清楚、直观地认识计算机中的文件和文件夹。Windows 10 的资源管理器以新界面、新功能带给用户新体验。

双击桌面上的"此电脑"图标,或右击"开始"菜单,在弹出的快捷菜单中单击"文件资源管理器"命令,即可打开资源管理器界面。如图 1-21 所示。

一、文件(文件夹)的新建

李明首先创建了一个名为"电子报"的文件夹,然后在其下以系名建立子文件夹,用来收缴本系作品文件,最后在各系文件夹下以班名创建更小级别的班级文件夹,用来收缴本班参赛作品文件,这样他就可以分门别类地将学生

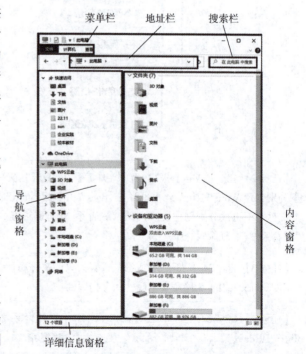

图 1-21 Windows 10 资源管理器界面

交来的作品按系名和班名存放了。

现在，先来了解文件和文件夹这两个概念。

文件是具有某种相关信息的数据的集合。文件可以是应用程序，也可以是应用程序创建的文档。

文件夹（目录）是系统组织和管理文件的一种形式。任何一个文件夹都可存放文件或文件夹。

【任务1】如样图所示，在 F:盘上根目录中创建文件夹"电子报"，然后在其中分别创建文件夹"教育系""护理系"。在"教育系"文件夹中再分别创建文件夹"教育系 24.1 班""教育系 24.2 班"，在"护理系"文件夹中创建文件夹"护理系 24.1 班""护理系 24.2 班"。创建完成后，请同学们注意观察"树"状的文件夹目录结构。

操作步骤：

① 在"此电脑"窗口中选择磁盘驱动器 F:，在右侧内容窗格的空白处右击，在弹出的快捷菜单中选择"新建"→"文件夹"命令，建立一个默认名为"新建文件夹"的文件夹，此时直接输入新的文件夹名"电子报"，在新建文件夹外空白处单击（或按 Enter 键），完成创建。

视频 1.3 任务 1

② 在左侧导航窗格中选中 F:盘中的"电子报"文件夹（由于这个文件夹是新建的，所以右侧内容窗格是空白的，没有任何文件夹和文件），在右侧内容窗格空白处，右击，选择"新建"→"文件夹"命令，建立一个默认名为"新建文件夹"的文件夹，此时直接输入新的文件夹名称"教育系"，在新建文件夹外空白处单击（或按 Enter 键），完成创建。使用同样方法，创建"护理系"文件夹。

③ 在左侧导航窗格中选中"教育系"文件夹，使用上述同样的方法创建"教育系 24.1 班"和"教育系 24.2 班"两个文件夹。

④ 在左侧导航窗格中选中"护理系"文件夹，使用上述同样的方法创建"护理系 24.1 班"和"护理系 24.2 班"两个文件夹。

⑤ 在左侧导航窗格中，单击打开文件夹左侧的下拉列表，就可以看见如任务图示中所示的目录结构了。

李明任课的班级是教育系 24.1 班，他想在这个班级里给学生们辅导一下建立文件的方式方法。在建立之前，先让学生们区分一下文件与文件夹的不同。从图标上区别，文件夹的图标都为黄色的文件夹状；而文件的图标则要随文件类型的不同而呈现出各种样式；再就是从扩展名上区别，不同类型的文件有不同的扩展名，而文件夹则没有扩展名，见表 1-2。

表 1-2 扩展名的区别

文件夹	文件
📁 论文 📁 校本教材	📄 教材课件模板 . pptx 📄 微信图片_20240124110918 . png 📄 项目工单及评分标准 . docx

【任务 2】在"F:\电子报\教育系\教育系 24.1 班"文件夹下分别创建 Word 文档"24.1 班张三.docx""李四.docx";在此文件夹下再次分别创建文本文档"教育系 24.1 班王五.txt""教育系 24.1 班徐六.txt"。

操作步骤:

① 打开"F:\电子报\教育系\教育系 24.1 班"盘中的文件夹,在右侧内容窗格空白处右击,在弹出的快捷菜单中选择"新建"→"Microsoft Word 文档"命令,此时在窗口中出现一个新的 Word 文档图标,输入新的文件名"24.1 班张三"。在新的文件名外单击(或按 Enter 键)完成创建。

视频 1.3 任务 2

② 使用同样方法创建"李四.docx"文件。

③ 在右侧内容窗格空白处右击,在弹出的快捷菜单中选择"新建"→"文本文档"命令,此时在窗口中出现一个新的文本文件图标,输入新的文件名"教育系 24.1 班王五"。在新的文件名外单击(或按 Enter 键)完成创建。

④ 使用同样方法创建文件"教育系 24.1 班徐六.txt"。

操作提示 1:创建文件和创建文件夹的方法不同,创建时不要混淆。

操作提示 2:文件与文件夹创建完成之后呈现的状态不同。从图标上区别,文件夹的图标都为黄色的文件夹状,而文件的图标则要随文件类型的不同而呈现出不同的状态,相同类型文件的图标是相同的;从扩展名上区别,不同类型的文件有不同的扩展名,而文件夹则没有扩展名。

为了让同学们在给文件或文件夹命名的时候不出错,李明还特意给参赛选手转发了文件或文件夹的命名规则,让同学们不要出现错误的文件(文件夹)命名。

知识拓展

文件的命名规则

① 文件或文件夹可以使用长文件名,名称最多可以有 255 个字符。

② 使用字母可以保留指定的大小写格式,但不能用大小写区分文件名,例如:ABC.DOCX 和 abc.docx 被认为是同一个文件。

③ 文件名中可以使用汉字和空格,但空格作为文件名的开头字符或单独作为文件名不起作用。

④ 文件名和扩展名之间使用"."分隔符分隔,如果文件名中有多个"."符号,则最后一个分隔符后的部分作为文件的扩展名。例如:A.B.C.txt 的扩展名为 .txt。

⑤ 文件名中不能使用的字符有 \、/、:、*、?、"、<、>、| 等。

⑥ 同一磁盘的同一文件夹中不能有同名的文件和文件夹。

二、文件(文件夹)的属性设置

在制作电子报的过程中,有学生来找李明,提出了一个问题:在几名同学共用一个计算机时,作品有时被别的同学篡改,有的作品被别人抄袭,这个问题怎么解决?

于是李明教了大家设置属性保护文件的方法:如果设置了"只读"属性,文件只能读,不能改;如果设置了"隐藏"属性,隐藏文件就不会被别人看见。

【任务 3】将"24.1 班张三.docx"设置为只读文件属性,将"李四.docx"设置为隐藏文件属性和存档属性。

操作步骤:

① 打开"F:\电子报\教育系\教育系 24.1 班"文件夹,在右侧的内容窗格中右击文件"24.1 班张三.docx",在弹出的快捷菜单中选择"属性"命令,在"只读"属性前打√,单击"确定"按钮,只读属性设置完成。

视频 1.3 任务 3

② 打开"F:\电子报\教育系\教育系 24.1 班"文件夹,在右侧的内容窗格中右击"李四.docx",在弹出的快捷菜单中选择"属性"命令。在"隐藏"属性前打√,单击"高级"按钮,在"可以存档文件"前打√,单击"确定"按钮,返回属性窗口后,再次单击"确定"按钮,隐藏和存档属性设置完成。

操作提示 1:设置了只读属性的文件只能阅读,不能修改。

操作提示 2:设置了隐藏属性的文件只是淡化显示的,仍然能看到。若不想在文件列表中看见,需要在"此电脑"中设置"查看"选项卡,单击"选项"命令,在"查看"选项卡下的"高级设置"里找到"隐藏文件和文件夹"功能项,选中"不显示隐藏的文件、文件夹和驱动器"单选项,单击"确定"按钮。设置了隐藏属性的文件就看不到了。

操作提示 3:文件夹也可以设置只读和隐藏属性。其中,文件夹的"只读"属性有三种状态:实心小黑块"■"、对勾"√"、空心框"□"。默认情况下,文件夹的"只读"属性是实心小黑块,当把文件夹的只读属性设置为对勾,应用确定之后,再次打开文件夹属性,它就又变成实心小黑块了。对于文件系统来说,文件夹的只读属性没有实际的意义。即使一个文件夹是只读的,仍然可以在这个文件夹里创建、修改或删除文件。不同的是,如果文件夹设置为"只读",就会把此文件夹内的所有文件设置为只读属性。

三、文件(文件夹)的重命名

在制作电子报过程中,李明发现学生们取的文件名没有规律。李明还特别指出了教育系 24.1 班王五同学的文件类型竟然搞错,做成了文本类型的文件。为了有序管理,李明又通知参赛选手文件命名要遵循规定,要由"系名+班级名+姓名"组成。于是有些同学的文件名就需要改名了。

【任务 4】将"24.1 班张三.docx"更名为"教育系 24.1 班张三.docx",将"李四.docx"更名为"教育系 24.1 班李四.docx",将"教育系 24.1 班王五.txt"更名为"教育系 24.1 班王五.docx"。

操作步骤:

① 打开"F:\电子报\教育系\教育系 24.1 班"文件夹,在右侧的内容窗格中右击"24.1 班张三.docx"文件,在弹出的快捷菜单中选择"重命名"命令,在文件名前键入"教育系",在新更名的文件外空白处单击(或按 Enter 键),完成操作。

视频 1.3 任务 4

② 使用上述方法完成对"李四.docx"文件的重命名任务。

③ 右击"教育系 24.1 班王五.txt"文件,在弹出的快捷菜单中选择"重命名"命令,修改扩展名为".docx",按 Enter 键,此时弹出"重命名"对话框,如图 1-22 所示,其中

显示提示信息"如果改变文件扩展名,可能会导致文件不可用。确实要更改吗?",单击"是"按钮,修改扩展名操作完成。

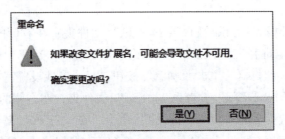

图1-22 更改扩展名的提示

操作提示1:在选中的文件或文件夹名称位置处单击,也可以实现重命名。

操作提示2:文件与文件夹的重命名方法相同。

操作提示3:如果在对文件重命名时更改了文件的扩展名,会有如图1-23所示的重命名对话框提示,如果单击"是"按钮,则同意更改扩展名,单击"否"按钮,则取消更改。

制作时,李四同学找到了李明,他提出了两个问题:一是重命名文件导致了双重扩展名的问题;二是隐藏的文件,自己也找不到了。

李明告诉他需要通过"查看"菜单中的"选项"命令进行设置,才能避免此类问题的发生。

知识拓展

关于扩展名的显示与否以及隐藏文件和文件夹的显示与否的设置,请参照以下设置步骤。

第1步:在"查看"菜单中单击"选项"命令,如图1-23所示。

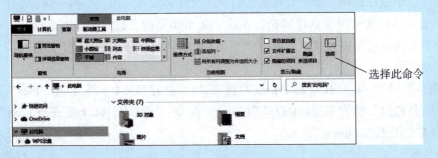

图1-23 文件夹选项菜单

第2步:在"查看"菜单中找到如图1-24所示的设置功能。

重命名文件导致双重扩展名的解决方法是:在重命名之前,取消勾选图1-25所示对话框中的"隐藏已知文件类型的扩展名"复选项,单击"确定"按钮后,资源管理器文件列表中的文件名就会显示扩展名,在重命名文件时,就看见带有扩展名的全文件名,双重扩展中问题就会避免。

在"资源管理器"中的文件列表中，刚刚设置了隐藏属性的文件的图标和文件名并没有真正隐藏，其图标只不过是淡色显示而已，还是能看到的。要让设置了隐藏属性的文件看不见，其方法是：如图 1-24 所示，选中"不显示隐藏的文件、文件夹或驱动器"单选项。如果想要设置了"隐藏"属性且看不见的文件能够显示，则选中"显示隐藏的文件、文件夹和驱动器"。

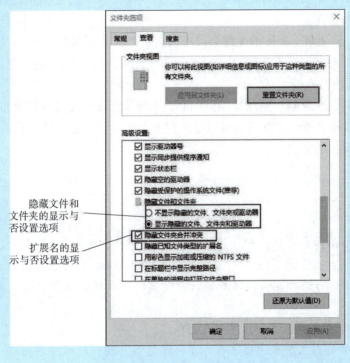

图 1-24 "文件夹选项"对话框

四、文件（文件夹）的复制、移动、删除

制作电子报活动到了交稿截止日期，同学们的作品纷至沓来，李明也就忙活起来了，他的主要工作是把各班级的文件整理至对应的文件夹中，分类保存。

【任务 5】将桌面上"文件接收柜"文件夹中教育系 24.2 班的所有文件移动到"教育系 24.2 班"文件夹下。将护理系 24.1 班和 24.2 班的文件分别复制到对应的文件夹下。删除教育系 24.1 班王五的文件。

操作步骤：

① 在桌面上的"文件接收柜"文件夹中，选中教育系 24.2 班的所有文件，右击选中的多个文件，在快捷菜单中选择"剪切"命令。打开"F:\电子报\教育系\教育系 24.2 班"文件夹，在右侧的内容窗格中右击空白处，在快捷菜单中选择"粘贴"命令，移动操作完成。

视频 1.3 任务 5

② 打开桌面上"文件接收柜"文件夹，选中护理系 24.1 班的所有文件，右击选中的多个文件，选择"复制"命令。打开 F:盘的对应文件夹，右击空白处，在快捷菜单中选择

"粘贴"命令，复制操作完成。

③ 用同样的方法复制护理系 24.2 班的文件。

④ 打开"F:\电子报\教育系\教育系 24.1 班"文件夹，右击"教育系 24.1 班王五.docx"文件，选择"删除"命令。

操作提示1：移动文件是通过"剪切"→"粘贴"命令实现的，执行移动操作后，原位置的文件不存在了。复制文件是通过"复制"→"粘贴"命令实现的，执行复制操作后，原位置的文件仍然存在。

操作提示2：从硬盘上删除的文件会被放入桌面上的"回收站"里，"回收站"是硬盘中的一个系统文件夹，用于保存硬盘上的文件和文件夹，在"回收站"里的文件是可以被"还原"并恢复到原位置的。

关于文件的移动、复制、删除等操作，单个文件操作显然是没有效率的，是不可取的，在移动和复制文件时，李明采用了多种选定文件的方法，大大提高了工作效率，这里分享给同学们几种选定文件的方法。

知识拓展1

选定文件（文件夹）

Windows 10 的操作特点是先选定操作对象，再执行操作命令。因此，用户在对文件（文件夹）操作前，必须遵循"先选定，后操作"的原则，使选定的文件或文件夹突出显示，然后进行诸如复制、移动、删除等操作，具体选定文件（文件夹）的方法如下。

① 选定单个文件或文件夹：单击选定即可。

② 选定多个连续文件或文件夹：先单击选定第一项，然后按 Shift 键，再单击最后一个要选定的项，最后释放 Shift 键。

③ 选定多个不连续文件或文件夹：单击选定第一项，然后按 Ctrl 键，再分别单击各个要选定的项，最后释放 Ctrl 键。

④ 选定全部文件或文件夹：按 Ctrl+A 组合键（或选择"主页"菜单中"全部选择"命令）。如果要取消选择的文件，可以在空白处单击（或选择"主页"菜单中"全部取消"命令）。

⑤ 反向选择文件或文件夹：就是选定不想选择的文件或文件夹。方法是先选定一个或多个文件（文件夹），然后选择"主页"菜单中的"反向选择"命令。

⑥ 拖动选定文件或文件夹：在文件夹窗口中，按下鼠标左键拖动，将出现一个矩形框，框住要选定的文件（文件夹），然后释放鼠标左键，矩形框内的文件就被选中了。

⑦ 撤销选定：如果要撤销某项或某几项选定，则要先按下 Ctrl 键不放，然后单击要取消的项目直至撤销完最后一项，最后释放 Ctrl 键。若要撤销所有选定，则单击窗口中的空白区域。

知识拓展2

复制/移动/删除文件（文件夹）的多种方法

① 使用菜单命令进行复制/移动。

复制："主页"→"复制"（Ctrl+C）。

移动："主页"→"剪贴"（Ctrl+X）。

粘贴："主页"→"粘贴"（Ctrl+V）。

② 使用鼠标拖动进行复制/移动。

复制：若被复制的文件（文件夹）与目标位置不在同一驱动器，则用鼠标直接将其拖动到目标位置即可。否则，按住 Ctrl 键再拖动文件（文件夹）到目标位置。

移动：若被移动的文件（文件夹）与目标位置在同一驱动器，则用鼠标直接将其拖动到目标位置即可。否则，按住 Shift 键再拖动文件（文件夹）到目标位置。

③ 选中要删除的文件（文件夹）后，使用下列方法将其删除。

➢ 用鼠标直接拖动文件（文件夹）到桌面上的"回收站"图标上即可。

➢ 直接按 Delete 键，即可将文件（文件夹）放入回收站。这样删除的文件可在"回收站"里还原。

➢ 按 Shift+Delete 组合键可以永久地删除文件（文件夹），而不放进回收站中，文件也不能被还原。

知识拓展3

回收站和剪贴板

回收站是硬盘中的一个系统文件夹，它是用来管理已经从硬盘上被删除的文件或文件夹的。可以在回收站中将误删除的文件或文件夹恢复，可以清除回收站中的一个或多个文件，也可以清空回收站。注意，U 盘上删除的文件不能从回收站恢复。

剪贴板是 Windows 提供的信息传送和信息共享的方式之一。剪贴板实际上是 Windows 在内存中开辟的一块临时存放交换信息的区域。传送或共享的信息可以是一段文字、图像或者声音；传送或共享的方式可以用于不同的应用程序之间、同一个应用程序的不同文档之间，也可以用于同一个文档的不同位置。如若断电，系统会将这个区域清空。

五、文件（文件夹）快捷方式的建立

顾主任听说教育系 24.1 班同学制作的电子报普遍质量颇高，尤其是张三同学的作品，所以要过来查看一下。为了能让领导迅速地访问到这个班级和这个同学的作品，李明特意在"电子报"文件夹下建立了两个快捷方式，用于在领导视察时快速访问到这个目标文件。

那么什么是快捷方式呢？

快捷方式是某个程序、文件或文件夹对象在快捷方式图标所在位置的一个映像文件，其扩展名为 lnk，占用很少的磁盘空间。它建立了与实际资源对象的链接，实际对象并不一定存放在快捷方式图标所在的位置。同样，删除快捷方式也只是删除了与实际对象的链接，并

不能真正地删除对象。

【任务6】将"教育系24.1班"文件夹创建快捷方式到"电子报"文件夹下,并更名为"快捷 教育系24.1班"。将"教育系24.1班"文件夹下的"教育系24.1班张三.docx"文件建立快捷方式到"电子报"文件夹下。

操作步骤:

① 打开"教育系文件夹",右击"教育系24.1班"文件夹,在弹出的快捷菜单中选择"创建快捷方式"命令。快捷方式文件夹创建完成后,快捷方式文件夹与原文件夹的名称是相同的,不同之处是图标的左下角标注了一个小箭头标志。

② 右击新创建的快捷方式文件夹"教育系24.1班",选择"重命名"命令,编辑文件夹名为"快捷 教育系24.1班",重命名操作完成。

③ 右击快捷方式"快捷 教育系24.1班",选择"剪切"命令。打开"电子报"文件夹,在空白处右击,选择"粘贴"命令。

④ 右击"教育系24.1班张三.docx"文件,选择"创建快捷方式"命令。右击该快捷方式文件,选择"剪切"命令。打开"电子报"文件夹,在空白处右击,选择"粘贴"命令。

> **知识拓展**
>
> 将"教育系24.1班李四.docx"创建快捷方式到桌面,可以用以下方法操作:右击"教育系24.1班李四.docx",在弹出的快捷菜单中单击"发送到"→"桌面快捷方式"。

六、文件(文件夹)的搜索

在工作汇报时,李明利用快捷方式把一些优秀作品向领导进行展示,领导对他的工作给予充分的肯定。同时又提出一项新的要求:已上交的文本文件(扩展名为.txt)如果不符合活动要求,则全部删除。

那么李明是如何在几百份作品中迅速找到那些文本文件呢?这需要先了解两个通配符。

在文件搜索时可以使用两个通配符:* 和?。

* 通配符可以代表所在位置的0个或多个字符。例如:*.* 可以代表所有文件夹和文件。*.dbf 代表文件名任意、扩展名是.dbf 的所有文件;A*.* 代表文件名中第一个字符是"A"的所有文件。

? 通配符代表所在位置的一个任意字符。例如:A?.txt 表示文件名由两个字符组成,第一个字符是A,第二个字符任意,扩展名是.txt 的所有文件。

【任务7】在"电子报"文件夹下搜索扩展名为.txt 的文件,然后全部删除。

操作步骤:

① 打开"电子报"文件夹。

② 在搜索文本框内输入 *.txt 后按 Enter 键,即可搜索到所有的扩展名为.txt 的文件。

③ 选中所有文件,右击,在快捷菜单中选择"删除"→"是"命令。

视频1.3 任务7

模块 2

字处理 Word 2016

教学目标

◆ 掌握字符格式的设置。
◆ 掌握段落格式的设置。
◆ 掌握页面设置。
◆ 掌握表格的制作及编辑。
◆ 掌握图文混排。
◆ 掌握样式的创建与应用。

项目 1　文字宣传单的制作

2.1.1　案例的提出

　　大学三年级的学生小张即将毕业,他来到太平洋商场实习,接到的第一个任务是为店庆做一份商品销售宣传单。作为策划人员,小张既要完成宣传单的文稿设计,又要对宣传单进行格式设置。

2.1.2　解决方案

　　① 新建 Word 文档"宣传单",并输入内容。
　　② 字符格式化。
　　③ 段落格式化。
　　④ 替换指定内容并修改格式。
　　⑤ 给相应段落添加项目符号和编号。
　　⑥ 给段落设置首字下沉。
　　⑦ 页面设置。
　　小张通过认真学习,制作出了一份满意的文字宣传单,如图 2-1 所示。

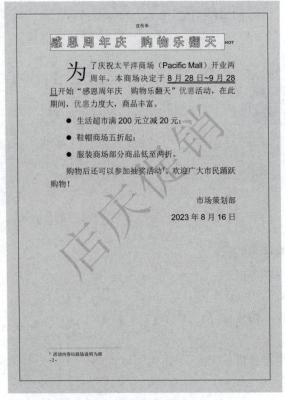

图 2-1 "文字宣传单"样图

2.1.3 相关知识点

1. Word 2016 的启动

当用户安装了 Office 2016 之后，软件会在系统的"开始"菜单、桌面上创建快捷方式，因此，可以通过两种方式启动 Word 2016。

第一种：单击"开始"按钮，打开"开始"菜单，选择"所有程序"→"Word 2016"选项。

第二种：双击桌面上的"Word 2016"图标，即可启动 Word 2016。

 知识拓展

快速启动 Word 2016 的方法

如果在快速启动栏中添加了 Word 2016 快捷方式，则可通过单击快速启动栏中的 Word 2016 图标实现快速启动 Word 2016 的目的。

2. Word 2016 的退出

Word 2016 的退出方法有以下两种。

（1）如果不想保存文档，可直接单击窗口右上角的"关闭"按钮，在弹出的对话框

(图2-2)中单击"不保存"按钮,即可退出 Word 应用程序。

(2)如果不想保存文档,也可以执行"文件"→"关闭"命令,在弹出的对话框(图2-2)中单击"不保存"按钮,即可退出 Word 应用程序。

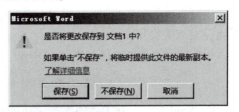

图 2-2　退出 Word 应用程序

3. Word 2016 窗口及组成

Word 2016 提供了以选项卡和功能区为显示方式的窗口界面,操作更加人性化且方便。

Word 2016 窗口由标题栏、快速访问工具栏、"文件"选项卡、功能区、工作区、状态栏、文档视图工具栏、显示比例控制栏、滚动条、标尺(水平标尺、垂直标尺)等部分组成。

快速访问工具栏:该工具栏位于工作界面的左上角,包含一组用户使用频率较高的工具,如"保存""撤销"和"恢复"。用户可单击"快速访问工具栏"右侧的下拉按钮,在展开的列表中选择要在其中显示或隐藏的工具按钮。

"文件"选项卡:该选项卡由开始、新建、打开、保存、信息、另存为、保存到网盘、历史记录、导出、打印、共享、关闭、账户、反馈和选项组成。

其中,大部分都是字面意思,例如:

新建,用于新建一个文档。

打开,用于打开一个已有的文档。

保存,用于保存文档。

信息,从这里可以查看文档各种属性、更改时间等信息。

另存为,在这里可以为文档存储一个副本,起到保护原文档的作用(根据需要改变保存的路径和文件名),或者存储为其他格式。

导出,在这里也可以实现将文档更改存储类型。

共享,主要共享方式包括与人共享、电子邮件、联机演示、发布至博客和保存到云。

选项,这里包含的东西比较多,打开"选项"对话框,在其中可对 Word 组件进行常规、显示、校对等多项设置。

功能区:位于标题栏的下方,是由各个功能选项卡组成的区域。Word 2016 将用于处理数据的所有命令组织在不同的选项卡中。单击不同的选项卡标签,可切换功能区中显示的工具命令。在每一个选项卡相对应的功能区中,命令又被分类放置在不同的组中,称为功能组。组的右下角通常都会有一个"对话框启动器"按钮,用于打开与该组命令相关的对话框,以便用户对要进行的操作做更进一步的设置。

工作区:对创建或打开的文档进行各种编辑、排版操作。

状态栏:位于操作界面的最底端,主要用于显示当前文档的工作状态,包括当前页数、字数和输入状态等。

文档视图工具栏:用于在 Word 常用的几种视图之间进行切换。

显示比例控制栏:用于调整工作区中内容的显示比例。

滚动条:用于帮助用户在水平方向或者垂直方向上完整地浏览工作区中的内容。

标尺:用于对文档内容进行定位。主要有以下两大功能:

设置段落缩进,将鼠标定位在段落首位,拖动上方水平标尺对应的游标,可快速调整段落的左缩进、右缩进和首行缩进。

进行页面设置，双击水平标尺或者垂直标尺，会打开"页面设置"对话框，方便进行页面设置相关操作。

Word 2016 窗口组成如图 2-3 所示。

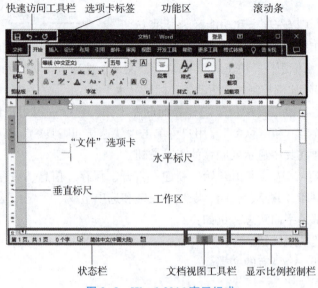

图 2-3　Word 2016 窗口组成

4．文档的基本操作

1）创建新文档

一般来说，创建新文档的方法有以下 4 种。

① 使用快捷菜单创建空白文档。在桌面空白处右击，在弹出的快捷菜单中执行"新建"→"Microsoft Word 文档"命令，即可新建一个空白 Word 文档（内容为空）。新建 Word 文档后，可以对该文档重命名（注意，不要修改文档扩展名）。双击该文档，可以启动 Word，并在 Word 中打开该文档。

② 启动 Word 2016 的同时，创建一个空白文档。执行"开始"→"所有程序"→"Word 2016"命令。使用该方法将启动 Word 2016，在"开始"界面中单击"空白文档"即可新建一个名为"文档 1"的空白文档，用户可以直接在该窗口中输入内容，并对其进行编辑和排版。

③ 在已打开的 Word 文档中创建空白文档。在已打开的 Word 文档中执行"文件"→"新建"命令，然后在"新建"窗格中单击"空白文档"图标，即可创建一个新的空白文档。

④ 使用模板建立文档。Word 2016 除了有空白文档模板之外，还内置了新闻稿、书法字帖等多种模板，利用这些模板，可以创建具有一定专业格式的文档。

注意，通过模板创建的文档含有预先设置好的内容，使用户能快速实现文档的制作。

除了使用 Word 内置的一些模板外，用户还可以通过网络下载更多模板。

2）打开已存在的文档

编辑或查看一个已经存在的文档，用户必须首先打开它。打开文档可选以下方法。

① 打开最近使用的文件。为了方便用户继续前面的工作，系统会记住用户最近使用过的文件。执行"文件"→"打开"→"最近"命令，在展开的界面中会显示最近使用过的25个文档及最近位置，用户可以根据需要选择文档或文件位置打开相应的文档。

注意：可以执行"文件"→"选项"命令，弹出"Word 选项"对话框，切换到"高级"选项卡，在"显示"选项组"最近使用文档"右侧的文本框中输入1~50的数字，该数字决定了在最近使用过的文件列表中显示的文件数目，系统默认显示25个文件。

② 打开以前的文件。如果在"最近"面板的列表中没有找到想要打开的 Word 文档，通过"打开"对话框，用户可以选择任何 Word 文档，单击"打开"按钮。

③ 打开 Word 2016 文档。在 Word 2016 中使用由以前版本创建的文档时，可以看到文档名称后面标识有"兼容模式"字样。为了使其能具有 Word 2016 文档的全部功能，用户需要把以前版本的文档转换成 Word 2016 文档。其具体操作方法为：执行"文件"→"信息"命令，在打开的"信息"界面中单击"转换兼容模式"按钮，并在弹出的提示框中单击"确定"按钮完成转换操作。完成版本转换的 Word 文档名称将取消"兼容模式"字样。

3）文档的保存和保护

（1）文档的保存。在 Word 2016 中所做的各种编辑工作都是在内存工作区中进行的，如果不执行存盘操作，一旦切断电源或者发生其他故障，如意外断电、程序异常终止、死机等，就会导致文档的损坏或丢失（这里的工作包括输入文字、插入图片、修改对象格式等）。为了保护既有的劳动成果，应及时将当前只是存在于内存中的文档保存为磁盘文件。在 Word 2016 中还可以直接将文档保存为 PDF、XPS、网页等多种类型。

保存文档的方法如下。

① 单击"快速访问工具栏"中的"保存"按钮或执行"文件"→"保存"命令。若是第一次保存，由于 Word 不知道该文档的名字和存储路径，将弹出"另存为"对话框，用户可设置文档名和存储路径。文档保存类型一般选择"Word 文档"。

② 执行"文件"→"另存为"命令，弹出"另存为"对话框，用户可选择存储路径，并在相应路径下以相应文档名存储该文档。这种方法可实现文档在资源管理器中的复制。保存完后，Word 将返回文档编辑状态，并打开复制后的文档。

对于已经保存过的文件，单击"保存"按钮，系统默认按原来的文件名保存在原来的存储位置。若须保存文件副本或改变存储位置，可执行"文件"→"另存为"命令，在弹出的"另存为"对话框中选择保存路径和保存文件名。

（2）文档的保护。

文档编辑完成后，可以通过标记为最终状态、用密码进行加密等方法对文档设置保护，以防止无操作权限的人员随意打开或修改文档。

对于一些包含机密内容的文档，用户可以在"另存为"对话框中单击"工具"下拉按钮，在弹出的下拉列表中选择"常规选项"选项，在弹出的"常规选项"对话框中输入打开权限密码和修改权限密码。

① 按 F12 键打开"另存为"对话框，选择保存位置，设置保存名称，单击"工具"下

拉按钮，在打开的下拉列表中选择"常规选项"选项。

②打开"常规选项"对话框，选中"建议以只读方式打开文档"复选框，单击"确定"按钮，返回"另存为"对话框中，单击"保存"按钮保存该设置。当打开该文档时，Word 将先弹出提示对话框，单击"确定"按钮，将以只读方式打开保存的文档。

③重新打开另存的文档，单击"文件"按钮，在"信息"界面中单击"保护文档"下拉按钮，在打开的下拉列表中选择"用密码进行加密"选项。

④打开"加密文档"对话框，在"密码"文本框中输入"123456"，单击"确定"按钮。

⑤打开"确认密码"对话框，在"重新输入密码"文本框中输入"123456"，单击"确定"按钮，保存文档后，加密生效。

5. 输入文本

在 Word 2016 中打开文档后，文档中至少存在一个段落标记。将插入点定位到段落标记前，通过键盘可以向文档中输入文字。通过按 Enter 键，可以插入一个段落标记，重新开始一个段落。输入文本时注意以下事项。

（1）对齐文本时，不要用空格键，应该使用制表符、缩进等方式。

（2）当输入行尾时，不要按 Enter 键，系统会自动换行。输入段落末尾时，应按 Enter 键产生一个硬回车，表示段落结束。如果需要换行但不换段，可以按 Shift+Enter 组合键产生一个软回车。

（3）如果需要强制换页，则可切换到"插入"选项卡，在"页面"组中单击"分页"按钮或切换到"布局"选项卡，在"页面设置"组中单击"分隔符"下拉按钮，然后在弹出的下拉列表中选择"分页符"选项。

（4）在输入的文本中间插入内容时，应将当前状态设置为插入，按 Insert 键可设置插入和改写状态；在插入状态下，将插入点移到需要插入空行的位置，按 Enter 键即可插入空行；如果要在文档的开始插入空行，则将光标定位到文首，按 Enter 键。

（5）将光标移到空行处，按 Delete 键可删除空行。

6. 修改文本

默认情况下，在文档中输入文本时是处于插入状态。在这种状态下，输入的文字出现在插入点所在位置，而该位置原有字符将依次向后移动。

在输入文档时，还有一种状态为改写。在这种状态下，输入的文字会依次替代原有插入点所在位置的字符，可实现文档的修改。改写状态的优点是即时覆盖无用的文字，节省文本空间，对于一些格式已经固定的文档，使用改写状态不会破坏已有格式，修改效率较高。

插入与改写状态的切换可以通过按 Insert 键实现，或通过双击文档窗口中状态栏上的"改写"按钮来转换。

当文本中出现错误或多余文字时，可以使用键盘上的 Delete 键删除插入点光标后面的字符，或使用 Backspace 键删除插入点光标前面的字符。如果需要删除大段文字，则先选定需要删除的大段内容，然后按 Delete 键或 Backspace 键即可实现选定内容的删除。

7. 字符的编辑

字符的编辑，包括字符的选择、复制、移动和删除等。

1）选择文本

对文档中的对象进行编辑，一般首先要选中它。

对于文字，常用的选中方式是鼠标拖动。通常的方法是从起始位置开始按住鼠标左键，然后拖动到结束位置。也可以单击文档最左边的空白处，以选中一行文字（若拖动鼠标，可方便地选中一个段落）。

在 Word 2016 中还有一些特殊的文本选择方法，有时可以帮助用户更快地进行文本选择，具体如下。

① 选择单行文本：在某行左侧的文本选择区单击，即可选择整行，按住鼠标左键上下拖动可选择多行文本。

② 选择段落：在段落左侧的文本选择区双击，或者在段落中三击，即可选择整段文本。

③ 选择某句：按住 Ctrl 键的同时单击某句中的文字，即可选择该句文本。

④ 选择词语：双击某词语即可选择该词语。

⑤ 选择大块文本：如果要选择的文本较长，可以先在起始位置单击，然后拖动滚动条显示结束位置，按住 Shift 键单击结束位置，即可选择两次定位之间的所有文本。

⑥ 选择矩形文本块：先在起始位置单击，然后按住 Alt 键向下拖动鼠标，即可选择矩形文本块。

⑦ 选择整篇文档：在文本选择区三击。

⑧ 选择格式相同的文本：首先选中要设置格式的第一个文本，然后切换到"开始"选项卡，在"编辑"组中单击"选择"下拉按钮，在弹出的下拉列表中选择"选定所有格式类似的文本"选项。

2）复制文本

在文本编辑过程中，复制也是常用功能之一。复制文本既可以使用鼠标操作，也可以用键盘来操作。复制的方法有以下几种。

① 使用鼠标拖动。

首先，选定要复制的文本；其次，按住 Ctrl 键，同时按住鼠标左键不放，这时鼠标指针右下角出现"✚"；最后，拖动鼠标到目的位置再释放鼠标，所选内容即被复制到指定的位置。

② 使用快捷方式。

首先，选定需要复制的文本；其次，按 Ctrl+C 组合键；再次，将插入点定位到目标位置；最后，按 Ctrl+V 组合键，即可将指定内容复制到目标位置。

3）移动文本

在文本编辑过程中，为了重新组织文档结构，经常需要将某些文本从一个位置移动到另一个位置。既可以在当前页内移动文本，也可以从某一页移动到另一页，甚至可以从一个文档移动到另一个文档。移动文本可以使用鼠标进行，也可以使用键盘进行。

① 用鼠标移动文本。用鼠标移动文本是最常用的操作方法，适用于移动距离较小的情况。

首先，选定要移动的内容；其次，将鼠标指针移到被选中的文本上，此时鼠标指针变为

"白色箭头"形状；最后，按下鼠标左键不放并拖动鼠标，将选定内容移到目的位置。释放鼠标左键，此时选定的内容即被移动到指定位置。

② 使用剪贴板移动文本。

首先，选定要移动的内容；其次，切换到"开始"选项卡，在"剪贴板"组中单击"剪切"按钮或按 Ctrl+X 组合键；再次，将插入点移到目标位置；最后，切换到"开始"选项卡，在"剪贴板"组中单击"粘贴"按钮或按 Ctrl+V 组合键，即可将指定内容移动到目标位置。

4）删除文本

删除文本可先选定要删除的内容，然后进行以下键盘操作。

① 按 Delete 键：删除光标右侧的一个字符。

② 按 Backspace 键：删除光标左侧的一个字符。

③ 按 Ctrl+Backspace 组合键：删除光标左侧的一句话或一个英文单词。

④ 按 Ctrl+Delete 组合键：删除光标右侧的一句话或一个英文单词。

5）撤销、恢复和重复操作

在文档编辑的过程中，难免会出现误操作。例如，在删除某些内容时，可能由于操作不当而删除了一些不该删除的内容，此时可以利用 Word 提供的撤销功能来取消上次的删除操作，恢复文本内容。要撤销最近的一次误操作，可以直接单击"快速访问工具栏"中的"撤销键入"按钮或按 Ctrl+Z 组合键来恢复操作前的文本。要撤销多次误操作，则需要单击"撤销键入"按钮旁的下三角按钮，查看可撤销操作列表，选择要撤销的操作。"恢复键入"按钮功能用于恢复被撤销的操作，其操作方法与撤销操作类似。用户执行一次撤销操作后，"快速访问工具栏"中原来"撤销键入"按钮旁边就会出现"恢复键入"按钮，用户可以单击此按钮或按 Ctrl+Y 组合键进行恢复操作。

另外，"快速访问工具栏"中的"重复键入"按钮可以让用户在文档编辑中重复执行最后的编辑操作。例如，重复输入文本、重复插入图片、重复设置格式等。

8. 字符和段落的格式化

字符的格式化，包括对字符的大小、字体、字形、颜色、字符间距、字符的上下位置、文字效果等进行设置。

段落的格式化，包括对段落左右边界的定位、段落的对齐方式、缩进方式、行间距、段落间距等进行设置。

9. 项目符号和编号

项目符号和编号功能，包括对段落添加项目符号和编号。

10. 查找和替换功能

查找和替换，包括对文本进行替换、对文本格式进行替换。

11. 首字下沉

首字下沉只是一种比较专业的说法，通俗一点来说，它描述的是段落的第一个文字独自占据两行或多行，而同一段落中的其他文字不改变的现象。包括下沉和悬挂两种效果。

12. 页面设置

页面设置，包括页边距、纸张方向、纸张大小、版式、分栏、分隔符等。

2.1.4 项目工单及评分标准

工单编号：

姓　　名			学　　号		
班　　级			总　　分		
项　目　工　单			评分标准		
			评分依据	分值	得分
【任务1】新建 Word 文档，以"姓名+文字宣传单"命名（例如：张珊珊文字宣传单），并保存在 D:盘中，然后在该文档中输入"宣传单样图"的内容，并插入日期和时间（格式为：2023 年 8 月 16 日）。以下操作均在该文档中完成。			Word 文档名称和保存位置准确	4	
			内容输入完整性	8	
			插入日期和时间	3	
【任务2】标题（感恩周年庆 购物乐翻天）设置为"黑体、24 磅、加粗"显示；字符间距为"加宽、4 磅"；"HOT"设置为"Verdana、小四号、加粗、红色、上标"。			标题格式设置	10	
【任务3】将正文中的中文设置为"宋体、三号"，西文设置为"Arial、三号"。			正文格式设置	2	
【任务4】将正文中的"太平洋商场"和"两周年"设置为"加粗、红色"。			正文格式设置	2	
【任务5】给正文中的"8 月 28 日—9 月 28 日"加"双下划线"。			正文格式设置	3	
【任务6】将标题文字（感恩周年庆　购物乐翻天）的文字效果设置为蓝色、空心效果；底纹设置为黄色（标准色）；边框设置为蓝色（标准色）阴影边框，并应用于"文字"。			空心字制作、边框底纹设置	5	
【任务7】设置标题（感恩周年庆 购物乐翻天 HOT）居中显示；正文各段的段落格式：首行缩进 2 个字符，段前间距 0.5 行，行距为固定值 25 磅，左、右各缩进 0.5 字符；"市场策划部""2023 年 8 月 16 日"右对齐。			段落格式设置	6	
【任务8】给正文中的第 2~4 段（生活超市……低至两折！）添加项目符号"●"。			文本替换	5	
【任务9】将正文中所有错词"优会"改为"优惠"，并设置字体颜色为红色。			项目符号的设置	4	
【任务10】设置正文第一段首字下沉 2 行，距正文 0.2 厘米。			首字下沉设置	5	

续表

项 目 工 单	评分标准		
	评分依据	分值	得分
【任务11】自定义页面：页面左、右边距均为3厘米，上、下边距均为2厘米；装订线的位置为"上"；纸张方向为"纵向"；纸张大小为19.5厘米（宽）×27厘米（高）；页面垂直对齐方式为"顶端对齐"。	页面设置	10	
【任务12】将页面边框设置为1磅、深红色（标准色）"方框"型边框；页面颜色设置为"水绿色，个性色5，淡色80%"。	页面边框和页面颜色设置	10	
【任务13】为页面设置内容为"店庆促销"的文字水印。	文字水印设置	5	
【任务14】插入页眉，并在其居中位置输入页眉内容"宣传单"。在页面底端按照"普通数字1"样式插入页码，页码样式为"-1-"，设置起始页码为"-2-"。	页眉、页脚设置	10	
【任务15】为正文中的"抽奖活动"添加脚注，脚注内容为"活动内容以商场说明为准"。	脚注设置	5	
【任务16】保存文档。	文档保存	3	

2.1.5 实现方法

1. 建立 Word 2016 文档并输入内容，制作"文字宣传单"

【任务1】新建 Word 文档，以"姓名+文字宣传单"命名（例如：张珊珊文字宣传单），并保存在 D:盘中，然后在该文档中输入"宣传单样图"的内容，并插入日期和时间（格式为：2023年8月16日）。以下操作均在该文档中完成。

操作步骤：

① 启动 Word，会进入 Word 2016 的欢迎界面，单击"新建"命令，然后在"新建"窗格中单击"空白文档"图标，即可创建一个以"文档1.docx"命名的空文档。单击"文件"→"另存为"命令，或单击"快速访问"工具栏中的"保存"按钮，在"另存为"窗格中单击"浏览"命令，打开"另存为"对话框，具体如图2-4所示。

视频2.1任务1

② 在左侧"导航窗格"中单击"本地磁盘(D:)"，在"文件名"文本框中输入"姓名+文字宣传单"。

③ 单击"保存"按钮。

④ 输入宣传单内容。在宣传单的结尾处定位光标，单击"插入"→"文本"→"日期和时间"命令，选择日期和时间的格式即可，具体如图2-5所示。

⑤ 单击"确定"按钮。

图 2-4　文件保存操作

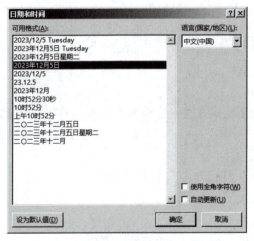

图 2-5　设置时间和日期

知识拓展

文件恢复技巧

若意外关闭了未保存的文件，系统会临时保留文件的某一版本，以便用户再次打开文件时进行恢复。打开 Word 2016，执行"文件"→"打开"→"最近"命令或执行"文件"→"信息"→"管理文档"命令，选择最近一次保存的文档，然后单击"另存为"按钮将文件保存到磁盘中。

提示：可以执行"文件"→"选项"命令，打开"Word 选项"对话框，在"保存"选项卡中对文档保存进行详细的设置。

2. 设置字符格式

在对文字进行格式设置之前，要先选定需要设置格式的文字，再进行字符格式设置。

字符格式化用于设置文本的外观，可供设置的内容非常丰富，主要内容包括字体、大小、粗体、倾斜、下划线、上标、下标、颜色、边框、底纹等。

对字符格式的设置主要有以下两种方法。

（1）"开始"选项卡的"字体"组中提供了常用的字符格式设置命令，可完成一般的字符排版。要设置文本格式，首先选中文本，再使用相应的命令。

（2）在"开始"选项卡的"字体"组中单击"对话框启动器"按钮，可打开"字体"对话框，在该对话框中可对格式要求较高的文档进行详细设置。要设置文本格式，首先选中文本，再在"字体"对话框中进行设置。

【任务2】标题（感恩周年庆 购物乐翻天）设置为"黑体、24磅、加粗"显示；字符间距为"加宽、4磅"；"HOT"设置为"Verdana、小四号、加粗、红色、上标"。

操作步骤：

① 选中标题"感恩周年庆 购物乐翻天"，单击"开始"→"字体"→"字体"下拉按钮，在列表中选择"黑体"，单击"字号"下拉按钮，在列表中选择"24"。

② 单击"开始"→"字体"→"加粗"命令。

③ 单击"开始"→"字体"→"对话框启动器"按钮，在"字体"对话框中单击"高级"→"字符间距"，在"间距"下拉列表中选择"加宽"选项，在对应的"磅值"框中输入"4磅"。

视频2.1 任务2

④ 单击"确定"按钮。

⑤ 选中"HOT"，使用相同方法，分别设置字体、字号、加粗等格式。

⑥ 单击"开始"→"字体"→"字体颜色"下拉按钮，在列表中选择"标准色"中的"红色"。

⑦ 单击"开始"→"字体"→"上标"按钮。

> **知识拓展**
>
> **格式刷的应用**
>
> "开始"→"剪贴板"→"格式刷"按钮是一种快速复制格式的工具。文档中，会有许多不连续的文本需要设置相同的格式，此时可以使用格式刷进行格式复制。
>
> 具体操作方法是：先选定已设置好格式的源文本，单击或双击"格式刷"按钮（单击只能使用一次，双击可以无限次使用），此时的鼠标指针变成刷子图标，在刷子上已经附着了源文本的格式，用它选定需要设置相同格式的文本即可。双击使用格式刷，当不再使用时，需要再次单击"格式刷"按钮。

【任务3】将正文中的中文设置为"宋体、三号"，西文设置为"Arial、三号"。

操作步骤：

① 选中正文内容，单击"开始"→"字体"→"对话框启动器"按

视频2.1 任务3

钮，在"字体"对话框中的"中文字体"下拉列表中选择"宋体"，在"字号"下拉列表选择"三号"，具体如图2-6所示。

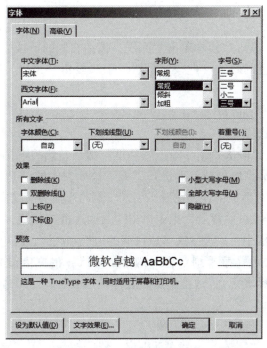

图2-6 设置字体

② 单击"西文字体"下拉按钮，选择"Arial"；单击"字号"下拉按钮，选择"三号"。

③ 单击"确定"按钮。

【任务4】将正文中的"太平洋商场"和"两周年"设置为"加粗、红色"。

操作步骤：

① 选中正文中的"太平洋商场"和"两周年"。

② 单击"开始"→"字体"→"加粗"按钮。

③ 单击"开始"→"字体"→"字体颜色"下拉按钮，在列表中选择"标准色""红色"。

视频2.1 任务4

【任务5】给正文中的"8月28日—9月28日"加"双下划线"。

操作步骤：

选中正文中的"8月28日—9月28日"，单击"开始"→"字体"→"下划线"下拉按钮，在列表中选择"双下划线"。

视频2.1 任务5

3. 设置边框和底纹

在Word文档中可以对选定的文字、段落、页面、表格及单元格或图形添加边框（涉及边框的颜色、粗细、线型等内容）和底纹，使其格式更加丰富多彩。

1）为字符设置边框与底纹

（1）字符边框设置。在"开始"→"字体"组中单击"字符边框"按钮，可为字符设置相应的边框。

（2）字符底纹设置。

有如下两种常用方法。

① 在"开始"选项卡的"字体"组中提供了"字符底纹"按钮，用于设置文字（应用于文字，而非段落）的底纹。

② 在"开始"→"段落"组中单击"底纹"按钮右侧的下拉按钮，在打开的下拉列表中可为文字设置不同颜色的底纹（此按钮虽然位于"段落"组中，但它实现的是文字的底纹设置）。

2）为段落设置边框与底纹

有如下两种常用方法。

（1）在"开始"→"段落"组中单击"边框"按钮右侧的下拉按钮，在打开的下拉列表中可为段落设置不同类型的框线。若选择了该下拉列表中的"边框和底纹"选项，可在打开的"边框和底纹"对话框中详细设置文字或段落的边框和底纹样式。

（2）在"设计"→"页面背景"组中单击"页面边框"按钮，系统将弹出"边框和底纹"对话框，在该对话框中可以设置文字或段落的边框和底纹，还可以设置页面边框。

【任务6】将标题文字（感恩周年庆　购物乐翻天）的文字效果设置为蓝色、空心效果；底纹设置为黄色（标准色）；边框设置为蓝色（标准色）阴影边框，并应用于"文字"。

操作步骤：

① 选中标题"感恩周年庆　购物乐翻天"。

② 单击"开始"→"字体"→"对话框启动器"按钮，在"字体"对话框中单击"文字效果"按钮，打开"设置文本效果格式"对话框，选择"文本填充"→"无填充"，选择"文本轮廓"→"实线"，颜色为"蓝色（标准色）"，具体如图2-7、图2-8所示。

视频2.1 任务6

图2-7　设置文本效果格式

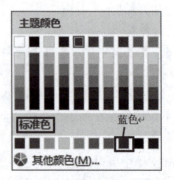

图2-8　空心字颜色设置

③ 单击"确定"按钮关闭"设置文本效果格式"对话框；继续单击"确定"按钮关闭"字体"对话框。

④ 单击"段落"→"底纹"下拉按钮，在列表中选择"标准色"中的"黄色"。

⑤ 单击"段落"→"边框"下拉按钮，执行"边框和底纹"命令，打开"边框和底纹"对话框，具体如图 2-9 所示。

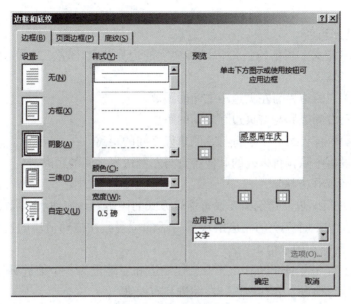

图 2-9　设置边框和底纹

⑥ 单击"边框"选项卡，在"颜色"下拉列表中选择"蓝色（标准色）"，在"设置"选项组中选择"阴影"，"应用于"选择"文字"。

⑦ 单击"确定"按钮。

4. 设置段落格式

段落格式化用于设置段落的外观，可供设置的内容非常丰富，主要内容包括段落中文本的对齐方式（左对齐、居中、右对齐、两端对齐、分散对齐）、段前间距（设置当前选择段与上一段的距离）、段后间距（设置当前选择段与下一段的距离）、行距（设置段中行与行间的距离）、段落底纹、段落边框、项目符号、项目编号、段落缩进等。

1）设置对齐方式

Word 段落的对齐方式有"两端对齐""左对齐""居中""右对齐"和"分散对齐"5 种。Word 默认的对齐格式是两端对齐。

（1）对齐方式的特点。

两端对齐：使文本按左、右边距对齐，并自动调整每一行的空格。

左对齐：使文本向左对齐。

居中：段落各行居中，一般用于标题或表格中的内容。

右对齐：使文本向右对齐。

分散对齐：使文本按左、右边距在一行中均匀分布。

（2）设置对齐方式的操作方法。

选定需要设置对齐方式的段落，打开"段落"对话框，切换到"缩进和间距"选项卡，在"常规"选项组的"对齐方式"下拉列表中选定用户所需的对齐方式，单击"确定"按钮。

选定需要设置对齐方式的段落，在"开始"选项卡的"段落"组中单击相应的对齐方式按钮。

2）设置缩进方式

（1）缩进方式定义。段落缩进是指段落文字的边界相对于左、右页边距的距离。段落缩进有以下4种格式。

左缩进：段落左侧边界与左页边距之间的距离。

右缩进：段落右侧边界与右页边距之间的距离。

首行缩进：段落首行第一个字符与左侧边界之间的距离。

悬挂缩进：段落中除首行以外的其他各行与左侧边界之间的距离。

（2）缩进设置操作方法。

① 通过标尺进行缩进。选定需要设置缩进方式的段落后，拖动水平标尺（横排文本时）或垂直标尺（纵排文本时）上的相应滑块到合适的位置；在拖动滑块的过程中，如果按住 Alt 键，可同时看到拖动的数值。

在水平标尺上有3个缩进标记（其中悬挂缩进和左缩进为一个缩进标记），但可进行4种缩进设置，即首行缩进、悬挂缩进、左缩进和右缩进。

用鼠标拖动首行缩进标记，可以控制段落的第一行第一个字的起始位置；用鼠标拖动悬挂缩进标记，可以控制段落第一行以外其他行的起始位置；用鼠标拖动左缩进标记，可以控制段落左缩进的位置；用鼠标拖动右缩进标记，可以控制段落右缩进的位置。

② 通过"段落"对话框进行缩进。选定需要设置缩进方式的段落，打开"段落"对话框，切换到"缩进和间距"选项卡，在"缩进"选项组中设置相关的缩进值，单击"确定"按钮。

选定需要设置缩进方式的段落后，通过单击"减少缩进量"按钮或"增加缩进量"按钮进行缩进操作。

对段落格式的设置，也可不选中段落，这将对插入点所在的段落进行设置。

3）设置项目符号与编号

项目符号是放在文本前以添加强调效果的图形或符号，项目符号能方便地以符号的方式表示具有并列关系的若干段，编号能方便地以数字的方式表示具有顺序关系的若干段，Word 2016 可以在键入的同时自动创建项目符号和编号列表，或者在文本的原有行中添加项目符号和编号。

（1）设置项目符号。

在"段落"组中单击"项目符号"按钮，可添加默认样式的项目符号；单击"项目符号"按钮右侧的下拉按钮，在打开的下拉列表的"项目符号库"栏中可选择更多的项目符号样式。

（2）设置编号。

编号主要用于设置一些按一定顺序排列的项目，如操作步骤或合同条款等。设置编号的方法与设置项目符号的方法相似，即在"段落"组中单击"编号"按钮或单击该按钮右侧的下拉按钮，在打开的下拉列表中选择所需的编号样式。

【任务 7】设置标题（感恩周年庆 购物乐翻天 HOT）居中显示；正文各段的段落格式：首行缩进 2 个字符，段前间距 0.5 行，行距为固定值 25 磅，左、右各缩进 0.5 字符；"市场策划部""2023 年 8 月 16 日"右对齐。

操作步骤：

① 选中标题，单击"开始"→"段落"→"居中"按钮。

② 选中正文，单击"开始"→"段落"→"对话框启动器"按钮，打开"段落"对话框，具体如图 2-10 所示。

视频 2.1 任务 7

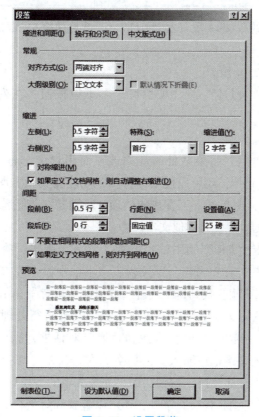

图 2-10 设置段落

③ 单击"缩进和间距"→"缩进"→"特殊"下拉按钮，在列表中选择"首行"，设置"缩进值"为"2 字符"。

④ 设置"间距"→"段前"为"0.5 行"。

⑤ 设置"缩进"→"左侧"为"0.5 字符"；"右侧"为"0.5 字符"。

⑥ 单击"行距"下拉按钮，在列表中选择"固定值"，"设置值"为"25 磅"。单击"确定"按钮。

⑦ 选中"市场策划部""2023 年 8 月 16 日"，单击"开始"→"段落"→"右对齐"按钮。

> **知识拓展**
>
> **距离单位**
>
> "段落"对话框中可供使用的距离单位有多种,如"字符""磅""行""厘米"等。若要切换单位,可直接修改,如要将"字符"切换为"厘米",可在设置框中将"字符"修改为"厘米"。
>
> 对于中文文本,由于书写习惯,常将"特殊格式"设置为"首行缩进 2 字符"。"段落"对话框中常用的设置位于"缩进和间距"选项卡中。

【任务 8】给正文中的第 2~4 段(生活超市……低至两折!)添加项目符号"●"。

操作步骤:

① 选中正文中的第 2~4 段。

② 单击"开始"→"段落"→"项目符号"下拉按钮,在列表中选择"●"。

视频 2.1 任务 8

5. 查找与替换

对于篇幅比较长的文档,如果某处需要修改,而用户又忘记了位置,这时可以使用"查找"功能进行处理。此外,还可以使用"查找"功能在文档中查找特定的文本(甚至是带特定格式的特定文本),避免了人工查找的烦琐,特别是在查找范围较大时更是这样,甚至可以将文档中特定的文本替换为其他文本。

单击"开始"选项卡"编辑"组中的"替换"按钮,弹出"查找和替换"对话框,切换到"查找"选项卡,在"查找内容"下拉列表文本框中输入要查找的内容,单击"查找下一处"按钮,Word 2016 就会找到这个内容,并以淡蓝色背景显示出来。

对于大批量需要替换的文本,可以使用"替换"功能进行处理。单击"开始"选项卡"编辑"组中的"替换"按钮,弹出"查找和替换"对话框,默认打开"替换"选项卡,在"查找内容"下拉列表文本框中输入要被替换的内容,在"替换为"下拉列表文本框中输入替换的内容,单击"全部替换"按钮,即可完成文本的替换。

Word 2016 除了可以查找和替换文字外,还可以查找和替换格式、段落标记和分页符等特殊符号。若要只搜索文字,而不考虑特定的格式,则在"查找内容"下拉列表文本框中仅输入文字;若要搜索有特定格式的文字,输入文字后再单击"更多"按钮,在展开的"搜索选项"中选择查找要求,并设置所需"格式"和"特殊格式"。同样,利用替换功能也可以方便地替换指定的格式、特殊字符等。

【任务 9】将正文中所有错词"优会"改为"优惠",并设置字体颜色为红色。

操作步骤:

① 将光标定位到正文开始处。

② 单击"开始"→"编辑"→"替换"命令按钮。

③ 在"查找内容"文本框中输入文本"优会",在"替换为"文本框中输入文本"优惠",如图 2-11 所示。

视频 2.1 任务 9

④ 选中"优惠",单击"更多"命令按钮,展开命令项。选择"格式"→"字体"命令,打开"字体"对话框。

⑤ 在"字体"→"字体颜色"下拉列表中选"红色(标准色)",单击"确定"按钮。

⑥ 单击"替换"或"全部替换"按钮。

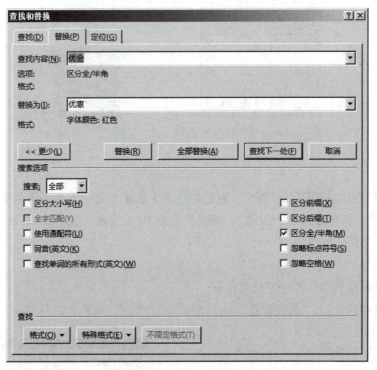

图 2-11　查找和替换

6. 特殊格式——首字下沉

首字下沉是指文章段落的第一个字符放大显示。采用首字下沉可以使段落更加醒目,使文章的版面别具一格。

将光标定位于要设置首字下沉的段落中,切换到"插入"选项卡,在"文本"组中单击"首字下沉"下拉按钮,在弹出的下拉列表中可以选择"下沉"选项或"悬挂"选项,也可以选择"首字下沉"选项,弹出"首字下沉"对话框,在其中可以对下沉或悬挂细节进行设置。

【任务 10】设置正文第一段首字下沉 2 行,距正文 0.2 厘米。

操作步骤:

① 选中正文第一段。

② 单击"插入"→"文本"→"首字下沉"下拉按钮,在列表中选择"首字下沉选项"命令,打开"首字下沉"对话框,具体如图 2-12 所示。

③ 设置"位置"为"下沉","下沉行数"为"2","距正文"为"0.2 厘米"。

④ 单击"确定"按钮。

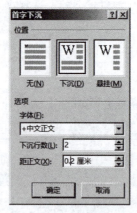

图 2-12 设置首字下沉

视频 2.1 任务 10

7. 页面设置

【任务 11】 自定义页面：页面左、右边距均为 3 厘米，上、下边距均为 2 厘米；装订线的位置为"上"；纸张方向为"纵向"；纸张大小为 19.5 厘米（宽）×27 厘米（高）；页面垂直对齐方式为"顶端对齐"。

操作步骤：

① 将光标定位到本文档中的任意位置。

② 单击"布局"→"页面设置"→"对话框启动器"按钮，打开"页面设置"对话框。

视频 2.1 任务 11

③ 单击"页边距"选项卡，将"页边距"组中"左"和"右"文本框中的值分别设置为"3 厘米"，上、下边距分别设置为 2 厘米；在"装订线位置"下拉列表中选择"靠上"；"纸张方向"选择"纵向"；在"应用于"下拉列表中选择"整篇文档"，具体如图 2-13 所示。

④ 单击"纸张"选项卡，在"纸张大小"下拉列表中选择"自定义大小"，将"宽度"文本框中的值设置为"19.5 厘米"；将"高度"文本框中的值设置为"27 厘米"；在"应用于"下拉列表中选择"整篇文档"，具体如图 2-14 所示。

⑤ 单击"布局"选项卡，在"页面"组中的"垂直对齐方式"下拉列表中选择"顶端对齐"；在"应用于"下拉列表中选择"整篇文档"，具体如图 2-15 所示。

⑥ 单击"确定"按钮。

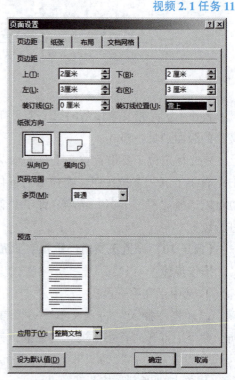

图 2-13 设置页边距

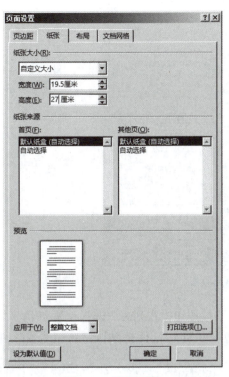
图 2-14 设置纸张

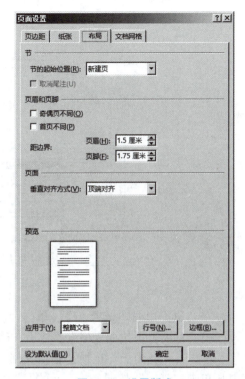
图 2-15 设置版式

> **知识拓展**
>
> 本任务也可以使用"布局"→"页面设置"工具组中的工具完成。

8. 设置页面边框和页面颜色

（1）页面边框设置。切换到"设计"选项卡，在"页面背景"组中单击"页面边框"按钮，弹出"边框和底纹"对话框，在其中可以对页面边框进行设置。在设置边框时，既可以设置普通边框，又可以设置艺术型边框。

（2）页面颜色设置。切换到"设计"选项卡，在"页面背景"组中单击"页面颜色"下拉按钮，在弹出的下拉列表中选择具体的选项来设置页面背景颜色。

在"页面颜色"下拉列表中选择"填充效果"选项，弹出"填充效果"对话框，在其中可以设置填充效果为"渐变""纹理""图案""图片"等。

【任务 12】将页面边框设置为 1 磅、深红色（标准色）"方框"型边框；页面颜色设置为"水绿色，个性色 5，淡色 80%"。

操作步骤：

① 将光标定位到本文档中的任意位置。

② 单击"设计"→"页面背景"→"页面边框"命令按钮，打开"边框和底纹"对话框，如图 2-16 所示。

视频 2.1 任务 12

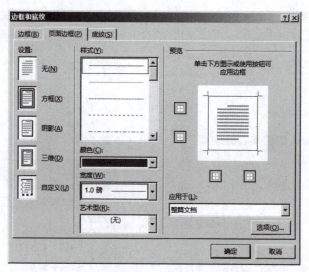

图 2-16 设置页面边框

③ 在"页面边框"选项卡中，单击"颜色"下拉按钮，在列表中选择"深红色（标准色）"；在"宽度"下拉列表中选择"1.0 磅"；边框"样式"保持默认；在"设置"组中选择"方框"；"应用于"选择"整篇文档"。

④ 单击"确定"按钮。

⑤ 单击"设计"→"页面背景"→"页面颜色"下拉按钮，在列表中选择"主题颜色"中的"水绿色，个性色 5，淡色 80%"。

9. 设置水印

切换到"设计"选项卡，在"页面背景"组中单击"水印"下拉按钮，弹出下拉列表，在下拉列表中可以选择列表框中的预置水印模式，也可以选择"自定义水印"选项，弹出"水印"对话框，该对话框中有"图片水印"和"文字水印"两个设置选项，用户可根据需要进行设置。

【任务 13】为页面设置内容为"店庆促销"的文字水印。

操作步骤：

① 将光标定位到本文档中的任意位置。

② 单击"设计"→"页面背景"→"水印"下拉按钮，在列表中选择"自定义水印"命令，打开"水印"对话框，具体如图 2-17 所示。

视频 2.1
任务 13

③ 单击"文字水印"单选项，在"文字"文本框中输入内容"店庆促销"。

④ 单击"确定"按钮。

10. 添加页眉和页脚

在文档排版打印时，通常在每页的顶部和底部加入一些说明性信息，称为页眉和页脚。设置页眉和页脚可以通过"插入"选项卡的"页眉和页脚"组中的"页眉"和"页脚"下拉按钮来操作。

用户可以选择系统内置的页眉或页脚类型，也可以通过选择"编辑页眉"或"编辑页脚"选项进入页眉或页脚编辑区，此时正文呈灰色，系统为用户激活"页眉和页脚工具"选项卡。

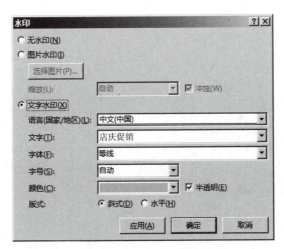

图 2-17 设置文字水印

【任务 14】插入页眉，并在其居中位置输入页眉内容"宣传单"。在页面底端按照"普通数字 1"样式插入页码，页码样式为"-1-"，设置起始页码为"-2-"。

操作步骤：

① 将光标定位到本文档中的任意位置。

② 单击"插入"→"页眉和页脚"→"页眉"下拉按钮，在列表中选择"编辑页眉"命令，进入"页眉和页脚"编辑状态，在"页眉"区中输入内容"宣传单"。单击"关闭页眉和页脚"按钮。

视频 2.1 任务 14

③ 单击"插入"→"页眉和页脚"→"页码"→"页面底端"→"普通数字 1"命令，进入"页眉和页脚"编辑状态，出现悬浮的"页眉和页脚"工具选项卡，此时单击"页眉和页脚"→"页码"→"设置页码格式"命令，打开"页码格式"对话框，选择"编号格式"下拉列表中的"-1-，-2-，-3-"格式；选中"页码编号"→"起始页码"，设置内容为"-2-"。

④ 单击"确定"按钮。

⑤ 单击"关闭页眉和页脚"按钮。

11. 插入脚注

选取操作对象，切换到"引用"选项卡，在"脚注"组中单击"插入脚注"按钮，则在页尾出现脚注编辑区域，输入脚注内容。

【任务 15】为正文中的"抽奖活动"添加脚注，脚注内容为"活动内容以商场说明为准"。

操作步骤：

① 选中正文中的"抽奖活动"。

② 单击"引用"→"脚注"→"插入脚注"命令，在"脚注"区输入内容"活动内容以商场说明为准"。

视频 2.1
任务 15~16

【任务 16】保存文档。

操作步骤：

单击"保存"命令，保存文档。

项目 2 "促销商品清单"表格的制作

2.2.1 案例的提出

店庆期间,小张同学完成宣传单制作后,到儿童商场参与销售活动,领导要求小张将儿童商场中的部分促销商品列出清单,并进行统计。根据领导要求,小张对促销商品进行了统计整理,制作出"促销商品清单"表格,并完成了计算。

2.2.2 解决方案

① 根据儿童商场的工作人员报送来的数据清单制作表格。
② 对表格进行格式设置。
③ 对表格进行编辑。
④ 对单元格内容进行计算。

按照领导要求,小张根据在校所学 Word 2016 知识,设计出合适的"促销商品清单"表格,如图 2-18 所示。

（男）童装促销商品清单

产品规格 产品名称	库存量			单价/元	总价/元
	130码	140码	150码		
上装	毛衣	34	39	61	92	12 328
	衬衫	30	45	52	39	4 953
	外套	20	55	48	120	14 760
下装	短裤	27	34	71	23	3 036
	长裤	45	75	44	99	6 396
合计						41 473

图 2-18 "促销商品清单"样图

2.2.3 相关知识点

1. 表格

表格由若干行和若干列组成,行列的交叉处称为"单元格",单元格的地址是以"列标+

行号"来定义的，单元格中可以填入文本、数字以及图形。

2. 表格的格式设置

表格的格式设置包括字符的格式设置、表格的边框和底纹设置。

3. 表格的编辑

表格的编辑包括两个方面：一是以表格为对象进行编辑，包括表格的移动、合并、拆分等；二是以单元格为对象进行编辑，包括选定单元格区域、单元格的插入、删除、移动和复制，单元格的合并和拆分，单元格的列宽和行高的调整，以及单元格中对象的对齐方式等。

4. 单元格的计算

单元格的计算包括公式的使用和函数的使用。

5. 表格的排序

表格的排序是指对表格内容以关键字的形式进行升序或降序排列顺序。

6. 绘制斜线表头

将光标定位于表格左上角的单元格，单击"表格工具"→"表设计"→"边框"组中的"边框"下拉按钮，根据需要，在弹出的列表中选择"斜下框线"或"斜上框线"，即可完成斜线表头的绘制。

7. 文本转换成表格

将文本转换为表格的具体操作如下。

（1）拖动鼠标，选择需要转换为表格的文本，然后在"插入"→"表格"组中单击"表格"按钮，在打开的下拉列表中选择"文本转换成表格"选项。

（2）在打开的"将文字转换成表格"对话框中，根据需要，设置表格尺寸和文本分隔符位置，完成后单击"确定"按钮，即可将文本转换为表格。

8. 表格转换成文本

将表格转换为文本的具体操作如下。

（1）单击表格左上角的"全选"按钮选择整个表格，然后在"表格工具"→"布局"→"数据"组中单击"转换为文本"按钮。

（2）打开"表格转换成文本"对话框，在其中选择合适的文字分隔符，单击"确定"按钮，即可将表格转换为文本。

2.2.4 项目工单及评分标准

工单编号：

姓　　名		学　　号			
班　　级		总　　分			
项　目　工　单			评分标准		
			评分依据	分值	得分
【任务1】新建一个Word文档，命名为"姓名+销售商品清单"，保存到D:盘下，输入表格的标题"（男）童装促销商品清单"，创建样图表格的结构。设置标题格式为：黑体、22磅、加粗、字符间距加宽4磅，居中。			新建文档、保存文档、输入表格标题、创建表格结构、设置标题格式	15	

续表

项 目 工 单	评分标准		
	评分依据	分值	得分
【任务2】根据要求设计表格的行高和列宽。	行高、列宽的设置	5	
【任务3】合并 A1:B2、C1:E1、F1:F2、G1:G2、A3:A4、A5:A6、A7:F7 单元格区域。依照样图输入表格内容。	单元格合并、内容输入	15	
【任务4】在"毛衣"行的下面插入一行空行,并输入内容"衬衫、30、45、52、39"。	插入行并录入数据	10	
【任务5】设置表格前两行内容(第一个单元格除外)和第一列内容格式:小三号、华文仿宋、加粗,水平居中。其他单元格内容格式:新宋体、小三,水平居中。	表格内容格式设置	15	
【任务6】将表格的内侧框线设置为"实线""0.5磅""绿色(标准色)";外侧框线设置为"实线""2.25磅""红色(标准色)";设置首单元格斜线表头,样式同内侧框线。	边框线和斜线表头设置	15	
【任务7】在总价列单元格中,按公式(总价=单价*数量)计算并填入左侧服装的总价金额。	利用公式进行计算	10	
【任务8】在"合计"单元格右侧 G8 单元格中,利用求和函数 SUM 计算全部商品的合计金额。	用 SUM 函数求和	10	
【任务9】保存文档。	文档的保存	5	

2.2.5 实现方法

1. 新建 Word 文档,创建表格框架

在 Word 2016 中插入的表格主要有自动表格、指定行列表格和手动绘制的表格 3 种类型,下面具体介绍。

1)插入自动表格

插入自动表格的具体操作如下。

(1)将插入点定位到需插入表格的位置,在"插入"→"表格"组中单击"表格"按钮。

(2)在打开的下拉列表中将鼠标指针移动到"插入表格"栏的某个单元格上,此时呈黄色边框显示的单元格为将要插入的单元格。

(3)单击鼠标即可完成插入操作。

2)插入指定行列表格

插入指定行列表格的具体操作如下。

(1)在"插入"→"表格"组中单击"表格"按钮,在打开的下拉列表中选择"插入表格"选项,打开"插入表格"对话框。

(2)在该对话框中可以自定义表格的列数和行数,然后单击"确定"按钮。

3) 绘制表格

通过自动插入的方式只能插入比较规则的表格，对于一些较复杂的表格，可以手动绘制，其具体操作如下。

(1) 在"插入"→"表格"组中单击"表格"按钮，在打开的下拉列表框中选择"绘制表格"选项。

(2) 此时鼠标指针呈"铅笔"形状，在需要插入表格的地方按住鼠标左键不放并拖动，此时出现一个虚线框显示的表格，拖动鼠标调整虚线框到适当大小后释放鼠标，即可绘制出表格的边框。

(3) 按住鼠标左键不放，从一条线的起点拖动至终点，释放鼠标左键，即可在表格中画出横线、竖线和斜线，从而将绘制的边框分成若干单元格，并形成各种样式的表格。

【任务1】新建一个 Word 文档，命名为"姓名+销售商品清单"，保存到 D:盘下，输入表格的标题"（男）童装促销商品清单"，创建样图表格的结构，如图 2-19 所示。设置标题格式为：黑体、22 磅、加粗、字符间距加宽 4 磅、居中。

（男）童装促销商品清单

产品规格\产品名称	库存量			单价/元	总价/元
	130	140	150		
上装	毛衣				
	34	39	61	92	
	外套				
	20	55	48	120	
下装	短裤				
	27	34	71	23	
	长裤				
	45	75	44	99	
合计					

视频 2.2 任务 1

图 2-19 童装促销商品清单

操作步骤：

① 启动 Word 2016，新建一个以"文档 1.docx"命名的空文档，单击"文件"→"另存为"命令，或单击"快速访问"工具栏中的"保存"按钮，在"另存为"窗格中单击"浏览"命令，打开"另存为"对话框。

② 在左侧"导航窗格"中单击"本地磁盘(D:)"，在"文件名"文本框中输入"姓名+销售商品清单"。

③ 输入表格标题"（男）童装促销商品清单"，在该段落的结束处按 Enter 键，将光标

定位在新段落的开始处。

④ 单击"插入"→"表格"→"插入表格"命令，打开"插入表格"对话框，具体如图 2-20 所示。

⑤ 将"列数"文本框中的值设置为"7"，将"行数"文本框中的值设置为"7"，单击"确定"按钮。

⑥ 按照文本的格式设置方法设置标题的格式。

2. 调整行高和列宽

行高和列宽的调整常用方法有以下两种。

（1）选定要调整的行或列，单击"表格工具"→"布局"→"表"→"属性"命令，或直接右击，在弹出的快捷菜单中选择"表格属性"命令，都可打开"表格属性"对话框，在对话框中选择"行"或"列"选项卡，即可对所选行的高度或所选列的宽度进行精确设置。

（2）选定要调整的行或列，在"表格工具"→"布局"→"单元格大小"组中，通过"表格行高"或"表格列宽"文本框设置行高、列宽的具体数值。

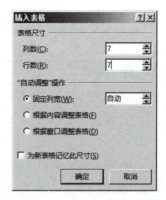

图 2-20　"插入表格"对话框

视频 2.2 任务 2

【任务 2】根据表 2-1 设计表格的行高和列宽。

表 2-1　表格要求

行高	行号	指定高度	列宽	列号	指定宽度
	1~2，7	1.5 厘米		A~B，F~G	1.5 厘米
	3~6	2.5 厘米		C~E	2.5 厘米

操作步骤：

① 选定 1~2 行，单击"表格工具"→"布局"→"单元格大小"→"高度"，将行高值设置为"1.5 厘米"，具体如图 2-21 所示。

② 使用同样方法设置其他行高。

③ 选中 A~B 列，单击"表格工具"→"布局"→"单元格大小"→"宽度"，将列宽值设置为"1.5 厘米"。

图 2-21　设置行高/列宽

④ 使用同样方法设置其他列宽。

3. 合并单元格并输入表格内容

【任务 3】合并 A1:B2、C1:E1、F1:F2、G1:G2、A3:A4、A5:A6、A7:F7 单元格区域。依照样图输入表格内容。

操作步骤：

① 选中单元格区域 A1:B2，单击"表格工具"→"布局"→"合并单元格"按钮。

② 重复使用上述方法，合并单元格区域 C1:E1、F1:F2、G1:G2、A3:A4

视频 2.2 任务 3

A5:A6、A7:F7。

③ 输入表格内容,即在对应单元格中输入促销商品清单的内容。

> **知识拓展**
>
> **操作对象的选取**
>
> (1) 选择整行表格。选择整行表格主要有以下两种方法。
>
> ① 将鼠标指针移至表格左侧,当鼠标指针呈"白色箭头"形状时,单击可以选择整行。如果按住鼠标左键不放并向上或向下拖动,则可以选择多行表格。
>
> ② 在需要选择的行、列中单击任意单元格,在"表格工具"→"布局"→"表"组中单击"选择"按钮,在打开的下拉列表框中选择"选择行"选项即可选择该行。
>
> (2) 选择整列表格。选择整列表格主要有以下两种方法。
>
> ① 将鼠标指针移动到表格顶端,当鼠标指针呈"↓"形状时,单击可选择整列。如果按住鼠标左键不放并向左或向右拖动,则可选择多列表格。
>
> ② 在需要选择的列中单击任意单元格,在"表格工具"→"布局"→"表"组中单击"选择"按钮,在打开的下拉列表框中选择"选择列"选项即可选择该列表格。
>
> (3) 选择整个表格。选择整个表格主要有以下3种方法。
>
> ① 将光标定位到表格任意单元格,然后单击表格左上角的"全选"按钮,可选择整个表格。
>
> ② 在表格内部拖动鼠标指针选择整个表格。
>
> ③ 在表格内单击任意单元格,在"表格工具"→"布局"→"表"组中单击"选择"按钮,在打开的下拉列表框中选择"选择表格"选项,即可选择整个表格。
>
> (4) 选定一个或多个单元格。将鼠标指针移到单元格左内侧,当指针变成右上黑色粗箭头指针时,单击可选定该单元格,若拖动鼠标,可选定多个连续单元格;先将插入点移到某一单元格内,然后按住 Shift 键单击另一单元格,即可选定以这两个单元格为对角点的多个单元格。

4. 插入行和列

【任务4】在"毛衣"行的下面插入一行空行,并输入内容"衬衫、30、45、52、39"。

操作步骤:

① 选中"毛衣"所在行,单击"表格工具"→"布局"→"行和列"→"在下方插入"按钮。

② 在单元格中输入相应的内容。

视频2.2 任务4

> **知识拓展**
>
> 在选择整行或整列单元格后,右击,在弹出的快捷菜单中选择相应的命令,也可实现行或列(单元格)的插入、删除和合并等操作。

5. 设置字符格式和对齐方式

【任务5】设置表格前两行内容（第一个单元格除外）和第一列内容格式：小三号、华文仿宋、加粗，水平居中。其他单元格内容格式：新宋体、小三，水平居中。

操作步骤：

① 选中前两行（第一个单元格除外）。

② 单击"开始"→"字体"→"字体"下拉按钮，在列表中选择"华文仿宋"；在"字号"下拉列表中选择"小三"；单击"加粗"按钮。

③ 单击"表格工具"→"布局"→"对齐方式"→"水平居中"按钮。

④ 用同样方法设置其他单元格内容格式。

6. 设置表格边框和底纹

1）边框设置

边框的设置常用方法有以下两种。

（1）选定表格，单击"表格工具"→"表设计"→"边框"组中的"边框"下拉按钮，在下拉列表中，选择"边框和底纹"命令，打开"边框和底纹"对话框。单击"边框"选项卡，在左侧"设置"组中选择"自定义"，在"样式"列表中选择边框线样式，在"颜色"组中设置边框线的颜色，在"宽度"组中设置边框线的宽度，在预览窗口进行边框线的添加或者去除，单击"确定"按钮即可实现表格边框的设置。

（2）选定表格，单击"表格工具"→"表设计"→"边框"，在"笔样式"下拉列表中选择边框线的"线型"，在"笔画粗细"下拉列表中选择边框线的"宽度"，在"笔颜色"下拉列表中选择边框线的"颜色"，在"边框"下拉列表中进行边框线的添加或者去除。

2）底纹设置

底纹的设置常用方法有以下两种。

（1）选中要设置底纹的单元格，单击"表格工具"→"表设计"→"表格样式"→"底纹"下拉按钮，在下拉列表中选择需要的颜色即可实现底纹设置。

（2）选中要设置底纹的单元格，单击"表格工具"→"表设计"→"边框"→"边框"下拉按钮，在下拉列表中选择"边框和底纹"命令，打开"边框和底纹"对话框，单击"底纹"选项卡，在"填充"组中打开"颜色"列表，选择需要的颜色，单击"确定"按钮也可实现选定单元格的底纹设置。

【任务6】将表格的内侧框线设置为"实线""0.5磅""绿色（标准色）"；外侧框线设置为"实线""2.25磅""红色（标准色）"；设置首单元格斜线表头，样式同内侧框线。

操作步骤：

① 选中表格，单击"表格工具"→"表设计"→"边框"，在"笔样式"下拉列表中选择"单实线"，在"笔画粗细"下拉列表中选择"0.5磅"，在"笔颜色"下拉列表中选择"绿色"，在"边框"下拉列表中选择"内部框线"命令。

② 用相同的方法设置外侧框线。

③ 将光标定位到首单元格，单击"表格工具"→"表设计"→"边框"，在"笔样式"

下拉列表中选择"单实线",在"笔画粗细"下拉列表中选择"0.5磅",在"笔颜色"下拉列表中选择"绿色",在"边框"下拉列表中选择"斜下框线"命令。

④ 保存文件。

7. 公式计算

Word 2016 中的公式是对表格中的数据进行计算的等式,它是以"="开始的表达式。公式可以包含常量、变量、数值、运算符和单元格引用等。

【任务7】 在总价列单元格中,按公式(总价=单价＊数量)计算并填入左侧服装的总价金额,如图 2-22 所示。

操作步骤:

① 将光标定位到 G3 单元格中。

② 单击"表格工具"→"布局"→"数据"→"fx 公式"按钮,打开"公式"对话框,具体如图 2-22 所示。

视频 2.2 任务 7

③ 在"公式"文本框中输入公式:=(c3+d3+e3)＊f3。

④ 单击"确定"按钮。

⑤ 用相同操作完成其他单元格数据的计算。

8. 函数计算

函数是 Word 内置的具备特定功能的公式。在应用函数时,要按照函数的要求提供相应的参数,才能得到需要的结果。

【任务8】 在"合计"单元格右侧 G8 单元格中,利用求和函数 SUM 计算全部商品的合计金额,如图 2-23 所示。

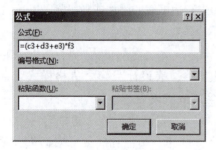

图 2-22 表格公式计算

图 2-23 求和函数

视频 2.2 任务 8~9

操作步骤:

① 将光标定位到 G8 单格中。

② 单击"表格工具"→"布局"→"数据"→"fx 公式"按钮,打开"公式"对话框。

③ 在"公式"文本框中使用公式:=SUM(ABOVE)。

④ 单击"确定"按钮。

【任务9】 保存文档。

项目 3 图片宣传单的制作

2.3.1 案例的提出

太平洋商场为了扩大宣传、吸引广大市民,简单的文字版宣传单已经不能满足要求,商场策划部要求小张同学尽快完成一份画面美观、吸引消费大众的宣传单。接到任务后,小张收集了相关素材,设计出了简图,利用 Word 2016 完成图片宣传单的制作。

2.3.2 解决方案

① 根据商场的活动要求准备素材。
② 制作宣传单背景。
③ 制作商场标志。
④ 制作宣传语,并美化页面。
⑤ 保存 Word 文档。

小张利用 Word 2016 中的插入图片、形状、文本框等功能,制作出了精美漂亮的图片宣传单。样图如图 2-24 所示。

图 2-24 "图片宣传单"样图

2.3.3 相关知识点

1. 页面背景

新建 Word 文档的背景颜色默认为白色,用户可以根据设计需要,将页面背景设置为:标准色的单色、主题颜色,还可以添加渐变、纹理、图案或者图片效果。

在设计宣传单的过程中，可以使用图片和艺术字来修饰和美化宣传单。

2. 插入和编辑图片

可以通过单击"插入"→"插图"→"图片"按钮来插入一张图片。

图片的编辑，包括调整图片的大小、位置，以及调整图片的效果、图片样式、图片的环绕方式等。

3. 插入和编辑艺术字

可以通过单击"插入"→"文本"→"艺术字"按钮来插入艺术字。

艺术字的编辑，包括调整艺术字的大小、位置，可以通过"绘图工具"和"图片工具"来修改艺术字的效果。

在设计宣传单时，也可以通过各种形状来修饰页面，例如：箭头、线条、星形、基本形状等图形。

4. 插入和编辑形状

可以通过单击"插入"→"插图"→"形状"下拉按钮来插入一个形状。

形状的编辑，包括调整大小、位置、形状填充及形状轮廓，通过调整菱形控点来改变形状的外观。

5. 插入和编辑文本框

在 Word 2016 中，文本框是指一种可移动、可调大小的文字或图形容器。使用文本框，可以在一页上放置多个文字块，可使局部文字与文档中其他文字采用不同的方向排列，同时可以对文字块进行不同的格式设置。

文本框可以作为添加了文本的形状处理，编辑方法与形状相同。

可以通过单击"插入"→"文本"→"文本框"下拉按钮来插入一个文本框。

2.3.4 项目工单及评分标准

工单编号：

姓　名		学　号		
班　级		总　分		
项　目　工　单		评分标准		
		评分依据	分值	得分
【任务1】新建一个 Word 文档，命名为"姓名+图片宣传单"，保存到 D:盘上。纸张大小为16开，纸张方向为纵向。		保存文件 页面设置	6	
【任务2】将"素材"文件夹中的"宣传单背景图片.jpg"设置为文档背景。		图片文档背景	5	
【任务3】制作商场标志：插入"素材"文件夹中的图片"商场标志.jpg"；设置图片大小为"5厘米×5厘米"；设置自动换行方式为"浮于文字上方"；删除图片背景。		插入图片	5	
		修改图片大小	5	
		文字环绕方式	5	
		删除图片背景	5	

续表

项 目 工 单	评分标准		
	评分依据	分值	得分
【任务4】插入艺术字"太平洋商场",样式为"填充-灰色-50%、着色3、锋利棱台";字体格式为"华文行楷、一号";文本填充颜色为"标准色浅绿";文本效果为"转换"中的"跟随路径""下弯弧",并移动到合适位置。	插入艺术字	5	
	字体格式设置	5	
	文本效果设置	5	
【任务5】插入图片"店庆图片.jpg",依照"样图"裁剪图片;设置图片放置的相对位置为"顶端居右,四周型文字环绕";设置"图片效果"柔化边缘"25磅"。	插入并修改图片大小	5	
	设置位置	5	
	设置图片效果	5	
【任务6】插入文本框,将"宣传单原稿"文档中的文本复制到文本框中,设置字符格式为"华文行楷、二号、橙色(标准色)",首行缩进2字符;设置"形状填充"颜色为"无填充颜色","形状轮廓"为"无轮廓"。依照"样图"放到合适位置。	设置文本	10	
	文本框样式	5	
【任务7】插入艺术字"更多优惠 更多豪礼"。样式为"填充-白色,轮廓-着色2,清晰阴影-着色2";字体格式为"黑体、小初、倾斜"。依照"样图"放到合适位置。	插入艺术字并设置字符格式	5	
【任务8】插入形状"星与旗帜"中的"爆炸形1",设置"形状填充"颜色为"橙色(标准色)","形状轮廓"为"无轮廓";并添加文本"尽在震撼周年庆!",设置文本格式:将"尽在震撼周年"设置为"方正舒体、一号、白色";将"庆!"设置为"方正舒体、初号、白色",并依照"样图"调整形状大小及角度。	插入形状并进行样式设置	5	
	添加文本	5	
	设置文本格式	5	
【任务9】保存文档。	保存文档提交任务	4	

2.3.5 实现方法

1. 制作宣传单背景

【任务1】新建一个Word文档,命名为"姓名+图片宣传单",保存到D:盘上。纸张大小为16开,纸张方向为纵向。

操作步骤:

① 启动Word 2016,新建一个以"文档1.docx"命名的空文档,单击"文件"→"保存"命令,或单击"快速访问"工具栏中的"保存"按钮,在"另存为"窗格中单击"浏览"命令,打开"另存为"对话框,选择保存位置,输入文件名,并保存。

视频2.3 任务1

② 按照前面所学方法设置纸张大小和纸张方向。

【任务2】将"素材"文件夹中的"宣传单背景图片.jpg"设置为文档背景。

操作步骤：

单击"设计"→"页面背景"→"页面颜色"下拉按钮，在列表中选择"填充效果"命令，打开"填充效果"对话框，如图2-25所示。单击"图片"选项卡，单击"选择图片"命令按钮，打开"插入图片"对话框。单击"从文件"→"浏览"选项，打开"选择图片"对话框。选择"素材"文件夹下的"宣传单背景图片.jpg"。单击"插入"按钮关闭"选择图片"对话框，单击"确定"按钮关闭"填充效果"对话框，完成文档背景的设置。

视频2.3 任务2

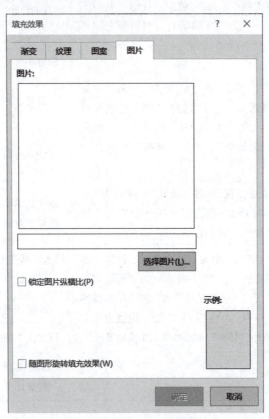

图2-25 设置页面背景

知识拓展

页面背景

设置Word文档页面背景，可以美化文档的显示效果，提升文档的表现力，使文档不再单调。背景色可以设置为颜色、渐变、纹理、图案和图片，而且除了在计算机上显示，还能通过设置跟随文稿一起被打印出来。

操作步骤：

单击"文件"→"选项"命令，打开"Word"选项对话框，在左侧列表中选择"显示"命令,在右侧"打印选项"中勾选"打印背景色和图像",单击"确定"按钮,具体如图 2-26 所示。

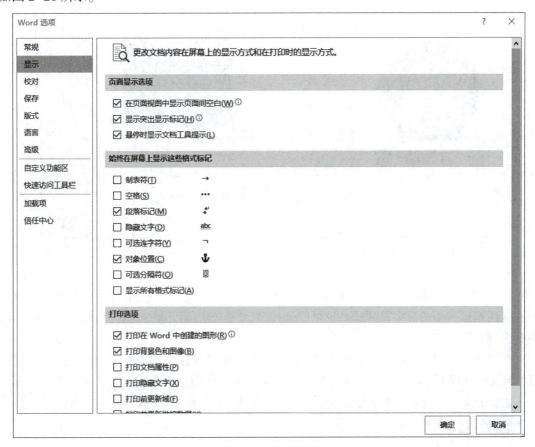

图 2-26 打印选项

在设置页面背景时,单击"设计"选项卡"页面背景"组中的"页面颜色"下拉按钮,在展开的下拉列表中选择合适的颜色即可设置页面颜色。如果对已有的页面颜色不满意,那么可以选择单击列表中的"其他颜色"命令,在弹出的"颜色"对话框中选择其他颜色或自定义颜色即可,如图 2-27 所示;如需自定义颜色,常常可以通过调整 RGB 数值来进行设置,如图 2-28 所示。

若需要将页面背景设置渐变、图案等效果,则可以在"页面颜色"下拉列表中选择"填充效果"命令,弹出"填充效果"对话框,如图 2-29 所示。若要设置渐变色,则可以在"渐变"选项卡中进行设置;若要设置纹理效果,则可以在"纹理"选项卡中进行设置;若要设置图案填充,则可以在"图案"选项卡中进行设置;若要设置图片填充,则可以在"图片"选项卡中进行设置。

如果想要恢复默认的文档背景色,在"页面颜色"下拉列表中选择"无颜色",即可恢复到文档的初始背景。

水印是显示在文本下面的文字或图片,通常用于说明文档的内容或标识文档状态。例如,可以注明文档是保密的。添加水印背景的操作步骤如下:

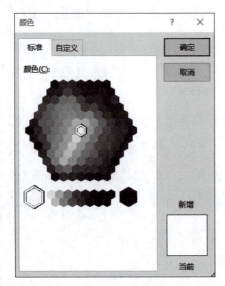
图 2-27　颜色（标准）

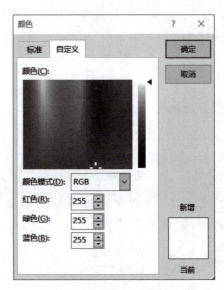
图 2-28　颜色（自定义）

选择"设计"选项卡，在"页面背景"组中单击"水印"下拉按钮，在弹出的下拉列表中直接选择需要的文字及样式，也可以选择"自定义水印"命令，在弹出的"水印"对话框中进行设置。

在"水印"对话框中可以选择"图片水印"作为水印背景，可以单击"选择图片"按钮，从计算机中选择需要的图片；也可以选择"文字水印"作为水印背景，在"文字"文本框中输入需要的文字，同时也可以为文字设置字体、字号、颜色和版式，如图 2-30 所示。

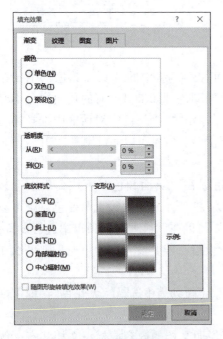
图 2-29　填充效果

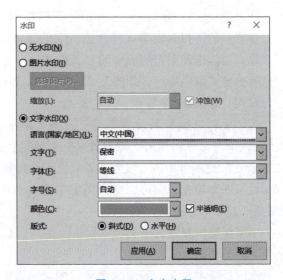
图 2-30　文字水印

2. 制作商场标志

【任务3】制作商场标志：插入"素材"文件夹中的图片"商场标志.jpg"；设置图片大小为"5厘米×5厘米"；设置自动换行方式为"浮于文字上方"；删除图片背景。

操作步骤：

① 单击"插入"→"插图"→"图片"按钮，打开"插入图片"对话框，选择"素材"文件夹下的图片"商场标志.jpg"，单击"插入"按钮。

② 选中"商场标志"图片，单击"图片工具"→"格式"→"大小"→"对话框启动器"按钮，打开"布局"对话框。单击"大小"选项卡，在"缩放"组中，取消勾选"锁定纵横比"，在"高度"和"宽度"组中分别输入"5厘米"，单击"确定"按钮，具体如图2-31所示。

视频2.3 任务3

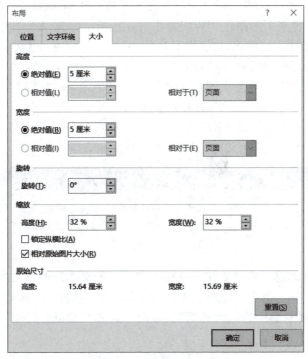

图2-31　设置图片大小

③ 选中"商场标志"图片，单击"图片工具"→"格式"→"排列"→"环绕文字"下拉按钮，在列表中选择"浮于文字上方"命令。

④ 选中"商场标志"图片，单击"图片工具"→"格式"→"调整"→"删除背景"按钮，单击文档中任意位置显示删除背景后的图片效果。

⑤ 选中图片"商场标志"，拖动图片到"样图"所示位置。

【任务4】插入艺术字"太平洋商场"，样式为"填充-灰色-50%，着色3，锋利棱台"；字体格式为"华文行楷、一号"；文本填充颜色为"标准色浅绿"；文本效果为"转换"中的"跟随路径""下弯弧"，并移动到合适位置。

视频2.3 任务4

操作步骤：

① 单击"插入"→"文本"→"艺术字"下拉按钮，在下拉列表中选择样式为"填充-灰色-50%，着色3，锋利棱台"，在艺术字文本框中输入"太平洋商场"。

② 根据字符格式设置方法设置字体格式。

③ 选中艺术字"太平洋商场",单击"绘图工具"→"格式"→"艺术字样式"→"文本填充"下拉按钮,在列表中选择"标准色"→"浅绿色"命令。

④ 选中艺术字"太平洋商场",单击"绘图工具"→"格式"→"艺术字样式"→"文本效果"下拉按钮,在列表中选择"转换"→"跟随路径"→"下弯弧"命令。

⑤ 选中艺术字"太平洋商场",拖动艺术字到"样图"所示位置。

3. 插入宣传单内容

【任务 5】插入图片"店庆图片.jpg",依照"样图"裁剪图片;设置图片放置的相对位置为"顶端居右,四周型文字环绕";设置"图片效果"柔化边缘"25 磅"。

操作步骤:

① 单击"插入"→"插图"→"图片"按钮,打开"插入图片"对话框,选择"素材"文件夹下的图片"店庆图片.jpg",单击"插入"按钮。

② 选中"店庆图片",单击"图片工具"→"格式"→"大小"→"裁剪"下拉按钮,依照"样图"裁剪图片。

视频 2.3 任务 5

③ 选中"店庆图片",单击"图片工具"→"格式"→"排列"→"位置"下拉按钮,在列表中选择"顶端居右,四周型文字环绕"。

④ 选中"店庆图片",单击"图片工具"→"格式"→"图片样式"→"图片效果"下拉按钮,在列表中选择"柔化边缘":25 磅,如图 2-32 所示。

图 2-32 编辑图片

【任务 6】插入文本框,将"宣传单原稿"文档中的文本复制到文本框中,设置字符格式为"华文行楷、二号、橙色(标准色)",首行缩进 2 字符;设置"形状填充"颜色为"无填充颜色","形状轮廓"为"无轮廓"。依照"样图"放到合适位置。

操作步骤:

① 单击"插入"→"文本"→"文本框"下拉按钮,在列表中选择"绘制横排文本框"命令,在页面合适位置按住鼠标左键绘制出一个大小合适的文本框。

视频 2.3 任务 6

② 将 Word 文档"宣传单原稿"中的内容复制到该文本框中。

③ 选中文本框中的文本,设置文本格式和段落格式。

④ 选中文本框,单击"绘图工具"→"格式"→"形状样式"→"形状填充"下拉按钮,在列表中选择"无填充颜色",在"形状轮廓"下拉列表中选择"无轮廓"。依照"样图"放到合适位置。

【任务 7】插入艺术字"更多优惠 更多豪礼"。样式为"填充-白色,轮廓-着色 2,清晰阴影-着色 2";字体格式为"黑体、小初、倾斜"。依照"样图"放到合适位置。

操作步骤:

视频 2.3 任务 7

① 单击"插入"→"文本"→"艺术字"下拉按钮,在列表中选择第三行第四列的艺

术字样式"填充-白色,轮廓-着色2,清晰阴影-着色2",在艺术字文本框中输入"更多优惠 更多豪礼"。

② 选中艺术字"更多优惠 更多豪礼",在"开始"→"字体"→"字体"下拉列表中选择"黑体",在"字号"下拉列表中选择"小初",单击"倾斜"按钮。

【任务8】插入形状"星与旗帜"中的"爆炸形1",设置"形状填充"颜色为"橙色(标准色)","形状轮廓"为"无轮廓";并添加文本"尽在震撼周年庆!",设置文本格式:将"尽在震撼周年"设置为"方正舒体,一号,白色";将"庆!"设置为"方正舒体,初号,白色",并依照"样图"调整形状大小及角度。

操作步骤:

① 单击"插入"→"插图"→"形状"下拉按钮,在列表中选择"星与旗帜""爆炸形1",在页面合适的位置按住鼠标左键绘制出大小合适的形状。

视频2.3 任务8~9

② 选中形状,单击"绘图工具"→"格式"→"形状样式"→"形状填充"下拉按钮,在列表中选择"橙色(标准色)",在"形状轮廓"下拉列表中选择"无轮廓"。

③ 选中形状,右击,在快捷菜单中选择"添加文字"命令,输入"尽在震撼周年庆!"。

④ 选择文本"尽在震撼周年",在"开始"→"字体"→"字体"下拉列表中选择"方正舒体",在"字号"下拉列表中选择"一号",在"字符颜色"下拉列表中选择"白色(标准色)"。

⑤ 用同样的方法设置文本"庆!"的字体格式。依照"样图"调整形状大小及角度。

【任务9】保存文档。

知识拓展

图片的添加与裁剪

在文档中插入符合主题的图片,可以丰富整个文档的表现力与活力。在 Word 2016 中,不仅可以插入页面图片,还可以插入背景图片。Word 2016 支持更多的图片格式,如 ".jpg"".jpeg"".tiff"".png"及".bmp"等。

在"插入"选项卡的"插图"面板中单击"图片"按钮,在弹出的"插入图片"对话框中,选择需要插入的图片,单击"插入"按钮即可。

如果只需要插入图片的某一部分,可以对图片进行裁剪,将图片不需要的部分裁掉。选中要裁剪的图片,单击"图片工具"→"图片格式"选项卡,在"大小"功能组中单击"裁剪"下拉按钮,在展开的下拉列表中选择"裁剪"命令,如图2-33所示。此时在所选的图片周围出现了裁剪控制手柄,拖动图片边缘的裁剪控制手柄,拖动到合适位置后,释放鼠标,按 Enter 键,此时可以看到裁剪后的图片效果。另外,还可以将图片裁剪为形状。在"裁剪"下拉列表中选择"裁剪为形状"命令,在子列表中选择一种形状即可,如图2-34所示。

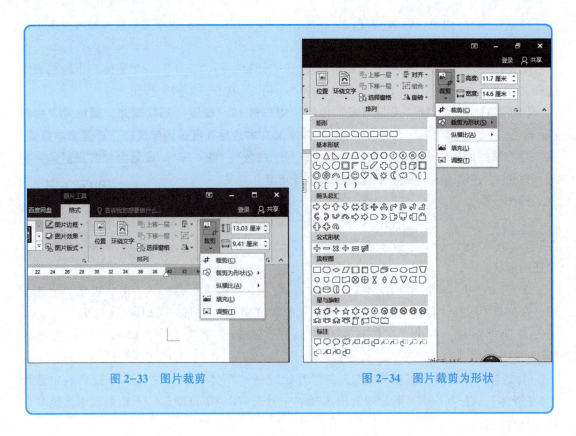

图 2-33 图片裁剪　　　　　图 2-34 图片裁剪为形状

项目 4　毕业论文设计

2.4.1　案例的提出

Word 提供了一系列长文档的编辑功能,学会使用这些功能,即便面对含有几万字,甚至是几十万字的长文档,编辑起来也会变得得心应手。

人们在日常的工作和生活中,常见的长文档有策划方案、研究报告、论文、合同等。本项目以"毕业论文设计"为例介绍 Word 长文档制作时需要掌握的具体操作方法。

2.4.2　解决方案

① 设置文档属性、页面设置。
② 使用样式功能完成快速排版。
③ 使用多级符号列表,尽显文章层次结构。
④ 文档适当插入图表,有助于读者阅读。
⑤ 根据论文需要,插入复杂的页眉、页脚。
⑥ 完成修订及批注。

2.4.3　相关知识点

1. 文档属性设置

文档的属性是一些描述性的信息,不包含在文件的实际内容中,而是提供了有关文件的信息内容,有助于了解文档,如修改日期、作者和分级等。常常在文档未打开时进行设置。

2. 样式

样式是指一组已经命名的字符和段落样式。在编辑文档的过程中,正确设置和使用样式可以极大地提高工作效率。

(1) 使用内置的样式。Word 2016 提供了一个样式库,用户可以使用里面的样式设置文档格式。除了利用样式库之外,还可以利用"样式"任务窗格应用内置样式。在"开始"选项卡的"样式"组中单击"对话框启动器"按钮,弹出"样式"任务窗格,如图 2-35 所示。如果要设置样式参数,则单击"选项"按钮,弹出"样式窗格选项"对话框,如图 2-36 所示,可以设置样式、排序方式等参数值。

(2) 自定义样式。除了直接使用样式库中的样式外,用户还可以自定义新的样式或修改原有样式。在"样式"下拉列表中选择"创建样式"命令,即可新建样式。

如果要修改样式,则可以在"样式"下拉列表框选择需要修改的样式并右击,在打开的快捷菜单选择"修改"命令,如图 2-37 所示,打开"修改样式"对话框,修改参数值即可。

3. 多级列表

在编辑长文档时,由于内容多,文章的层次结构会更加复杂,根据需要,内容会分为多个层次,具有嵌套结构。例如,论文中的大小标题、书籍中的章节编号等。通过 Word 中的多级列表,可以使文档中的层次结构清晰明了,并且在文档中调整这些内容的位置或者在这些内容之间添加或删除一些内容时，会自动重新编排多级编号，无须人工逐一修改。

图 2-35 "样式"窗格

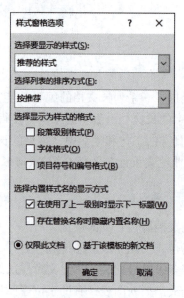

图 2-36 样式窗格选项

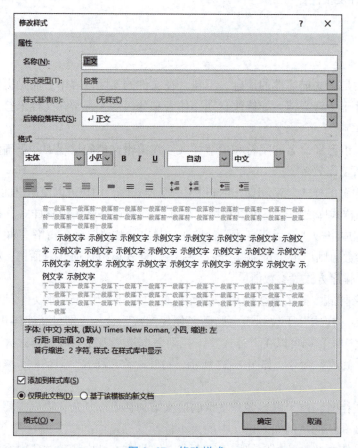

图 2-37 修改样式

4. SmartArt 图形

SmartArt 图形是 Word 2016 中的一种功能强大、种类丰富、效果生动的图形，在 Word 2016 中提供了 8 种类别的 SmartArt 图形，下面将分别进行介绍。

（1）列表。列表型的 SmartArt 图形主要用于显示非有序信息块或分组信息块，主要用于强调信息的重要性。

（2）流程。流程型的 SmartArt 图形主要用于表示任务、流程或工作流中的顺序步骤。

（3）循环。循环型的 SmartArt 图形主要用于表示阶段、任务或事件的连续序列，主要用于强调重复过程。

（4）层次结构。层次结构型的 SmartArt 图形主要用于显示组织中的分层信息或上下级关系。

（5）关系。关系型的 SmartArt 图形主要用于表示两个或多个项目之间的关系，或多个信息集合之间的关系。

（6）矩阵。矩阵型的 SmartArt 图形主要用于表示以象限的方式显示部分与整体的关系。

（7）棱锥图。棱锥图型的 SmartArt 图形主要用于显示与顶部或底部最大一部分之间的比例关系。

（8）图片。图片型的 SmartArt 图形主要应用于包含图片的信息列表。

5. 题注

题注是位于图片、表格上方或下方的文字，通常用于说明图片、表格的含义或功能等。

6. 批注

Word 中的批注就是指作者或阅读者依据自己的想法给文档添加修改意见、注释或说明等，以便他人通过批注更好地理解文档信息。

7. 修订

Word 中的修订功能是阅读者可以将个人觉得不适合的地方进行标注修改，这些标注修改他人也可以看到，以便确认进行修改或拒绝修改。

批注与修订的区别在于：

批注只作注释，对文档内容不修改。

修订直接编辑文档内容，是有标注的修改。

8. 分节符

分节符是指为表示节的结尾插入的标记。分节符起着分隔其前面文本格式的作用，删除了某个分节符，它前面的文本会跳到后面的节中，并应用后面的文本格式。

分节符的类型包括下一页、连续、奇数页和偶数页。

（1）下一页：在插入此分节符的地方，Word 会强制分页，并在下一页开始新节。其通常用于在不同页面上分别应用不同的页码样式、页眉和页脚文字，以及改变页面的纸张方向、纵向对齐方式或者纸型。

（2）连续：插入"连续"分节符后，文档不会被强制分页，并在同一页上开始新节。其主要用于帮助用户在同一页面上创建不同的分栏样式或不同的页边距大小，尤其是当要创建报纸、期刊样式的分栏时，更需要"连续"分节符的帮助。

（3）奇数页：在插入"奇数页"分节符之后，新的一节会从其后的第一个奇数页面开始（以页码编号为准）。在编辑长篇文稿时，人们一般习惯将新的章节题目排在奇数页，此时即可使用"奇数页"分节符。需要注意的是，如果上一章节结束的位置是一个奇数页，也不必强制插入一个空白页。在插入"奇数页"分节符后，Word 会自动在相应位置留出空白页。

（4）偶数页："偶数页"分节符的功能与"奇数页"分节符的类似，只不过是后面的一节从偶数页开始。

9. 目录

对于篇幅较长的论文，因其内容的层次较多，结构复杂，通常都会设置目录。

目录一般放置在论文的正文前面，起到论文的导读作用。

10. 脚注和尾注

脚注主要用于对当前页面中的某些信息进行补充说明。脚注位于页面底部。

尾注通常用于列出文中标记信息的出处等内容。尾注位于文档结尾或节的结尾。操作方法与脚注的大致相同。

2.4.4 项目工单及评分标准

工单编号：

姓　名			学　号		
班　级			总　分		
项　目　工　单			评分标准		
			评分依据	分值	得分
【任务1】将"论文样图"文档属性中的标题设置为"移动Agent 技术的应用"，"作者"设置为"学号+姓名"，"公司"设置为所在"班级"。			文档属性设置	5	
【任务2】将"论文样图"文档的纸张大小设置为 16 开（18.4 厘米×26 厘米），左、右页边距为"2.5 厘米"，上、下页边距为"3 厘米"；每行输入 30 个字符，每页 22 行。			页面设置	5	
【任务3】根据论文格式中标题使用多级符号的要求，按照表中所列参数，对 Word 模板内置样式进行修改，并将其应用到文档相应内容。（表格见实现方法操作步骤）			修改内置样式	10	
			应用样式	5	
【任务4】利用"替换"功能，删除每个标题后的应用样式提示文字，如：（一级标题）。			替换	5	

续表

项目工单	评分标准		得分
	评分依据	分值	
【任务5】设置论文的标题层次格式如下所示： 第一章 ××× 一级标题（文本缩进位置：0厘米；对齐位置：0.75厘米）	一级标题	5	
1.1××× 二级标题（文本缩进位置：0厘米；对齐位置：0.75厘米）	二级标题	5	
1.1.1××× 三级标题（文本缩进位置：0厘米；对齐位置：0.75厘米）	三级标题	5	
【任务6】在论文第二章（2.1.4 Web 服务的体系架构模型，第一自然段后）中利用 SmartArt 图形创建"Web 服务体系架构模型体系结构图"。	插入 SmartArt 图形	5	
	编辑图形	5	
【任务7】为论文第二章中的图表添加题注，格式设置为"图 2-×"。题注内容分别为：图 2-1 Web 服务体系架构模型；图 2-2 移动 Agent 系统。	插入题注	5	
	编辑题注	3	
【任务8】对论文样图进行修订，将论文"1.1 课题背景"中第二段中的"Servise"修改为"Service"；将"已成为学术界和工商业界研究的热点内容之一"内容修改为"已成为学术界研究的问题之一"。	修订	5	
【任务9】接受对文档的所有修订。	接受修订	5	
	取消修订	2	
【任务10】在论文样图的每一章开始处插入一个分节符（下一页）。	插入分节符	5	
【任务11】确定首页为目录页，在该页面中为论文样图添加目录，样式为"正式"，显示级别为2级，取消"使用超链接而不使用页码"，并对其进行更新。	插入目录	5	
【任务12】在论文样图中创建首页、奇偶页不同的页眉和页脚。	创建页眉、页脚	5	
【任务13】除首页外，设置奇数页页眉内容为：章节号及章节名称（居中）；偶数页页眉内容为：该论文标题（居中）。	设置奇偶页不同页眉	5	
【任务14】除首页外，设置奇数页页脚插入页码（页面底端，普通数字3，起始页码为"1"）；偶数页页脚插入页码（页面底端，普通数字1）。	设置奇偶页不同页脚	5	

2.4.5 实现方法

1. 属性设置

【任务1】将"论文样图"文档属性中的标题设置为"移动 Agent 技术的应用","作者"设置为"学号+姓名","公司"设置为所在班级。

操作步骤:

① 右击 Word 文档"论文样图",在快捷菜单中选择"属性"命令,打开"论文样图-属性"对话框。

② 单击"详细信息"选项卡,在"标题"值的位置输入"移动 Agent 技术的应用";在"作者"值的位置输入"学号+姓名";在"公司"值的位置输入所在班级。具体如图 2-38 所示。

③ 单击"确定"按钮。

2. 页面设置

【任务2】将"论文样图"文档的纸张大小设置为 16 开(18.4 厘米×26 厘米),左、右页边距为"2.5 厘米",上、下页边距为"3 厘米";每行输入 30 个字符,每页 22 行。

操作步骤:

① 根据前面所学设置纸张和页边距。

② 单击"布局"→"页面设置"→"对话框启动器"按钮,打开"页面设置"对话框。

③ 单击"文档网格"选项卡,选择"网格"中的"指定行和字符网格"单选按钮。将"字符数"中"每行"文本框中的值设置为"30","行数"中"每页"文本框中的值设置为"22"。具体如图 2-39 所示。

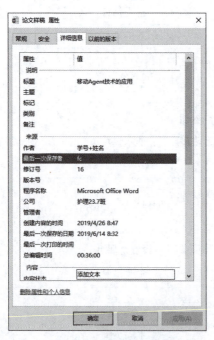

图 2-38 文档属性设置

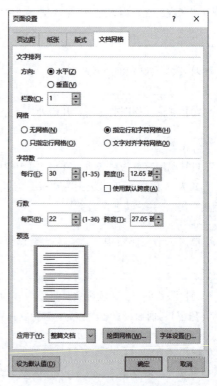

图 2-39 文档网格设置

④ 单击"确定"按钮。
3. 使用样式
【任务 3】根据论文格式中标题使用多级符号的要求，按照表 2-2 所列参数，对 Word 模板内置样式进行修改，并将其应用到文档相应内容。

表 2-2 参数

名称	字体	字号	字型	间距	对齐方式
标题	黑体	小三	加粗	固定行距 20 磅，段后间距 30 磅	居中（无首行缩进）
一级标题（第×章）	黑体	四号	加粗	固定行距 20 磅，段前、段后间距 3 磅	左对齐（无首行缩进）
二级标题（x.x）	黑体	小四	加粗	固定行距 20 磅，段前、段后间距 3 磅	左对齐（无首行缩进）
三级标题（x.x.x）	黑体	小四		固定行距 20 磅，段后间距 3 磅	左对齐（无首行缩进）
正文	宋体	小四		固定行距 20 磅	首行缩进两个字符

操作步骤：

① 单击"开始"→"样式"→"对话框启动器"按钮，打开"样式"列表框，如图 2-40 所示。

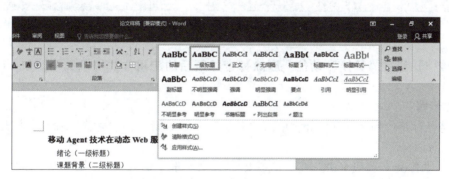

图 2-40 样式设置

② 单击"标题"下拉按钮，选择"修改"命令，打开"修改样式"对话框。

修改"名称"为"标题"，"格式"内容为"黑体、小三、加粗、居中"。具体如图 2-41 所示。

③ 单击"格式"下拉按钮，在下拉列表中选择"段落"命令，打开"段落"对话框。按照任务要求设置段后值为"30 磅"，行距为"固定值、20 磅"。具体如图 2-42 所示。

④ 单击"确定"按钮。

⑤ 使用相同方法，按照任务要求设置其他标题格式。

⑥ 选中标题文字"移动 Agent 技术在动态 Web 服务中的应用"，单击"样式"列表框中的"标题"样式，即可将选定的文字格式修改为标题样式。

⑦ 使用相同方法修改"论文样图"中对应部分的样式。

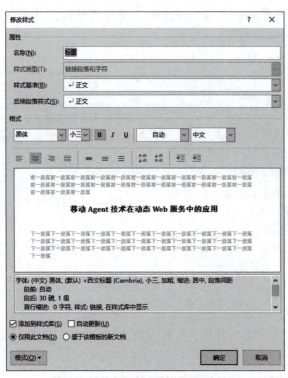
图 2-41 样式字体格式设置

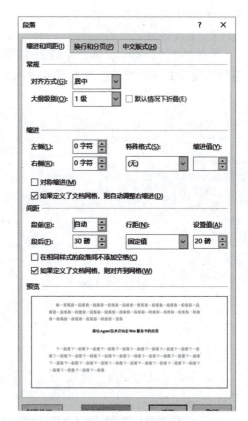
图 2-42 样式段落格式设置

【任务4】利用"替换"功能,删除每个标题后的应用样式提示文字,如:(一级标题)。

操作步骤:

① 将光标定位到文章开始处,单击"开始"→"编辑"→"替换"命令,打开"查找和替换"对话框。

② 在"替换"选项卡中,在"查找内容"文本框中输入"(一级标题)","替换为"文本框为空,单击"全部替换"命令按钮,即可将文中所有的"(一级标题)"删除。具体如图 2-43 所示。

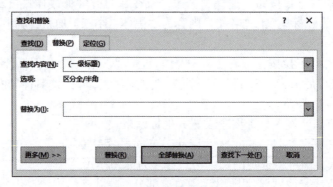
图 2-43 查找和替换

③ 使用相同方法，删除其他样式提示文字。

4. 多级符号

【任务 5】设置论文的标题层次格式如下所示：

第一章 ××× 一级标题（文本缩进位置：0 厘米；对齐位置：0.75 厘米）

1.1××× 二级标题（文本缩进位置：0 厘米；对齐位置：0.75 厘米）

1.1.1××× 三级标题（文本缩进位置：0 厘米；对齐位置：0.75 厘米）

操作步骤：

① 将光标定位到文档中的任意位置。

② 单击"开始"→"段落"→"多级列表"下拉按钮，在下拉列表中选择"定义新的多级列表"命令，打开"定义新多级列表"对话框。

③ 在对话框中单击"更多"命令按钮，"单击要修改的级别"选择"1"；"此级别的编号样式"选择"一，二，三（简）…"，在"输入编号的格式"文本框中输入"第一章"；"文本缩进位置"值修改为"0"，"对齐位置"值设置为"0.75 厘米"；在"将级别链接到样式"下拉列表中选择"标题 1"。具体如图 2-44 所示。

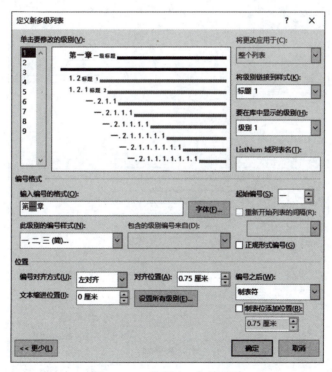

图 2-44 "标题 1"多级列表

④ "单击要修改的级别"选择"2"；选择"正规形式编号"复选按钮；"文本缩进位置"值设置为"0"，"对齐位置"值设置为"0.75 厘米"；在"将级别链接到样式"下拉列表中选择"标题 2"。具体如图 2-45 所示。

⑤ "单击要修改的级别"选择"3"；选择"正规形式编号"复选按钮；"文本缩进位置"值设置为"0"，"对齐位置"值设置为"0.75 厘米"；在"将级别链接到样式"下拉列表中选择"标题 3"。具体如图 2-46 所示。

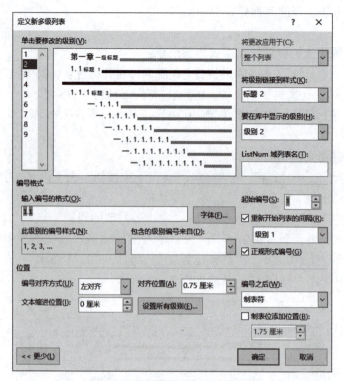

图 2-45 "标题 2" 多级列表

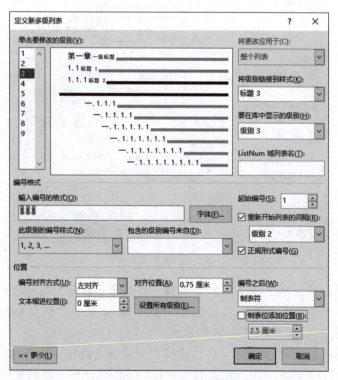

图 2-46 "标题 3" 多级列表

5. 图表的创建和自动编号

1) 插入 SmartArt 图形，制作体系图

【任务 6】 在论文第二章（2.1.4 Web 服务的体系架构模型，第一自然段后）中利用 SmartArt 图形创建"Web 服务体系架构模型体系结构图"，样图如图 2-47 所示。

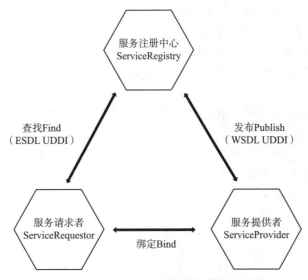

图 2-47　Web 服务体系架构模型体系结构图

操作步骤：

① 将光标定位到插入图形位置。

② 单击"插入"→"插图"→"SmartArt"命令按钮，打开"选择 SmartArt 图形"对话框，单击"循环"按钮，选择"多向循环"样式。具体如图 2-48 所示。

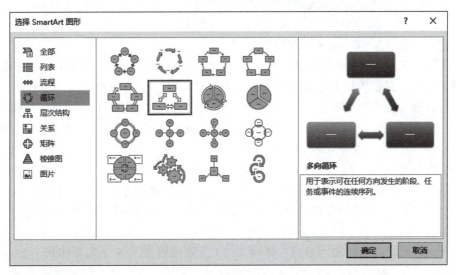

图 2-48　SmartArt 图形

③ 单击"确定"按钮，此时，在插入点位置插入一个 SmartArt 图形。

④ 右击图形，选择"环绕文字"→"上下形环绕"。

⑤ 右击"多向循环"形状中的一个四边形,选择"更改形状"→"基本形状"→"六边形"。

⑥ 在六边形文本框中输入样图所示文字。依据样图,修改六边形的填充色及边框。

⑦ 使用相同方法,修改其他两个形状样式并输入样图所示文字。

⑧ 依据样图,增加其他部分的文字内容。

2)图表的自动编号——插入题注

【任务7】为论文第二章中的图表添加题注,格式设置为"图 2-×"。题注内容分别为:**图 2-1 Web 服务体系架构模型;图 2-2 移动 Agent 系统**。

操作步骤:

① 选中要插入题注的图形,单击"引用"→"题注"→"插入题注"命令按钮,打开"题注"对话框,如图 2-49 所示。

② 在对话框中,单击"新建标签"命令按钮,打开"新建标签"对话框,在"标签"文本框中输入"图 2-"。具体如图 2-50 所示。

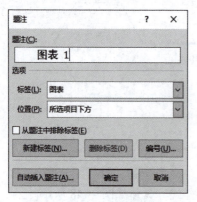

图 2-49 插入题注

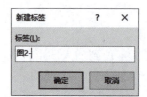

图 2-50 新建题注标签

③ 单击"确定"→"确定"按钮。

④ 在图形下方自动生成题注文本框,在"图 2-1"后输入内容"Web 服务体系架构模型体系结构图",并设置该文本框的对齐方式为"居中"。

⑤ 选中第二幅图形,单击"引用"→"题注"→"插入题注"→"确定"命令按钮,在图形下方自动生成题注文本框,在"图 2-2"后输入内容"移动 Agent 系统",并设置该文本框的对齐方式为"居中"。

6. 修订和批注

论文完成后,学生自己要阅读检查,导师要审阅,工作量非常大。在审阅过程中,导师可以方便地利用批注和修订功能对论文提出修改意见,学生可根据导师的意见进行修改。同时,在阅读文章过程中,使用阅读版式更便于检查修改。

【任务8】对论文样图进行修订,将论文"1.1 课题背景"中第二段中的"Servise"修改为"Service";将"已成为学术界和工商业界研究的热点内容之一"内容修改为"已成为学术界研究的问题之一"。

操作步骤:

① 将光标定位到文档中的任意位置。

② 单击"审阅"→"修订"→"修订"下拉按钮,在列表中选择"修订"命令,此时,文章进入修订状态。

③ 将文章中的"Servise"中的"s"修改为"c"。

④ 将"已成为学术界和工商业界研究的热点内容之一"内容修改为"已成为学术界研究的问题之一"。此时,文章右侧出现修订栏,显示修改内容。

【任务9】接受对文档的所有修订。

操作步骤:

① 单击"审阅"→"更改"→"接受"下拉按钮,在下拉列表中选择"接受对文档的所有修订"命令。

② 单击"审阅"→"修订"→"修订"下拉按钮,在下拉列表中选择"修订"命令,此时取消文章的修订状态。

7. 分节符

如果文档的某一部分中间采用不同的格式设置,就需要创建一个节。节可小至一个段落,大至整篇文档。

【任务10】在论文样图的每一章开始处插入一个分节符(下一页)。

操作步骤:

① 将光标定位到"绪论"前。

② 单击"布局"→"页面设置"→"分隔符"下拉按钮,在列表中选择"分节符"→"下一页"。

③ 使用相同的方法插入其他章的分节符。

8. 添加目录

论文内容确定下来后,还要为论文添加目录,以方便阅读。

【任务11】确定首页为目录页,在该页面中为论文样图添加目录,样式为"正式",显示级别为2级,取消"使用超链接而不使用页码"。并对其进行更新。

操作步骤:

① 将光标定位到首页的标题下方。

② 单击"引用"→"目录"下拉按钮,在列表中选择"自定义目录"命令,打开"目录"对话框。

③ 在对话框中选择"常规"→"格式"下拉列表的"正式"样式,选择"显示级别"下拉列表中的"2"。具体如图2-51所示。

④ 单击"确定"按钮。

9. 添加页眉和页脚

在Word中建立的页眉和页脚,不仅可以包括页码,还可以包含日期、时间、文字和图形等。在文档的奇数页和偶数页中可以设置不同的页眉和页脚。

【任务12】在论文样图中创建首页、奇偶页不同的页眉和页脚。

操作步骤:

① 将光标定位到文档中的任意位置。

② 单击"插入"→"页眉和页脚"→"页眉"下拉按钮,在列表中选择"编辑页眉"命令,进入"页眉和页脚"编辑状态。

③ 将光标定位到首页页眉区。

④ 单击"页眉和页脚"→"选项"→"首页不同"复选按钮。

⑤ 将光标定位到下一页页眉区。

⑥ 单击"页眉和页脚"→"选项"→"奇偶页不同"复选按钮。

若此时,页眉区提示当前页为"偶数页"而不是"奇数页",需要做如下设置:

单击"布局"→"页面设置"→"对话框启动器"按钮,打开"页面设置"对话框,在对话框中选择"布局"选项卡,在"节"→"节的起始位置"列表中选择"奇数页",如图 2-52 所示。

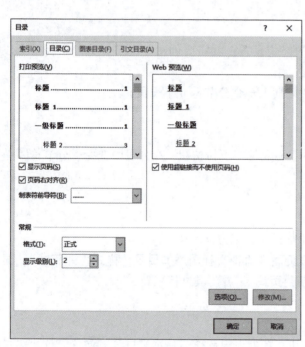

图 2-51 添加目录

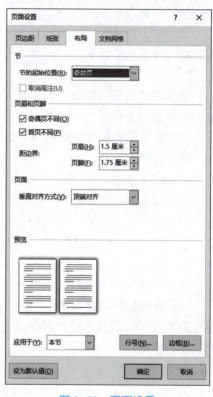

图 2-52 页面设置

【任务 13】除首页外,设置奇数页页眉内容为:章节号及章节名称(居中);偶数页页眉内容为:该论文标题(居中)。

操作步骤:

① 将光标定位到奇数页页眉区。

② 单击"页眉和页脚"→"插入"→"文档部件"下拉按钮,在列表中选择"域"命令,打开"域"对话框。

③ 在"域名"列表中选择"StyleRef",在"域属性"→"样式名"列表中选择"一级标题",在"域选项"组中选择"插入段落编号"复选按钮。具体如图 2-53 所示。

④ 单击"确定"按钮。

⑤ 使用相同的方法添加偶数页页眉内容。

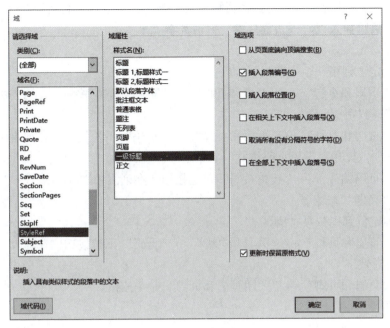

图 2-53 域选项

⑥ 将光标定位到偶数页页眉区。

⑦ 单击"页眉和页脚"→"插入"→"文档部件"下拉按钮，在列表中选择"域"命令，打开"域"对话框。

⑧ 在"域名"列表中选择"StyleRef"，在"域属性"→"样式名"列表中选择"标题"。具体如图 2-54 所示。

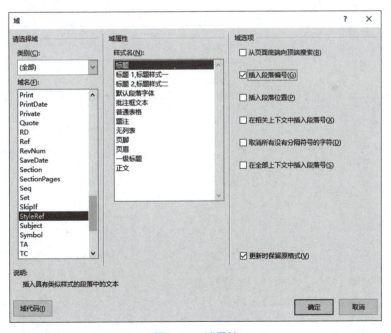

图 2-54 域属性

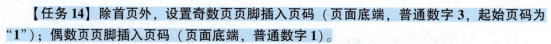

【任务 14】除首页外，设置奇数页页脚插入页码（页面底端，普通数字 3，起始页码为"1"）；偶数页页脚插入页码（页面底端，普通数字 1）。

操作步骤：

① 将光标定位到第一个奇数页页脚区。

② 单击"页眉和页脚"→"页眉和页脚"→"页码"下拉按钮，在列表中选择"页面底端"→"普通数字 3"。

③ 单击"页眉和页脚"→"页眉和页脚"→"页码"下拉按钮，在列表中选择"设置页码格式"命令，打开"设置页码格式"对话框。

④ 单击"页码编号"→"起始页码"单选按钮，在列表中选择"1"。

⑤ 单击"确定"按钮。

⑥ 将光标定位到偶数页页脚区。

⑦ 单击"页眉和页脚"→"页眉和页脚"→"页码"下拉按钮，在列表中选择"页面底端"→"普通数字 1"。

⑧ 单击"页眉和页脚"→"关闭页眉和页脚"命令按钮。

⑨ 保存文档。

项目 5　教学文案设计（教育系）

2.5.1　素养课堂

红烛照师志，素心托高洁

（来源：https://www.ruyile.com/data/r380598/）

感动你我，感动中国。茫茫人海，总有人会给世界带来长叹、带来愤慨，也总有人让世界温暖着、美好着。感动的力量，让我们面对茫茫人海仍然相信，仍然热爱，对自己，对生活，对未来。

"颁奖辞"

烂漫的山花中，我们发现你。自然击你以风雪，你报之以歌唱。命运置你于危崖，你馈人间以芬芳。不惧碾作尘，无意苦争春，以怒放的生命，向世界表达倔强。你是崖畔的桂，雪中的梅。

"人物事迹"

张桂梅，女，满族，中共党员，1957年6月出生于黑龙江省牡丹江市，原籍辽宁省岫岩满族自治县，1975年12月参加工作，1998年4月加入中国共产党，丽江华坪女子高级中学书记、校长，华坪县儿童福利院院长（义务兼任），丽江华坪桂梅助学会会长。

2002年，在云南儿童之家工作的张桂梅看到了很多农村贫困家庭的不幸，她希望创办一所免费女子高中，彻底解决山区贫困问题。她四处奔波筹集资金，努力了五年也才筹集到1万元。经多方努力，2008年，华坪女子高级中学成立，这是全国唯一的免费女高，专门供贫困家庭的女孩读书。建校12年来，已有1804名大山里的女孩从这里走进大学完成学业，在各行各业做贡献。

华坪女高佳绩频出之时，张桂梅的身体却每况愈下，患上了10余种疾病。张桂梅说："当听到学生大学毕业后能为社会做贡献时，我觉得值了。她们过得比我好，比我幸福，就足够了，这是对我最大的安慰。"

那么什么是教育工作者的初心使命与担当呢？以下是摘自"知乎"网的一段论述，与教育同行分享。

初心编织梦想，使命呼唤担当，使命引领未来。百年大计教育为本，教育大计教师为本。一个人遇到好老师，是人生的幸运，一个学校拥有好老师是学校的光荣，一个民族不断涌现一批又一批的好老师则是民族的希望。不同的时间段涌现出一批又一批好老师，国之"大先生"。古有先贤孔子、孟子等，近代陈独秀、李大钊、徐特立等，现代袁隆平、黄大年、于漪、张桂梅……无一不是用亲身行动深刻诠释"奉献、责任、使命和担当"。

作为新时代的教师，没有"席地讲学而弟子三千"，言传身教；不用在国家"救亡图存之际"浴血奋战，身先士卒；更不用"乞讨学费"挑灯夜战隐姓埋名。相反，我们拥有前所未有的好时光，我们正处在国家发展的大好阶段，更应牢记"为党育人，为国育才"的初心使命。付诸实践首先是"立德树人"这一根本使命。"德高为师，身正为范"。其身正，不令而行。一方面，在学校传道授业解惑；另一方面，不局限于课堂，扎根学生生活，扎根学校教育，扎根社会实践。其次，身先垂范，有着社会责任与担当。教师不仅仅是承担自己的教学责任和家庭责任，更应参与社会生活，参与公共事业，承担社会责任。对学生是积极正面的影响。最后，在使命与担当中求成长。承担社会责任，参与公共生活，对教师而言不仅仅是责任，也是丰富经验的积累和发展机会。

使命与担当给予教师成长的机遇和展示的舞台。如果说教师的工作是唤醒学生生命感和价值感，那么使命和担当就能唤醒教师的本能和精神主体。教师唯有在践行使命和担当中不断地认识自我，提升自我的价值并实现自我价值，才能对得起"太阳底下最光辉的职业"，才能照亮学生！

作为未来的新一代教育教学工作者，每名教育系的学生都应该秉承"2020—2021感动中国十大人物"张桂梅老师的教育教学理念，矢志不渝，为教育教学事业奋斗终生。

2.5.2 案例的提出

随着新一轮实习季的到来，职院教育系学生张珊珊到长白山小学实习，她踌躇满志，决心通过这次实习把自己锻炼成能胜任小学教学工作的一名合格的准小学老师。刚刚到岗，她接到的第一个任务是制作一份教案。教案是教学活动的依据，教学活动中教案有着重要的地位。作为未来的小学教师，准备教案是必备的一门功课。

张珊珊在实习期间，非常珍惜每一个锻炼的机会。她像一块海绵一样，吸取着实习期间的每一滴养分。随着实习岗位轮动，张珊珊又被调到三年级办公室帮忙，领导要求她制作班级课程表和教师课时统计表，并将课时进行统计汇总。

为了让广大青年学生铭记历史，肩负起传承"12·9运动"精神的重任，以史为鉴，树立正确的人生观、价值观，学院举办了"纪念12·9运动"电子报设计竞赛。张珊珊积极报名参加，精心设计参赛作品，最终取得了好成绩。

2.5.3 解决方案

一、教案的设计制作

① 新建Word文档，收集文字资料。
② 美化格式。
③ 替换指定内容并修改格式。
④ 设置项目符号和编号。
⑤ 设置首字下沉。
⑥ 页面设置。

二、课程表和课时统计表制作

① 制作表格。
② 对表格进行格式设置。
③ 对表格进行编辑。
④ 根据单元格内容进行数据计算。

三、电子报的设计制作

① 收集文字和图片素材。
② 设计背景图片。

③ 插入图片、形状、艺术字、文本框，插入相应对象。
④ 制作宣传用语，美化页面。

2.5.4 项目工单及评分标准

一、教案的设计制作

工单编号：

姓　　名			学　　号		
班　　级			总　　分		
项　目　工　单			评分标准		
			评分依据	分值	得分
【任务1】新建Word文档，以"姓名+教案"命名（例如：张珊珊教案），并保存在E:盘中，然后在该文档中输入教案的内容，并在文章末尾插入当前日期（格式为：××××年××月××日）。以下操作均在该文档中完成。			保存文件	2	
			输入日期	2	
【任务2】标题（7.5.1 有理数的乘方）设置为"黑体、24磅、加粗"；字符间距为"加宽、4磅"；"探究新知"下面的绿色字设置为"红色、上标"。			字体	3	
			字间距	3	
			上标	3	
【任务3】将正文（除标题以外的其他文字）中文字体设置为"宋体、三号"，西文设置为"Arial、三号"。			中文字体	2	
			西文字体	2	
【任务4】将正文中的带"【　】"的文字设置为"微软雅黑、加粗、蓝色、空心效果"。			字体文字效果	3	
【任务5】给正文"探究新知"下的"求n个相同的因数a的乘积的运算叫作乘方，乘方的结果叫作幂，a叫作底数，n叫作指数。"加红色双波浪下划线。			字体下划线	3	
【任务6】将"教学反思"下的一段文字的边框设置为蓝色（标准色）方框边框，宽度1.5磅，并应用于"文字"；底纹设置颜色为"蓝色，个性色1，淡色80%"，应用于"文字"。将"板书设计"下的"a×a……一次方。"中间几段文字的字体颜色设置为白色，底纹设置颜色为黑色，应用于"段落"；边框设置为绿色（标准色）阴影边框，并应用于"段落"。将"乘方"标题字号设置为24，其他（"a×a……一次方。"）字号为五号。			文字边框	3	
			文字底纹	3	
			段落边框	3	
			段落底纹	3	
			字号	2	
【任务7】设置标题（7.5.1 有理数的乘方）居中显示；正文各段的段落格式：首行缩进2个字符，段前间距0.5行，行距为固定值25磅。将"板书设计"下的文字"a×a……一次方。"左、右各缩进0.5字符，段前0行，行间距为1.1倍距；最后一行"年月日"右对齐。			对齐	2	
			左右缩进	3	
			首行缩进	3	
			段前段后	3	
			行距	3	

续表

项目工单	评分标准		得分
	评分依据	分值	
【任务8】将全文中所有错词"城防"改为"乘方"，并设置字体颜色为红色。将全文中所有的a替换成α。	查找替换	3	
【任务9】给"教学目标"下面的三行添加黑色圆形项目符号。将所有"{ }"行加编号"一、二、三、……"，并删除"{ }"。	项目符号	3	
	编号	3	
	查找替换	2	
【任务10】设置"教学重难点"下面的两段首字下沉2行，距正文0.2厘米。	首字下沉	3	
【任务11】页面设置：页面左、右边距均为3厘米，上、下边距为2厘米；装订线的位置为"上"；纸张方向为"纵向"；纸张大小为19.5厘米（宽）×27厘米（高）；页面垂直对齐方式为"顶端对齐"。	页边距	3	
	装订线	2	
	纸张方向	3	
	纸张大小	3	
	页面对齐方式	3	
【任务12】将页面边框设置为1磅、深红色（标准色）"方框"型边框；页面颜色设置为"绿色，个性6，淡色80%"。	页面边框	3	
	页面颜色	3	
【任务13】为页面设置内容为"教案设计"的文字水印。	水印	3	
【任务14】插入"奥斯汀"样式的页眉，并在其"文档标题"的居中位置输入页眉内容"----------------------姓名+教案设计----------------------"。在页面底端按照"普通数字2"样式插入页码，页码样式为"-1-"，设置起始页码为"-2-"。	页眉	3	
	页码	3	
【任务15】为标题"有理数的乘方"添加脚注，内容为"人教版小学六年级数学"。	脚注	3	
【任务16】将"板书设计"下的"乘方……一次方。"各段分为等宽的两栏，间距为1。	分栏	3	

二、课程表和课时统计表制作

工单编号：

姓　　名			学　　号		
班　　级			总　　分		
项目工单			评分标准		
			评分依据	分值	得分
【任务1】新建一个 Word 文档，命名为"姓名+课程表"，保存到 E:盘下，输入表格的标题"三年级一班课程表"，创建一个 9 行 6 列的表格。设置标题格式为：黑体、24 磅、加粗、居中。			保存文件	3	
			创建表格	3	
			设置字体段落	3	
【任务2】设置表格中所有行的行高为 1 厘米、所有列的列宽为 2 厘米。将整个表格居中。			行高	3	
			列宽	3	
			表格居中	3	
【任务3】拆分 A2:A9 单元格区域为 2 列 8 行，合并 A2:A4、A5:A8 单元格区域。依照样图输入表格内容。			拆分单元格	4	
			合并单元格	4	
【任务4】在第 5 行的下面插入一行空行，并输入内容"午休"。			插入行	4	
【任务5】设置表格居中。设置表格第 1、5 行（第 1 个单元格除外）和第 1 列内容：小三号、华文仿宋、加粗、水平居中。其他单元格内容：新宋体、小三，水平居中。设置"上午""下午"竖排文字。			表格对齐	4	
			表格内容对齐	4	
			竖排文字	4	
【任务6】外侧框线设置为"实线""绿色，个性 6，深色 25%""3 磅"；将表格的内侧框线设置为"实线""绿色，个性 6，深色 25%""1 磅"；设置能显示"周"和"节"的首单元格斜线表头。设置第 1 行和第 1 列的底纹为：绿色，个性 6，淡色 80%。			外侧框线	4	
			内侧框线	4	
			首单元格斜线表头	4	
			底纹	4	
【任务7】为语文组制作一个课时统计表，输入表名"语文组课时统计表"。插入一个 4 列 6 行的表格。输入如素材样图所示内容文字。在"总课时"单元格中，按公式（总课时=周课时数×教学周）计算"总课时"和"语文组合计课时"。			创建表格	3	
			输入文字	3	
			"总课时"公式	4	
			"语文组合计课时"公式	4	

续表

项目工单	评分标准		
	评分依据	分值	得分
【任务8】如样图所示,为"2022—2023第二学期制作一个课时统计表"。分别利用SUM和AVERAGE函数计算各位教师的总课时和平均课时。	创建表格	3	
	SUM函数	4	
	AVERAGE函数	4	
【任务9】将"2022—2023第二学期课时统计表"按总课时降序排序。	排序	4	
【任务10】复制一个"语文组课时统计表",将这两个表转换为文本。然后将其中一个转换成表格。试比较两种操作结果的不同。	表格转换为文本	3	
	文本转换为表格	3	
【任务11】将"2022—2023第二学期课时统计表"再增加200行,然后将其表头行在其他各页重复。	插入多行	4	
	重复标题行	3	

三、电子报的设计制作

工单编号：

姓　　名		学　　号		
班　　级		总　　分		
项目工单		评分标准		
		评分依据	分值	得分
【任务1】页面设置。新建Word文档,以"系名+班名+姓名+电子报"命名（例如：教育系24.1班高玉铭电子报）,并保存在E:盘中。设置页面纸张大小为A3,上、下、左、右页边距均为0（也可以允许系统调整为最小值）,方向为横向。以下操作均在该文档中完成。		保存文件	5	
		页面设置	5	
【任务2】制作页面颜色和页面边框。设置页面颜色的填充效果为"图案"中的第1行第6个。设置页面边框为方框,颜色为"白色,背景1,深色50%",艺术型为⎍⎍⎍。边距为上、下、左、右均为15磅。		页面颜色	5	
		页面边框	5	
【任务3】设计制作形状徽标。①在电子报的左上角插入圆角矩形,高度为5.59厘米,宽度为6厘米,形状填充深红色,无形状轮廓,输入文字"12.9抗日纪念日 勿忘国耻 牢记使命",断为三行,如素材样图所示设置字体、字号、颜色。②如素材样图所示,在其上插入圆角矩形,高度为5.08厘米,宽度为6.53厘米。设置填充为无色,边框为1磅白色。③在上述形状的下面插入两个直线形状,轮廓形状和轮廓颜色为"橙色,着色2,深色50%",其编辑如样图所示。		插入形状	5	
		形状编辑	10	
		插入直线形状	5	

续表

项目工单	评分标准		得分
	评分依据	分值	
【任务4】设计制作艺术字题目。插入第一种样式的艺术字"传承民族魂 奉献爱国心 纪念12·9运动 教育系24.1班 高玉铭",断为三行,如样图所示,设置字体、字号、颜色。	插入艺术字	5	
	编辑艺术字	5	
【任务5】①利用文本框编辑文字内容。在电子报的右侧插入横排文本框;输入(或复制)文字内容;设置形状填充为"白色,背景1,深色5%";设置形状轮廓为第2个样式的3磅粗细的虚线。②利用文本框制作间隔线。在左侧两段文稿内容之间插入横排文本框,输入符号"∞",并复制多个使其占满整行,设置无填充色无轮廓。	文本框编辑文字内容	10	
	文本框编辑间隔线	10	
【任务6】设计制作图片。①在电子报的中心插入图片"总书记.jpg",浮于文字上方;高度为4.45厘米,宽度为6.64厘米;设置图片样式为映像圆角矩形。②在电子报的右下角插入图片,浮于文字上方;高度为3.81厘米,宽度为15.54厘米;水平翻转;删除背景,保留需要的部分;设置铅笔灰度艺术效果。	图片插入与编辑	10	
	图片效果设计	10	
【任务7】完成其他部分设计。操作提示:①图片插入后,一定要在"自动换行"里设置环绕方式。例如,右侧中间的两张图片为嵌入式,其他几张图片为浮于文字上方。②无论是图片、形状、艺术字还是文本框,只要不是嵌入式的,都要注意叠放层次,可以通过"上移一层"或"下移一层"来确定其所在层次。③文本框中的文字内容可以设置字体与段落,如首行缩进、行距、文字的边框和底纹等,设置方法见2.1节。	其他	10	

2.5.5 实现方法

一、教案的设计制作

二、课程表和课时统计表制作

三、电子报的设计制作

项目 6　医院常规文件编辑（护理系）

2.6.1　素养课堂

敬佑生命　救死扶伤　甘于奉献　大爱无疆

——世界著名护理专家，近代护理教育创始人：弗洛伦斯·南丁格尔

弗洛伦斯·南丁格尔（Florence Nightingale，1820 年 5 月 12 日—1910 年 8 月 13 日），英国护士，近代护理学和护士教育创始人。

1820 年，南丁格尔出生于意大利佛罗伦萨市。1851 年在德国一所医院接受护理训练，曾往伦敦的医院工作，于 1853 年成为伦敦慈善医院的护士长。1854—1856 年，英国、法国、土耳其联军与沙皇俄国在克里米亚交战，克里米亚战争爆发。由于没有护士且医疗条件恶劣，英国的参战士兵死亡率高达 42%。南丁格尔主动申请担任战地护士，率领 38 名护士抵达前线服务于战地医院，为伤员解决必需的生活用品和食品，对他们进行认真的护理。仅仅半年左右的时间，伤病员的死亡率就下降到 2.2%。每个夜晚，她都手执风灯巡视，伤病员们亲切地称她为"提灯女神"。战争结束后，南丁格尔回到英国，被人们推崇为民族英雄。1860 年，南丁格尔用政府奖励的 4 000 多英镑，在英国圣多马医院创建了世界上第一所正规的护士学校。随后，她又创办了助产士及经济贫困的医院护士学校。1910 年 8 月 13 日，南丁格尔在睡梦中溘然长逝，享年 90 岁。

南丁格尔一生撰写了大量报告和论著，她所撰写的《护理札记》《医院札记》两书，以及 100 余篇论文，均被认为是护理教育和医院管理的重要文献。

南丁格尔是世界上第一个真正的女护士，她开创了护理事业。"南丁格尔"也成为护士精神的代名词。"5·12"国际护士节设立在南丁格尔的生日这一天，就是为了纪念这位近代护理事业的创始人。

英文版（原版）：

I solemnly pledge myself before God and in the presence of this assembly, to pass my life in purity and to practice my profession faithfully. I will abstain from whatever is deleterious and mischievous, and will not take or knowingly administer any harmful drug. I will do all in my power to maintain and elevate the standard of my profession, and will hold in confidence all personal matters committed to my keeping and all family affairs coming to my knowledge in the practice of my calling. With loyalty will I endeavor to aid the physician in his work, and devote myself to the welfare of those committed to my care. —— The Florence Nightingale Pledge.

中文版：

余谨以至诚，

上帝及会众面前宣誓：

终身纯洁，忠贞职守。

勿为有损之事，
勿取服或故用有害之药。
尽力提高护理之标准，
慎守病人家务及秘密。
竭诚协助医生之诊治，
务谋病者之福利。
谨誓！

南丁格尔的故事，充分彰显了医护人员独特的人格魅力和崇高的职业精神，为我们树立正确的专业价值观指明了方向，为理想目标的实现点燃了一盏明灯。前辈的情怀是我们学习的榜样，前辈的境界是我们追随的理想目标。在现如今科技高速发展的社会，人文关怀是帮助病人战胜病魔、重拾希望的一泓热流，让病人感受到温暖。作为护理学专业的学生，不仅要树立终生学习的理念，还要从人文关怀的视角出发，以照顾好病人为己任，尽心尽责、护佑生命。

（内容来源：黄小红，董昉，朱菲. 她们一起坚守着南丁格尔誓言［J］. 当代护士（上旬刊），2013，（9）：10-12.）

2.6.2 案例的提出

蓝山市中心医院人事科本季度的重点工作：一是草拟2024年医院招聘公告，二是对医院进行宣传，三是修订医院各项管理制度，四是规范各种采购计划表格的排版标准。医院人事科的孙科长不擅长信息化办公，找到正在本医院实习的护理系王明同学帮忙编辑。王明同学根据孙科长的要求，经过需求分析，决定使用Word 2016来完成医院招聘公告、医院简介、医院围手术期管理制度、药局采购计划表格等文档的制作与排版。

2.6.3 解决方案

一、编辑医院招聘公告

① 新建Word文档，收集文字资料。
② 美化格式。
③ 替换指定内容并修改格式。
④ 设置项目符号和编号。
⑤ 设置边框和底纹。

二、编辑医院简介

① 收集文字和图片素材。
② 插入图片、形状、艺术字、文本框、SmartArt图形。
③ 制作封面。
④ 美化页面。

三、使用"样式"排版围手术期管理制度文档

① 页面设置。

② 应用样式。
③ 新建并修改样式。
④ 设置页眉、页脚、背景及水印。

四、制作药品采购单

① 制作并编辑表格框架。
② 输入并编辑表格内容。
③ 表格格式的设置。
④ 表格中数据的计算。
⑤ 表格中行或列的编辑。

2.6.4 项目工单及评分标准

一、编辑医院招聘公告

工单编号：

姓　　名		学　　号			
班　　级		总　　分			
项目工单		评分标准			
		评分依据	分值	得分	
【任务1】新建Word文档，以"姓名+招聘公告"命名（例如：张珊珊招聘公告），并保存在D:盘中。以下操作均在该文档中完成。		新建文档	2		
【任务2】将"素材"文件夹中的"招聘公告原文.txt"文档的全部内容复制到"姓名+招聘公告"文档中。对其按照"招聘公告效果文档.PDF"进行美化。		用"记事本"打开文本文档	2		
		文字的复制	4		
【任务3】输入文档标题"2021年某医院招聘公告"；选择标题文本，字体设置为"华文琥珀"，字号设置为"二号"字。		输入标题文本	3		
		字体设置	2		
		字号设置	2		
【任务4】选择除标题文本外的所有内容，设置为"四号"字。		字号设置	2		
【任务5】选择"招聘岗位、人数及条件""招聘程序""用工形式及薪酬待遇""有关事项的说明"文本，设置为粗体。		字型设置	2		
【任务6】选择"护理员23名""报告员3名""导医4名"文本，添加"粗下划线"；字体颜色设置为"深红色"。		下划线设置	2		
		字体颜色设置	2		
【任务7】选择标题文本，将文本放大到"120%"，字符间距"加宽""1磅"。		文字缩放	5		
		字符间距设置	5		

续表

项目工单	评分标准		
	评分依据	分值	得分
【任务8】将正文中最后一个自然段"蓝山市益都……有关公告如下:"移动到正文第一自然段前面,独立成段。	文本移动	5	
【任务9】给文档中第一段的"综合医院"文本加"着重号"。	加着重号	4	
【任务10】把标题文本"居中"显示;最后一行文本"居右"对齐。	对齐方式设置	4	
【任务11】选择除标题和最后一行外的文本内容,将每一段的第一行设置为"首行缩进"2字符。	首行缩进设置	5	
【任务12】选择标题文本,设置它的"段前"和"段后"距离分别为"1行"。	段前、段后距离设置	5	
【任务13】选择"招聘岗位、人数及条件""招聘程序""用工形式及薪酬待遇""有关事项的说明"文本,设置其行距为"多倍行距",数值为"3"。	行距设置	5	
【任务14】查找和替换文本,将文中所有错词"姿格"替换为"资格"。	查找替换	5	
【任务15】选择"招聘岗位、人数及条件""招聘程序""用工形式及薪酬待遇""有关事项的说明"文本,为其添加如效果文档所示的项目符号。	项目符号设置	5	
【任务16】选择"(二)招聘条件:"下面的5段文本内容,为其添加如效果文档所示的编号。	编号设置	3	
【任务17】用同样的方法如素材所示为文档中"有关事项的说明"下面的8个段落添加编号。	编号设置	3	
【任务18】选择"具体岗位任职资格条件详见《岗位需求一览表》",在"字体组"中为其设置"字符边框"和"字符底纹"。	字符边框设置	3	
	字符底纹设置	3	
【任务19】选择标题行,为其添加深红色底纹。	字符底纹设置	3	
【任务20】选择文档中第一个段落,为其设置"双实线"边框和"白色,背景1,深色15%"颜色的底纹。	段落边框设置	3	
	段落底纹设置	3	
【任务21】用同样的方法如效果文档所示为文档中其他段落添加相同的"边框和底纹"。	段落边框设置	3	
	段落底纹设置	3	
【任务22】保存文档。	文档保存	2	

二、编辑医院简介

工单编号：

姓　　名		学　　号		
班　　级		总　　分		
项 目 工 单		评分标准		
		评分依据	分值	得分
【任务1】打开"医院简介.docx"文档和图片文件"医院简介样图.png"，对其按照"医院简介样图.png"进行美化。		打开文件	2	
【任务2】插入并编辑文本框。		插入"花丝引言"文本框	5	
		文本框位置大小合理	5	
		字符格式设置	5	
【任务3】插入图片。		设置文字的环绕方式	10	
		改变图片位置	5	
		设置图片艺术效果	5	
【任务4】插入艺术字。		使用合理的艺术字样式	5	
		调整艺术字位置	5	
		形状效果设置	5	
		文本效果设置	5	
【任务5】插入如样图所示SmartArt图形。		插入组织结构图	10	
		录入各级文本	10	
		添加子项目	10	
		布局更改	2	
		更改SmartArt图形颜色	2	
		位置和大小调整	2	
【任务6】添加封面。		插入"丝状"封面	2	
		编辑封面	3	
【任务7】保存文件到D:盘上，文件名为"×××医院简介"。		文档保存	2	

三、使用"样式"排版围手术期管理制度文档

工单编号：

姓　名		学　号		
班　级		总　分		
项目工单		评分标准		
		评分依据	分值	得分
【任务1】打开"围手术期管理制度原文.docx"文档和图片文件"围手术期管理制度样图.png"，对该Word文档按照"围手术期管理制度样图.png"进行美化。		打开文件	3	
【任务2】页面设置。页面上、下边距为2厘米；左、右边距为2.5厘米；装订线的位置为"上"；纸张方向为"纵向"；纸张大小为20厘米（宽）×30厘米（高）；页面垂直对齐方式为"顶端对齐"。		纸张大小设置	6	
		上下页边距设置	5	
		左右页边距设置	5	
【任务3】应用内置样式。为文档标题"围手术期管理制度"应用内置样式"标题"选项。		应用内置样式	6	
【任务4】新建样式。在正文第二段中定位插入点，创建一个名为"我的样式1"的新样式；此样式的格式设置为"华文行楷、五号"；行距为"1.5倍行距"；段落底纹为"白色，背景1，深色50%"。		新建样式	10	
【任务5】修改样式。修改"我的样式1"的字体格式为"小三""茶色，背景2，深色50%"；底纹格式为"白色，背景1，深色15%"。		修改样式	10	
【任务6】将"我的样式1"应用到其他同级文本上。		应用样式	10	
【任务7】设置页眉为"奥斯汀"选项。页眉文字内容为本文档的标题，格式设置为"黑体""五号""加粗""红色""右对齐"。		设置页眉	10	
【任务8】设置页脚。在页面底端插入页码"普通数字2"选项。		设置页脚	10	
【任务9】将页面背景设置为"红色，个性色2，淡色80%"。		设置背景颜色	10	
【任务10】为页面添加文字水印"共享"，字体颜色为红色。		设置水印	10	
【任务11】保存文件到D:盘上，文件名为"姓名+围手术期管理制度"。		文档保存	5	

四、制作药品采购单

工单编号：

姓　　名			学　　号		
班　　级			总　　分		
项目工单			评分标准		得分
			评分依据	分值	
【任务1】新建 Word 文档，保存在 D:盘上自己的文件夹里，命名为"×××药品采购单"。			新建文档	2	
【任务2】输入表格的标题"药品采购单"，依照"药品采购单1"样图创建药品采购单表格结构，并适度调整表格高度。			输入标题	2	
			插入表格	5	
【任务3】设置表格标题的格式为：黑体、小一、字符间距加宽4磅、居中对齐，段后距离为0.5行。			设置标题格式	3	
【任务4】设置表格中所有行的行高为1.25厘米，A列的列宽为1厘米，B~J列的列宽为2厘米，设置表格相对窗口居中。			行高设置	5	
			列宽设置	5	
			表格居中	5	
【任务5】合并下列单元格区域：A3:A5、J3:J5、A6:A7、J6:J7、A8:A9、J8:J9、A11:A12、J11:J12、A13:G13。			单元格合并	10	
【任务6】依照"药品采购单1"样图，使用默认格式输入表格内容。第一行文本字体格式为"黑体、五号、加粗"。			文本输入	10	
			格式设置	2	
【任务7】选择整张表格，设置表格宽度为"根据内容自动调整表格宽度"，并设置全部文本的对齐方式为"水平居中对齐"。			表格宽度调整	5	
			文本对齐方式	5	
【任务8】将表格的内侧框线设置为"实线""0.5磅""黑色"；外侧框线设置为"双窄线""1.5磅""黑色"；设置第1行文本所在单元格的底纹为"白色，背景1，深色25%"；设置"合计"文本所在单元格的底纹为"白色，背景1，深色25%"。			内部框线设置	8	
			外侧框线设置	8	
			底纹设置	4	
【任务9】在总价预算列单元格中（H2:H12单元格区域），按公式（总价预算=采购单价预算×采购数量）计算并填入左侧药品的总价预算金额。			乘法计算	6	

续表

项目工单	评分标准		
	评分依据	分值	得分
【任务10】在"合计"单元格右侧H13单元格中，利用求和函数SUM计算全部药品的合计金额。	求和计算	4	
【任务11】删除质量一列；设置表格宽度为"根据窗口自动调整表格宽度"。	删除列	4	
	表格宽度调整	5	
【任务12】保存文件。	保存文件	2	

2.6.5 实现方法

一、编辑医院招聘公告

二、编辑医院简介

三、使用"样式"排版围手术期管理制度文档

四、制作药品采购单

模块 2　字处理 Word 2016

项目 7　"自觉遵守职业道德规范从我做起"宣传活动（财经系）

2.7.1　素养课堂

明职守 严法度 重传承 强素质 做新一代财经人
——自觉遵守职业道德规范，从我做起

中华优秀传统文化是中华文明的智慧结晶和精华所在，是中华民族的根和魂，其中蕴含的思想观念、人文精神、道德规范构成了我们的精神内核，财务人员的职业道德建设必须继承和发扬优秀传统文化。

随着改革开放的深入和信息技术的飞速发展，财务人员的职业道德与诚信问题越来越成为公众关注的焦点。财务人员承担着生成和提供会计信息、维护国家财经纪律和经济秩序的重要职责。

从思想道德入手，明确是非标准，引导财务人员形成正确的价值追求和行为规范，对提高财务工作水平和会计信息质量、加强社会信用体系建设、推动经济社会高质量发展具有重要意义。

2.7.2　案例的提出

作为未来财经人，财经专业的大学生，应该自觉遵守职业道德规范、见贤思齐、争当先进。在财经系学生会的"自觉遵守职业道德规范，从我做起"主题宣传活动中，23 级会计 2 班第一小组负责"职业道德规范"文档的排版工作，第二小组负责宣传单的制作任务，第三小组负责活动经费支出统计工作。接到任务后，同学们分工合作，整理、设计、规划，最后决定使用 Word 2016 来完成"职业道德规范"文档的排版、宣传单的制作及宣传活动费用支出统计任务。

2.7.3　解决方案

一、格式设置——制作并排版职业道德规范

① 新建 Word 文档，输入文字。
② 编辑文字。
③ 美化格式。
④ 设置项目符号和编号。
⑤ 设置边框和底纹。

二、图文混排——制作职业道德规范宣传单

① 页面设置。
② 插入图片、形状、艺术字、文本框，插入相应对象。
③ 插入页眉。

④ 制作宣传语，美化页面。

三、创建表格——制作费用清单

① 制作并编辑表格框架。
② 输入并编辑表格内容。
③ 设置表格格式。
④ 输入公式进行计算。

2.7.4 项目工单及评分标准

一、格式设置——制作并排版职业道德规范

工单编号：

姓　　名		学　　号		
班　　级		总　　分		
项 目 工 单		评分标准		
		评分依据	分值	得分
【任务1】新建一个Word文档，以"姓名+职业道德规范"命名（例如：张晓职业道德规范），并保存在E:盘中。		新建文档；命名Word文档	5	
【任务2】将"素材"文件夹中的"样稿"文档内容复制到"姓名+职业道德规范"文档中。		跨文件复制文本	10	
【任务3】输入文档标题"财务人员职业道德规范"。		输入文本	5	
【任务4】将正文第1段移动到文章末尾，独立成段。		移动文本	5	
【任务5】将"执业道德规范"分别复制到第2、4、6、8、10段的段首。		复制文本	10	
【任务6】将正文中的"执业"替换为"职业"。		查找/替换	10	
【任务7】设置标题文本为黑体、二号、蓝色、加粗、居中，字符间距加宽4磅；段前、段后间距1行。		设置字符、段落格式	15	
【任务8】设置正文为宋体、小四，首行缩进2字符，行距1.5倍；正文中第2、4、6、8、10段文字白色、背景1、加粗。		设置字符、段落格式	10	
【任务9】为正文中第2、4、6、8、10段添加边框和底纹，边框颜色为"深蓝色（标准色）"，蓝色底纹。		设置边框和底纹	10	
【任务10】为正文中第2、4、6、8、10段添加样式为"一、二、……"的编号，调整列表缩进为：文本缩进为0厘米，编号之后为"空格"，并设置段前、段后间距0.5行。		设置编号	15	
【任务11】保存并提交文档。		保存、提交文档	5	

二、图文混排——制作职业道德规范宣传单

工单编号：

姓　　名			学　　号		
班　　级			总　　分		
项目工单			评分标准		
			评分依据	分值	得分
【任务1】打开"素材"文件夹中的"样稿"文件，将其以"姓名+宣传单"命名（例如：王力宣传单），并另存到 E:盘中。			打开文档；重命名 Word 文档	2	
【任务2】自定义页面：页面上、下、左、右边距均为 2 厘米；纸张大小为 21 厘米（宽）×27 厘米（高）；页面颜色为 RGB(222, 234,246)；页面边框为"阴影"，颜色为蓝色，宽度为 1.0 磅。			页面设置	10	
			页面颜色	5	
			页面边框	5	
【任务3】将标题文本修改为艺术字，样式为"第 2 列第 1 行"。格式为黑体、二号。环绕文字为"浮于文字上方"，位置如素材样图所示。			插入、编辑艺术字	15	
【任务4】设置正文第 1 段和末尾段文本格式为等线、小二、蓝色、行距 2.0。			字符格式设置	3	
【任务5】在正文第 1 段后插入文本框，将下方正文中的职业道德规范原文移动到该文本框中。设置该文本框格式，填充"蓝色，个性 5，淡色 40%"，无轮廓。文本格式为等线、一号、白色、背景 1、加粗、行距 3.0。			插入、编辑文本框	15	
【任务6】修改文本框的形状为基本形状中的云形，形状大小及旋转角度如素材样图所示。			修改文本框形状	5	
【任务7】在正文 1 段右侧插入"素材"文件夹中的"图片 1.jpg"，设置图片缩放大小为 30%，环绕文字为"四周型"。			插入、编辑图片	10	
【任务8】依照素材样图，在页面底端插入形状"星与旗帜→带形：上凸"。大小设置为高度 1.5 厘米、宽度 15 厘米；填充色为蓝色（标准色），无轮廓；添加文字内容为"知规范　守规范"，格式为华文行楷、"白色，背景 1"、小二、加粗、居中。			插入、编辑形状	15	
【任务9】插入"空白"页眉，内容为"明职守 严法度 重传承 强素质"，格式为华文行楷，小四。			插入、编辑页眉	10	
【任务10】保存并提交文档。			保存、提交文档	5	

三、创建表格——制作费用清单

工单编号：

姓　　名		学　　号			
班　　级		总　　分			
项 目 工 单			评分标准		
			评分依据	分值	得分
【任务1】新建一个Word文档，以"姓名+费用清单"命名（例如：李明费用清单），并保存在E:盘中。			新建文档；命名Word文档	5	
【任务2】输入标题"'自觉遵守职业道德规范 从我做起'宣传活动费用清单"，在标题后按Enter键，插入4列15行的表格。			输入表格标题	2	
			绘制表格框架	5	
【任务3】依照素材样图，设置标题的格式为黑体、小二、居中对齐。			设置字符格式	3	
【任务4】在表格第15行下方插入3行；在第4列右侧插入1列。			插入行、列	10	
【任务5】依照素材样图，合并第1列的第2~12行、第1列的第14~16行；合并第13行的第1~4列、第17行的第1~4列、第18行的第1~4列。			合并单元格	10	
【任务6】设置第1行的行高1.5厘米，其他行的行高1厘米；依照素材样图，手动调整列宽。			设置行高	5	
			设置列宽	5	
【任务7】依照素材样图，输入单元格内容。			输入表格内容	10	
【任务8】设置第1行和第1列、第13行、第17行、第18行文本格式为黑体、四号、加粗、水平居中；其他单元格格式为宋体、小四、水平居中；依照素材样图，设置第1列相应单元格竖排文字。			设置字符格式	5	
【任务9】设置表格外框线：样式为"双线"、宽度为"1.5磅"、颜色为"蓝色"。内框线：样式为"单实线"、宽度为"1.0磅"、颜色为"蓝色"；设置第1行和最后1行底纹为"蓝色，个性1，深色60%"。			设置表格框线样式	10	
			设置底纹	5	

续表

项目工单	评分标准		
	评分依据	分值	得分
【任务10】使用公式计算"金额"列相应单元格的数值（金额=单价×数量）；使用公式和函数计算"小计"值、"合计"值。	公式计算	10	
	函数计算	10	
【任务11】保存并提交文档。	保存文档提交任务	5	

2.7.5 实现方法

一、格式设置——制作并排版职业道德规范

二、图文混排——制作职业道德规范宣传单

三、创建表格——制作费用清单

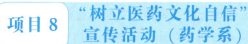

项目 8　"树立医药文化自信"宣传活动（药学系）

2.8.1　素养课堂

顾方舟：医者大仁，一丸济世德

舍己幼，为人之幼，这不是残酷，是医者大仁。为一大事来，成一大事去。功业凝成糖丸一粒，是治病灵丹，更是拳拳赤子心。你就是一座方舟，载着新中国的孩子，度过病毒的劫难。

（来源：感动中国）

顾方舟，中国医学科学院北京协和医学院原院长，著名的医学科学家、病毒学家、医学教育家。他在中国首次分离出脊髓灰质炎病毒，成功研制出首批脊髓灰质炎活疫苗和脊髓灰质炎糖丸疫苗，为我国消灭脊髓灰质炎做出巨大贡献，被誉为"中国脊髓灰质炎疫苗之父"。2019年1月2日，顾方舟平静地离开人世，享年92岁。顾方舟对脊髓灰质炎的预防及控制的研究长达42年，其身上熠熠生辉的"一生只做一件事"的专注精神和"以身试药"的奉献精神深深感动了国人。

（来源：浙江日报）

潜心传医道，精诚济苍生

李业甫，国医大师、教授、主任医师、硕导，享受国务院特殊津贴，一指禅推拿流派第五代传人。曾任中华全国中医学会推拿学会首届教育部长，安徽省推拿学会首三届主委，第二、五、六批全国老中医药专家学术经验继承工作指导老师，安徽省国医名师，安徽省推拿学科创始人，全国推拿学科主要带头人之一，作为全国推拿学科第一位国医大师，从医59年为安徽省乃至全国推拿事业做出积极贡献。

师承朱春霆、丁季峰等各流派推拿名家，提出"病证互参，推药同道；筋骨并举，气血双调；医禅结合，治养并重"学术思想，为全国各地及日本、东南亚等20余万患者治疗，疗效显著；总结了推拿治疗内外妇儿各科171种常见疾病的手法；整理了51种保健强身功法，将推拿学科理论化、系统化。发表学术论文16篇，主编医学专著及教材15部，主持科研课题2项，获科研奖励11次。

（来源：中国文明网）

世界传统医药日

每年的10月22日为世界传统医药日。1991年12月12日，42个国家和地区的代表在北京召开的国际传统医药大会上，一致决定将大会的开幕日定为每年的世界传统医药日，并写进《北京宣言》。

在1991年10月，国家中医药管理局和世界卫生组织联合在北京召开国际传统医药大会。人类健康需要传统医药。顾名思义，传统医药与现代医药相对应，通常指运用历史上遗传下来的医药经验和技术，或指现代医药以前的各个历史发展阶段的医药经验和诊疗技术。

世界各国的传统医药是国际医药界不可多得的宝贵财富。

随着化学药品毒副作用不断出现,药源性疾病日益增加,以及生化药品研制成本高昂等问题的存在,人们开始呼唤要回归大自然,希望用天然药物及绿色植物来治疗疾病和保健。我国的中药是世界传统医药的主要代表之一。已经有数千年历史的中药,目前已在东南亚、日本、韩国等国家和地区得到广泛应用,美、欧等西方发达国家也逐渐开始重视中医中药。

(文字来源:360百科)

2.8.2 案例的提出

中医药是中华优秀传统文化的重要载体。推动中医药走向世界,对于弘扬中华优秀传统文化、增强民族自信和文化自信、促进文明互鉴和民心相通、推动构建人类命运共同体具有重要意义。为了帮助学生树立医药文化自信、坚定职业信念,药学系决定开展"树立医药文化自信"宣传活动,旨在通过榜样力量培养学生不畏困难、刻苦钻研的治学精神。

张浩作为一名药学系的学生,出生于中医世家,从小受到中医文化的熏陶,以弘扬中医药文化为己任。在学校组织的"树立医药文化自信"宣传活动中,张浩决定与热爱中医药文化的同学们一起,使用 Word 2016 完成糖丸爷爷顾方舟的人物事迹学习材料、国医大师李业甫的人物宣传海报和"中药材采购单"的制作。

2.8.3 解决方案

一、格式设置——制作顾方舟人物事迹学习材料

① 新建 Word 文档,输入并编辑文字。
② 编辑文字。
③ 美化格式。
④ 设置项目符号和编号。
⑤ 设置边框和底纹。
⑥ 替换文字内容及格式。

二、图文混排——制作国医大师李业甫人物宣传海报

① 页面设置。
② 插入图片、形状、艺术字及文本框。
③ 编辑图片。
④ 制作宣传语,美化页面。

三、创建表格——制作"中药材采购单"

① 制作并编辑表格框架。
② 输入并编辑表格内容。
③ 插入行、列。
④ 设置表格格式。

2.8.4 项目工单及评分标准

一、格式设置——制作"顾方舟"人物事迹学习材料

工单编号：

姓　　名		学　　号			
班　　级		总　　分			
项目工单		评分标准			
		评分依据	分值	得分	
【任务 1】新建 Word 文档，复制文字，另存 Word 文档。 1. 在桌面上新建一个 Word 文档。 2. 打开文件接收柜中名称为"顾方舟生平简介.txt"的文件，将其中的文字复制后粘贴到新建的 Word 文档中。 3. 将 Word 文档另存到 D:盘根目录下，重命名为"感动中国人物顾方舟.docx"。		新建文件	5		
		复制、粘贴文字	4		
		文件另存、重命名	6		
【任务 2】设置文字格式。 1. 使用"字体"组设置。 （1）设置标题文本"糖丸爷爷——顾方舟"为"华文琥珀、二号、加粗、黑色"。 （2）设置副标题文本"医者大仁，一生只做一件事"文字颜色为"深蓝，文字 2，淡色 50%"，字体为"黑体"，字号为"小二"。 （3）设置正文中文字的格式为"黑色、宋体、四号"。 2. 使用"字体"对话框设置。 （1）设置标题文本"顾方舟"缩放为"130%"，字符间距加宽为"1.3 磅"。 （2）为副标题文本"一生只做一件事"添加着重号。 （3）将"（中国工程院院士赵铠评）[1]"和"2021 年 10 月 29 日……为雕像揭幕。[2]"中的 [1] 和 [2] 分别设置为上标效果。		字体	2		
		字号	2		
		颜色	2		
		加粗	3		
		缩放	5		
		加宽	5		
		着重号	5		
		上标	6		
【任务 3】设置段落格式。 1. 设置段落对齐方式。 （1）设置标题对齐方式为"居中对齐"。 （2）设置副标题对齐方式为"右对齐"。 2. 设置段落缩进。 设置正文缩进方式为"首行缩进 2 字符"。 3. 设置行间距和段间距。 （1）设置标题和副标题的段后间距为"1 行"。 （2）设置正文的行距为"固定值 20 磅"。		对齐方式	4		
		缩进	2		
		段落间距 行距	4		

续表

项目工单	评分标准		
	评分依据	分值	得分
【任务4】设置项目符号和编号。 1. 设置项目符号。 　为正文中的"个人成就""评价""后世纪念""参考资料"添加项目符号➤。 2. 设置编号。 　（1）为"科研综述""承担项目""学术论著"添加编号"一、二、三、……"。 　（2）为参考文献下面的"顾方舟——医学科学家介绍"和"'糖丸爷爷',重'回'协和!"添加编号"[1]、[2]、[3]、…"。	添加项目符号	5	
	添加编号	5	
	定义新编号格式	5	
【任务5】移动文字。 1. 将正文中最后一个自然段"舍己幼……度过病毒的劫难。（来源：2019年感动中国）"移动至正文中的第一自然段。 2. 设置此段文字的字形为"倾斜"。	移动文字	3	
	字形	2	
【任务6】设置边框和底纹。 　为第一自然段添加边框为"方框、直线""深蓝，颜色2，淡色50%""2.25磅"，底纹为"白色，背景1，深色5%"，皆应用于段落。	边框	5	
	底纹	5	
【任务7】文字替换和格式替换。 1. 将正文中的"脊灰"替换为"脊髓灰质炎"。 2. 将正文中除"参考资料"下的"顾方舟"外，其余"顾方舟"格式替换为字形"加粗"，字体颜色为"深蓝，颜色2，淡色50%"。	文字替换	5	
	格式替换	5	
【任务8】保存并提交文档。	提交任务	5	

二、图文混排——制作国医大师李业甫人物宣传海报

工单编号：

姓　　名		学　　号			
班　　级		总　　分			
项目工单		评分标准			
		评分依据	分值	得分	
【任务1】新建、保存 Word 文档。 1. 在桌面上新建一个 Word 文档。 2. 将其以"国医大师李业甫"命名，另存到 E:盘根目录下。		新建文件	5		
		文件另存、重命名	5		
【任务2】页面设置。 1. 纸张大小： 自定义纸张大小：20 厘米×30 厘米。 2. 页边距： 将页面边距上、下、左、右均改为 1 厘米。 3. 页面颜色： 对页面颜色进行纹理填充，填充效果：信纸。		纸张大小	5		
		页边距	5		
		页面颜色	10		
【任务3】插入图片、裁剪图片、旋转图片。 1. 将"素材"文件夹中的"页面边框.jpg"图片插入 Word 文档中，设置图片的文字环绕方式为"四周型"，调整图片大小，依照样图，将其调整到合适位置。 2. 将"素材"文件夹中的"中国风圆.jpg"图片插入 Word 文档中，设置图片的文字环绕方式为"四周型"，调整图片大小，依照样图，对其进行裁剪，将裁剪后的图片移动至文档下方。 3. 对裁剪后的图片进行旋转，依照样图，将旋转后的图片移动到文档上方。		插入图片	3		
		文字环绕方式	3		
		调整图片大小	3		
		移动图片	2		
		旋转图片	4		
【任务4】插入艺术字。 1. 依照样图，在半圆形图片下方插入艺术字"国医大师"。 2. 设置艺术字的字体为"楷体"，字号为"初号"。 3. 更改艺术字的文字环绕方式为"四周型"。 4. 设置艺术字的文字效果中的映像为"紧密映像：接触"。		插入艺术字	2		
		艺术字格式	2		
		文字环绕方式	2		
		文字效果	4		
【任务5】更改图片大小和形状。 1. 在艺术字"国医大师"下方插入素材文件夹中的"人物.jpg"图片，将图片多余部分裁去。 2. 将图片缩放比调整为 25%，并将图片调整到合适位置。 3. 将图片形状裁剪为"圆形"，并将图片移动到合适位置。		裁剪	2		
		缩放	4		
		更改形状	4		

续表

项 目 工 单	评分标准		
	评分依据	分值	得分
【任务6】插入文本框和形状。 1. 在人物图片右侧插入横排文本框，在文本框中依照样图输入"省中医医疗事故……省七届人大代表"等文字。 2. 设置文本框中文字格式为"楷体，三号"，并依照样图为文字添加项目符号。 3. 将文本框的边框设置为"无轮廓"，填充设置为"无填充"。	文本框	10	
4. 依照样图插入形状"缺角矩形"，调整形状的大小和位置，形状填充为"无填充"，形状轮廓为"红色，个性6，深色25%"。 5. 依照样图插入形状"十字形"，调整十字形的大小和位置，形状填充为"无填充"，形状轮廓为"红色，个性6，深色25%"。	文字格式	10	
6. 在"十字形"中添加文字，文字在素材夹中的"李业甫文字材料.doc"文件中，将形状中文字的字体设置为"黑体"，字号设置为"四号"，段落缩进设置为"首行缩进2字符"，行距为"最小值：12磅"。	形状	10	
【任务7】保存并提交文档。 效果如图所示。 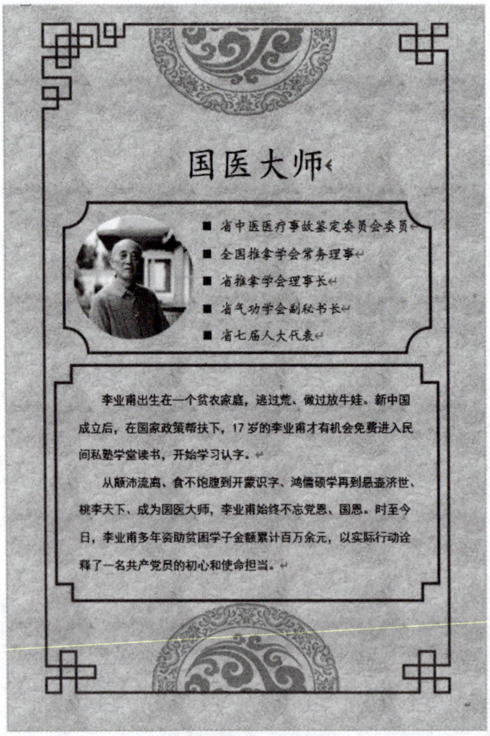	提交任务	5	

三、创建表格——制作"中药材采购单"

工单编号：

姓　　名			学　　号			
班　　级			总　　分			
项　目　工　单			评分标准			
			评分依据	分值	得分	
【任务1】新建 Word 文档，保存文档。 在桌面新建一个 Word 文档，命名为"中药材采购单"。打开该文档，下面的操作在本文档中完成。			新建文档； 命名 Word 文档	5		
【任务2】绘制"中药材采购单"表格框架。 1. 在 Word 文档中输入表格标题"中药材采购单"。 2. 插入表格，创建表格结构。 在标题下方按 Enter 键，插入 9 列 13 行的表格。 3. 设置表格标题格式。 设置标题文本字体为"黑体"，字号为"小一"，字形为"加粗"，对齐方式为"居中"。			输入表格标题	3		
			绘制表格框架	8		
			文本格式	4		
【任务3】编辑、修改表格结构。 1. 调整表格大小。 2. 依照样图，合并表格第 12 行第 2、3、4 列单元格。 3. 插入行。 （1）在表格第 1 行下方插入一行。 （2）删除第 14 行。 4. 设置行高/列宽。 （1）选择第 1 行，设置其行高为 0.7 厘米，其他行行高为 0.5 厘米。 （2）手动调整第 2 列的列宽，缩小到原来的 1/2 宽度。 （3）选择第 2~7 列，设置平均分配各列。 （4）手动调整第 12 行各单元格的列宽。			合并单元格	5		
			调整表格大小	5		
			插入行	5		
			插入列	5		
			设置行高	5		
			设置列宽	5		
【任务4】输入与编辑表格内容。 1. 输入表格内容。 根据样图，输入表格内容。 2. 设置字符格式。 （1）设置表格第 1 行内容和"合计"文本所在单元格格式为"黑体、五号、加粗"，表格中其他文本格式为"黑体、五号"。			输入表格内容	5		

续表

项目工单	评分标准		
	评分依据	分值	得分
(2) 设置表格所有内容"居中"对齐。 (3) 设置表格所有列宽为"根据内容自动调整表格"。 **中药材采购单** 	序	药材	四气	产地	数量(kg)	价格(元/kg)	总价	采购日期	备注
---	---	---	---	---	---	---	---	---
1	人参	热	长白山	6	199		2023年5月1日	
2	野生黄连	凉	四川	5	552		2023年5月1日	
3	野生炙甘草	温	四川	10	148		2023年5月1日	
4	野生白术	热	四川	8	108		2023年6月1日	
5	黄芩	寒	陕西	15	29		2023年6月1日	
6	生地黄	寒	安徽	25	18		2023年6月1日	
7	野生麦冬	寒	四川	24	128		2023年7月1日	
8	茱萸	热	四川	12	68		2023年7月1日	
9	野生当归	温	陕西	16	203		2023年7月1日	
10	大黄	凉	安徽	22	28.8		2023年8月1日	
11	川芎	温	安徽	18	29.5		2023年8月1日	
12	合计									设置字符格式	3	
【任务5】计算表格中的数据。 1. 使用公式计算"总价"列相应单元格的数值（总价＝数量×价格）。	公式计算	6	
2. 使用函数计算"合计"行相应单元格的数值（＝SUM(ABOVE)）。	函数计算	6	
【任务6】排序与合并单元格。 1. 将表格前12行内容按主要关键字"四气"升序、次要关键字"产地"降序进行排列。 2. 按顺序更改"序"所在列单元格内容。	排序	5	
3. 将"四气"列中相同内容合并。	合并单元格	5	
【任务7】设置与美化表格。 1. 设置表格外框线。 样式为"双实线"、宽度为"1.5磅"、颜色为"蓝色，个性1，深色25%"。 2. 设置内框线。 样式为"单实线"、宽度为"0.5磅"、颜色为"蓝色，个性1，深色25%"。 第13行的上框线：样式为"双实线"、宽度为"0.5磅"、颜色为"橙色，个性2，深色40%"。	设置表格框线样式	10	
3. 设置第1行文本所在单元格的底纹为"白色，背景1，深色5%"。	设置表格底纹	5	

续表

项目工单	评分标准		
	评分依据	分值	得分
【任务8】保存并提交文档。 中药材采购单 | 序	药材	四气	产地	数量(kg)	价格(元/kg)	总价	采购日期	备注 | |---|---|---|---|---|---|---|---|---| | 1 | 野生麦冬 | 寒 | 四川 | 24 | 128 | 3072.00 | 2023年7月1日 | | | 2 | 黄芩 | | 陕西 | 15 | 29 | 435.00 | 2023年6月1日 | | | 3 | 生地黄 | | 安徽 | 25 | 18 | 450.00 | 2023年6月1日 | | | 4 | 野生黄连 | 凉 | 四川 | 5 | 552 | 2760.00 | 2023年5月1日 | | | 5 | 大黄 | | 安徽 | 22 | 28.8 | 633.60 | 2023年8月1日 | | | 6 | 人参 | | 长白山 | 6 | 199 | 1194.00 | 2023年5月1日 | | | 7 | 野生白术 | 热 | 四川 | 8 | 108 | 864.00 | 2023年6月1日 | | | 8 | 茱萸 | | 四川 | 12 | 68 | 816.00 | 2023年7月1日 | | | 9 | 野生炙甘草 | | 四川 | 10 | 148 | 1480.00 | 2023年5月1日 | | | 10 | 野生当归 | 温 | 陕西 | 16 | 203 | 3248.00 | 2023年7月1日 | | | 11 | 川芎 | | 安徽 | 18 | 29.8 | 536.40 | 2023年8月1日 | | | 12 | 合计 | | | | | 15489 | | |	保存文档 提交任务	5	

2.8.5 实现方法

一、格式设置——制作顾方舟人物事迹学习材料

二、图文混排——制作国医大师李业甫人物宣传海报

三、创建表格——制作"中药材采购单"

模块 3

电子表格 Excel 2016

Excel 是微软公司开发的一款电子表格软件,是 Office 办公套件中的一部分。它可以用于数据的录入、计算、分析和可视化呈现。Excel 的功能十分强大,被广泛应用于各个领域,包括商业、金融科学研究、教育等。

Excel 最早于 1985 年发布,现在已经发展到了 Excel 2022 版本。它在全球范围内被广泛使用,成为电子表格领域的事实标准。Excel 提供了一个方便的界面,用户可以通过单元格来输入数据,也可以进行各种复杂的计算和数据处理操作。

Excel 2016 版本作为一款强大的电子表格软件,在数据处理和表格操作方面提供了丰富的功能,使我们能够更加高效地进行工作。这些功能的使用不仅简化了烦琐的任务,还提升了我们的工作效率。

Excel 2016 新增的实用功能如下。

一、实时协作

Excel 2016 新增了实时协作功能,让多人可以在同一份 Excel 文档上实时协作。用户可以通过云端服务将文档上传至 OneDrive,从而方便地与他人分享和编辑。编辑过程中,可以看到其他人的更改,也可以进行其他用户当前正在进行的操作。

二、自动填充

自动填充功能能够让 Excel 用户快速填充一列或多列数据。在底下一行填入一些数据后,使用自动填充功能,Excel 将会根据已填写的数据规则来填充下一行或多行的数据。这个功能不仅让日常表格录入、数据整理更加高效、便捷,也是绘制图表必不可缺的工具。

三、可视化差异

在 Excel 2016 中,数据比较的工具做出了新的改进,可以快速了解两个不同版本的 Excel 文件之间的差异。利用可视化差异工具,用户可以将两个工作表上的数据项进行比较,并方便地查看数据的区别与相似之处。

四、快速分析

Excel 2016 新增的快速分析功能,可以通过右键菜单打开,用户可以在数据表格中方便、快捷地进行一系列应用于数据的操作,如条件格式、图表绘制、数据筛选等,从而快速得到表格中的有价值信息。这个功能的优势主要体现在大数据分析过程中的数据挖掘与可视化处理,有力地推动了 Excel 为大数据时代服务这一目标。

五、Flash Fill

Flash Fill 是 Excel 2016 新增的一个非常实用的功能。用户在编辑工作表时，通过输入一些数据，Excel 便可根据数据中的一些可识别的模式推断出应该填写的内容，省去了大量手动填写的时间和工作量，也降低了犯错的风险。

六、自动图表

自动图表功能可以自动生成基于数据来源的图表，只需要少量的设置与调整，就可以得到各种类型的图表，包括柱形图、折线图、散点图、面积图等。这个功能不仅省去了手动制作图表的复杂操作，也是一种数据可视化的手段，让数据分析变得更加简单。

七、新的图表类型

Excel 2016 中的新图表类型，除了一些现在相对常见、易用的图表类型之外，还特别推出了一些全新的图表类型，比如树形图、盒形图、漏斗图等，兼顾了数据的清晰表达与高阶的传达方式。这些新的图表类型比原先的表格数据更具可视化的效果，并且在图表中，数据的内容也会得到进一步的展示。

八、新的函数

Excel 2016 中新增了一些函数，比如 IFS 函数、CONCAT 函数、TEXTJOIN 函数等。IFS 函数可以根据逻辑值来进行多条件判断，并返回结果；CONCAT 函数可以将所选范围中的文本值连接起来；TEXTJOIN 函数可以实现更灵活的字符串拼接功能。

九、快速访问工具栏

快速访问工具栏是 Excel 2016 中一个非常方便的功能。在工具栏上，用户可以根据自己的需求快速添加各种命令、键入的功能，从而快速访问相关的操作，让 Excel 的操作更加方便与迅速。

Excel 2016 独具的实用功能，不仅让表格数据处理与数据分析变得更加简单、可靠与高效，还让数据的可视化处理更显优势。

教学目标

- ◆ 熟悉 Excel 2016 的操作界面。
- ◆ 掌握工作簿和工作表的基本操作。
- ◆ 掌握数据的录入方法。
- ◆ 掌握行和列及单元格的操作。
- ◆ 掌握公式及函数的使用方法。
- ◆ 掌握数据管理的基本方法。
- ◆ 掌握图表的创建及编辑方法。
- ◆ 掌握数据透视表的创建方法。

项目 1　创建学生成绩表

3.1.1　案例的提出

学生期末考试结束后,得到了各科考试成绩。接下来要使用 Excel 2016 对成绩进行录入、编辑及对成绩单进行美化。

3.1.2　解决方案

在期末考试结束后,每名任课教师都将自己学科的学生成绩录入使用 Excel 2016 设计的成绩单中,"计算机应用基础"课程的任课教师根据学生的考试成绩制作了学生成绩表。

① 创建一个工作簿文件,在工作表中创建正确的表格框架并依次录入数据。
② 对表中的数据进行编辑和美化。
③ 对表格的边框线及底纹进行编辑和美化。

3.1.3　相关知识点

1. 工作界面概述

Excel 2016 的工作界面主要由快速访问工具栏、标题栏、功能区、列标识、行标识、名称框、编辑栏、工作表编辑区、滚动条、工作表标签、状态栏组成,如图 3-1 所示。各区域功能介绍如下。

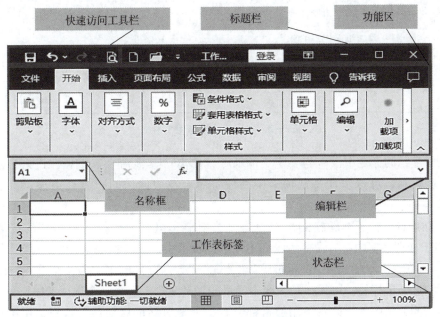

图 3-1　Excel 2016 的工作界面

（1）标题栏。位于窗口的最上方，由快速访问工具栏、工作簿名称和控制按钮等组成。快速访问工具栏是一个可自定义的工具栏，包含一组用户使用频率较高的工具，如"保存""撤销"和"恢复"等。为方便用户快速执行常用命令，将功能区上选项卡中的一个或几个命令在此区域独立显示，以减少在功能区查找命令的时间，提高工作效率。如需自定义快速访问工具栏，可单击"快速访问工具栏"右侧界面中的下拉按钮，在展开的列表中选择要在其中显示或隐藏的工具按钮，如图3-2所示。

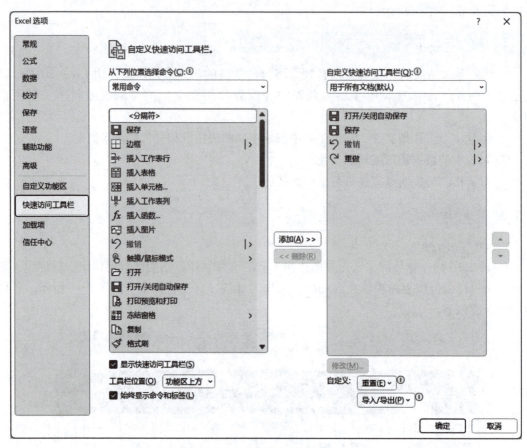

图3-2 自定义快速访问工具栏

如果所显示的命令中没有需要定义的命令，单击"其他命令"按钮，进入自定义快速访问工具栏窗口，可选中任一选项卡中的任一命令在快速访问工具栏中显示，如图3-3所示。

（2）功能区。位于标题栏的下方，是由选项卡和组合命令按钮等组成的区域。Excel 2016将用于处理数据的所有命令组织在不同的选项卡中。通常情况下，Excel工作界面中会有"文件""开始""插入""页面布局""公式""数据""审阅"及"视图"8个选项卡。单击不同的选项卡标签，可切换功能区中显示的工具命令。在每一个选项卡中，命令又被分类放置在不同的组中。组的右下角通常都会有一个"对话框启动器"按钮，用于打开与该组命令相关的对话框，以便用户对要进行的操作做更进一步的设置。

显示或隐藏功能区主要有4种方法：

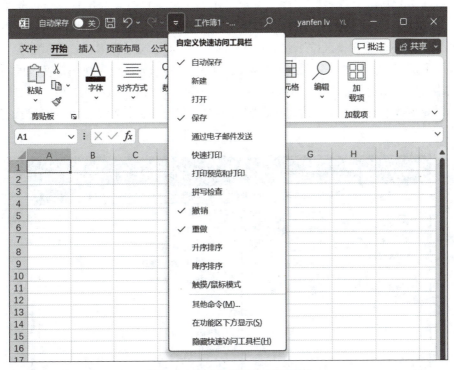

图 3-3　自定义快速访问工具栏

方法 1：单击功能区右下角的"折叠功能区"按钮，即可将功能区隐藏起来。

方法 2：单击功能区右上方的"功能区显示选项"按钮，在弹出的菜单中选择"显示选项卡"，可将功能区隐藏；选择"显示选项卡和命令"选项，即可将功能区显示出来。

方法 3：将鼠标指针放在任一选项卡上，双击，即可隐藏或显示功能区。

方法 4：按 Ctrl+F1 组合键，可隐藏或显示功能区。

（3）名称框。显示当前活动对象的名称信息，包括单元格列标和行号、图表名称、表格名称等。名称框也可用于定位到目标单元格或其他类型对象。在名称框中输入单元格的列标和行号，即可定位到相应的单元格。例如：当单击 A3 单元格时，名称框中显示的是"A3"；当在名称框中输入"A3"时，则光标定位到 A3 单元格。

（4）编辑栏。主要用于输入和修改活动单元格中的数据。当在工作表的某个单元格中输入数据时，编辑栏会同步显示输入的内容。

（5）工作表编辑区。用于显示或编辑工作表中的数据。它包括行号与列标、单元格地址和工作表标签等。

工作表中的行号用数字表示，列标用大写英文字母表示，每一个行号和列标的交叉点就是一个单元格，列标和行号组成的地址就是单元格的名称。

工作表标签显示工作表的名称，默认情况下，每个新建的工作簿中只有 1 个工作表，单击工作表标签即可切换到相应的工作表中。

（6）状态栏。状态栏位于窗口的最下方，主要用于显示当前工作簿的状态信息。状态栏左侧用于显示当前工作区的状态，包括公式计算进度、选中区域的汇总值、平均值等。默认情况下，状态栏显示"就绪"字样，表示工作表正准备接收新的信息。在单元格中输入数据时，状态栏会显示"输入"字样；当对单元格的内容进行编辑和修改时，状态栏会显示"编辑"字样。视图切换区位于状态栏的右侧，用来切换工作簿视图方式，由"普通"按钮、"页面布局"按钮和"分页预览"按钮组成。比例缩放区位于视图切换区的右侧，用来设置表格区的显示比例。

如果需要更改状态栏显示内容，可以将光标放在状态栏上，右击，可自定义状态栏，如图 3-4 所示。

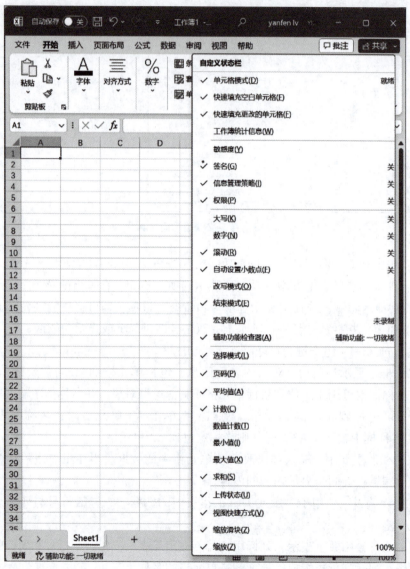

图 3-4　自定义状态栏

（7）后台视图。

在 Excel 2016 中单击功能区左上角的"文件"选项卡，可进入后台视图界面，可以完成工作簿的新建、打开、保存、另存、打印、共享和关闭等工作。

2. 工作簿、工作表和单元格

1) 工作簿

一个 Excel 文件就是一个工作簿。工作簿是处理和存储数据的文件，默认的扩展名为".xlsx"。每次启动 Excel 2016 后，单击右边区域中的"空白工作簿"选项，Excel 程序会自动创建一个空白工作簿，其默认名称是"工作簿 X"（X 为 1，2，3，…，n）。

可以将新建的工作簿保存并对已保存的工作簿进行保护和共享操作。

（1）保护工作簿。

保护工作簿可以保护工作簿中的所有工作表，防止别人随意更改与编辑，或恢复被损坏的工作簿。方法有多种，如加密工作簿、保护工作簿的结构、自动保存和恢复工作簿等。

① 加密工作簿。

当用户的工作簿数据很重要，且机密性很高，用户不希望工作簿被传阅或更改时，可对工作簿设置一个密码，以防止工作簿中的内容被随意泄露。加密工作簿的具体操作如下：

步骤 1：打开要加密的工作簿，单击"文件"→"信息"，然后单击右侧面板中的"保护工作簿"，在弹出的下拉菜单中单击"用密码进行加密"选项。

步骤 2：在弹出的"加密文档"对话框中的密码文本框中输入文档的密码 123456，然后单击"确定"按钮。

步骤 3：弹出"确认密码"对话框后，在"重新输入密码"文本框中输入密码 123456，然后单击"确定"按钮。

步骤 4：经过以上操作后，即可在"保护工作簿"按钮右侧看到需要密码才能打开此工作簿的提示。

步骤 5：重新打开工作簿时，将会弹出"密码"对话框，只有输入了正确的密码，然后单击"确定"按钮才能打开工作簿。

② 保护工作簿的结构。

对工作簿进行结构保护后，可以防止其他用户对工作簿的结构做任何更改。已经进行了结构保护的工作簿，将不能在工作簿中进行插入与删除工作表的操作。保护工作表的具体操作如下。

步骤 1：打开工作簿，单击"审阅"选项卡"保护"组中的"保护工作簿"按钮。

步骤 2：在弹出的"保护结构和窗口"对话框中勾选"结构"复选框，在密码文本框中输入密码 123456，然后单击"确定"按钮。

步骤 3：此时弹出"确认密码"对话框，在"重新输入密码"文本框中再次输入密码 123456，单击"确定"按钮。

步骤 4：经过以上操作，返回工作簿中，右击工作表标签，即可发现弹出的快捷菜单中的关于更改工作簿结构的命令均不能使用。

（2）共享工作簿。

共享工作簿是指创建可以多人同时打开或编辑的工作簿，它被放置在网络的服务器或电脑中，允许多人同时读写一个工作簿。在共享工作簿时，首先需要创建共享工作簿，然后对其进行保护，最后可取消共享，使它变成普通的工作簿。创建共享工作簿的步骤如下。

步骤 1：打开工作簿，单击"审阅"选项卡中的"保护并共享工作簿"按钮。

步骤2：在弹出的"保护共享工作簿"对话框中勾选"以跟踪修订方式共享"复选框。

步骤3：在弹出的提示对话框中单击"确定"按钮。

经过以上操作，返回工作表中，在工作表中即可看到工作簿的名称后显示"共享"字样。

（3）取消共享工作簿。

当不再需要继续共享工作簿时，可以取消共享工作簿，使他人不能随意更改工作簿的内容。打开工作簿，单击"审阅"选项卡下"保护"组中的"取消共享工作簿"按钮，即可看到工作簿名称中的"共享"字样已经被取消了。

2）工作表

在 Excel 工作簿中，工作表是用于输入和组织数据的表格，在工作簿窗口中由行和列构成。在 Excel 2016 中，每个工作簿默认只有一个工作表，以"Sheet1"命名，用户可以根据需要添加或删除以及重命名工作表。一个工作簿最多可以有 255 张工作表。工作表可以存储不同类型的数据，因此，用户可以在一个工作簿文件中管理多种类型的数据。工作表主要由单元格、行号、列标和工作表标签等组成。行号显示在工作簿窗口的左侧，依次用数字 1、2、…、1 048 576 表示；列标显示在工作簿窗口的上方，依次用字母 A、B、…、XFD 表示。

3）单元格

单元格是 Excel 工作簿的最小组成单位，所有的数据都存储在单元格中。工作表编辑区中每一行和每一列交叉得到的小格就是一个单元格，每一个单元格都可用其所在的列标和行号命名，如 A1 单元格表示位于第 A 列第 1 行的单元格。

如果要将某个单元格重新命名，可以采用下面两种方法：

方法 1：用鼠标单击某单元格，在工作表的左上角就会看到它当前的名字，再用鼠标选中名字，就可以输入一个新的名字。

方法 2：选中要命名的单元格，右击，在打开的快捷菜单中选择"定义名称"命令，打开"新建名称"对话框。在"名称"框里输入新的名字，单击"确定"按钮即可。在给单元格命名时，需要注意的是，名称的第一个字符必须是字母或汉字，它最多可包含 255 个字符，可以包含大、小写字符，但是名称中不能有空格，并且不能与单元格引用相同。

3. 工作表的操作

（1）工作表的选择。单击工作表标签，就可以选中该工作表，用户选中的工作表或用户正在编辑的工作表称为活动工作表。按住 Shift 键不放，单击工作表标签，可以选定连续的工作表；按住 Ctrl 键不放，单击多个工作表标签，可以选定多个不连续的工作表。

（2）工作表的复制与移动。

① 使用快捷菜单方式。右击要复制或移动的工作表标签，在弹出的快捷菜单中执行"移动或复制"命令，弹出"移动或复制工作表"对话框，在对话框中选择目标工作簿和位置。如需复制工作表，需要选中"建立副本"复选框。

② 拖动工作表方式。拖动工作表标签到目标位置并松开鼠标，可以快速移动工作表；按住 Ctrl 键拖动工作表标签到目标位置，可以快速复制工作表。

（3）插入工作表。一个工作簿中可以有多个工作表，如果说工作簿是一本书，那么工作表就相当于这本书中的一页纸。要在某张工作表之前插入一张新的工作表，需要先选定这张工作表，然后单击"开始"→"单元格"→"插入"下拉按钮，在弹出的下拉列表中选择"插入工作表"命令，即可在当前工作表之前插入新工作表，新工作表的名字以 Sheet 开头。

（4）重命名工作表。选择目标工作表标签，右击，在弹出的快捷菜单中选择"重命名"命令，或者双击工作表标签，都可以重命名工作表。

（5）删除工作表。选定工作表后，单击"开始"→"单元格"→"删除"下拉按钮，选择"删除工作表"命令，即可删除当前选定的工作表。

4. 行、列及单元格操作

1）行、列及单元格的选择

选择行、列及单元格是对行、列及单元格进行编辑的前提。选择操作包括选择一行、一列或一个单元格，选择多行、多列或多个单元格及选择全部单元格等几种情况。

（1）选择一行、一列或一个单元格，只要单击工作表中任意行的行号、列标或一个单元格，即可将其选中。

（2）选择多行、多列或多个单元格。可分为选择连续的多个行号、多个列标或多个单元格和选择不连续的多个行号、多个列标或多个单元格，具体操作方法如下。

要选择连续的多行、多列，单击要选择的第一行或第一列，按住鼠标左键不放并拖动至最后一行或一列即可；要选择连续的多个单元格，单击要选择单元格区域左上角的单元格，按住鼠标左键不放并拖动至单元格区域右下角的单元格，释放鼠标即可选择单元格区域。

要选择不连续的多行、多列或多个单元格，先单击第一个要选择的行号、列标或单元格，再按住 Ctrl 键，依次单击其他要选择的行号、列标或单元格，完成后松开 Ctrl 键，即可选择不连续的多行、多列或多个单元格。

（3）选择全部单元格。单击工作表左上角行号和列标交叉处的"全选"按钮，即可选择工作表的全部单元格。

2）行、列及单元格的插入

插入行。要在工作表的某单元格上方插入一行，可选中该单元格，单击"开始"→"单元格"→"插入"下拉按钮，在弹出的下拉列表中选择"插入工作表行"命令，即可在当前位置上方插入一个空行，原有的行自动下移。

插入列。同样，要在工作表的某个单元格左侧插入一列，只需选中该单元格，单击"开始"→"单元格"→"插入"下拉按钮，在弹出的下拉列表中选择"插入工作表列"命令，此时原有的列自动右移。

插入单元格。要插入单元格，可选中要插入单元格的位置，然后单击"开始"→"单元格"→"插入"下拉按钮，在下拉列表中选择"插入单元格"命令，弹出"插入"对话框，选择原单元格的移动方向，例如选中"活动单元格下移"命令，再单击"确定"按钮即可。

3）行、列及单元格的删除

删除行或列。只需选中要删除的行或列所包含的任意单元格，然后选择"开始"→"单元格"→"删除"下拉按钮，在弹出的下拉列表中选择"删除工作表行"或"删除工作表列"命令，即可删除插入点所在行或列。如果同时选中多个单元格，则可同时删除多行或多列。

删除单元格。选中要删除的单元格或单元格区域，然后选择"开始"→"单元格"→

"删除"下拉按钮,在弹出的下拉列表中选择"删除单元格"命令。在打开的"删除"对话框中可选择由哪个方向的单元格补充空出来的位置,如选中"下方单元格上移"命令,再单击"确定"按钮。

5. 数据类型及数据输入

在 Excel 2016 中可以输入多种类型的数据,包括数值型数据、文本型数据、日期型数据与时间型数据等。

1)数值型数据

数值型数据是指包括 0、1、2、…,以及正号(+)、负号(-)、小数点(.)、分号(;)、百分号(%)等在内的数据,这类数据能以整数、小数、分数、百分数以及科学记数形式输入单元格中。输入数值型数据时,要注意以下事项。

(1)输入分数时,如 3/5,应先输入"0"和一个空格,然后输入"3/5",否则,系统会将该数据作为日期处理。

(2)输入负数时,可分别用"-"或"( )"来表示。例如,-8 可以用"-8"或"(8)"来表示。如果输入的数字整数部分长度超过 11 位,系统自动会将数字转换成科学记数法来表示,如 116728469554,在单元格中显示为 1.16728E+11。

2)文本型数据

文本包括汉字、英文字母、数字、空格以及其他键盘能输入的符号,可在一个单元格中输入最多 32 000 个字符。输入的文本型数据默认左对齐。

输入文本型数据时,只要将单元格选中,直接在其中输入文本,按 Enter 键即可。如果用户输入的文本内容超过单元格的列宽,则该数据就要占用相邻的单元格。

如果相邻的单元格中有数据,则该单元格中的内容就会截断显示。

3)日期型数据

日期也是数字,但它们有特定的格式,输入时必须按照特定的格式才能正确输入。输入日期时,以斜线"/"或分隔符"-"来分隔年、月、日,如 2023-7-26 或者 2023/7/26。还可以通过组合键来输入日期,按 Ctrl+;组合键,可输入当前日期。

4)时间型数据

输入时间时,小时、分、秒之间用冒号分开,如 10:30:25。如果输入时间后不输入 AM 或 PM,Excel 会认为使用的是 24 小时制,并且输入时要在时间和 AM/PM 标记之间输入一个空格。如果用户要输入当前的时间,按 Ctrl+Shift+;组合键即可。

6. 快速输入数据

在制作电子表格时,通常要在其中输入批量数据。如果一个一个地输入,将十分麻烦且浪费时间,因此,用户可采取特定的方法来输入大批量的数据,以提高工作效率。

1)输入相同数据

如果要批量输入相同数据,可按照以下操作步骤进行。

步骤 1:选中一个单元格区域。

步骤 2:输入初始数据。

步骤 3:按 Ctrl+Enter 组合键即可。

2)输入可扩充数据序列

Excel 2016 中提供了一些可扩展序列,相邻单元格中的数值将按序列递增的方法进行填充,具体操作步骤如下。

步骤1:在某个单元格中输入数值序列的初始值。

步骤2:按住 Ctrl 键的同时,用鼠标指针单击该单元格右下角的填充柄,并沿着水平方向或垂直方向进行拖动。

步骤3:到达目标位置后释放鼠标左键,被鼠标拖过的区域将会自动按递增的方式进行填充。

3)输入等差序列

等差序列是指单元格中相邻数据之间差值相等的数据序列。在 Excel 2016 中,输入等差序列的具体操作步骤如下。

步骤1:在两个单元格中输入等差序列的前两个数。

步骤2:选中包括这两个数在内的单元格区域。

步骤3:沿着水平方向或垂直方向拖动其右下角的填充柄,到达目标位置后释放鼠标左键,被鼠标拖过的区域将会按照前两个数的差值自动进行填充。

4)输入等比序列

等比序列是指单元格中相邻数据之间比值相等的数据序列。在 Excel 2016 中,输入等比序列的具体操作步骤如下。

步骤1:在单元格中输入等比序列的初始值。

步骤2:单击"开始"→"编辑"→"填充",选择"序列"命令,弹出"序列"对话框。

步骤3:在"序列产生在"选项区中选择序列产生的位置;在"类型"选项区中选中"等比序列"单选按钮;在"步长值:"文本框中输入等比序列的步长;在"终止值"文本框中输入等比序列的终止值。

步骤4:设置完成后,单击"确定"按钮即可。

7. 单元格格式设置

1)设置数据格式

对于不同类型的数据,Excel 提供了多套格式方案供用户选择使用。Excel 提供了12种类型的数字格式可供设置,用户可在"开始"→"数字"→"数字格式"列表中选择需要设置的数字类型后再进行设置。"常规"类型为默认的数字格式,数字以整数、小数或者科学记数法的形式显示;"数字"类型的数字可以设置小数点位数、添加千位分隔符以及设置如何显示负数;"货币"类型和"会计专用"类型的数字可以设置小数位、选择货币符号以及设置如何显示负数。

虽然 Excel 预设了大量数据格式供用户选择使用,但对于一些特殊场合的要求,则需要用户对数据格式进行自定义。在 Excel 中,可以通过使用内置代码组成的规则来实现显示任意格式数字。

2)对齐方式

Excel 中,在对齐单元格内容时,字符一般用到居中对齐,数字金额一般右对齐,灵活运用对齐方式可以让表格更工整、更整洁。在 Excel 中,有以下几种对齐方式。

(1)左对齐(默认):文本或数字在单元格中左对齐。

(2)右对齐:文本或数字在单元格中右对齐。

（3）居中对齐：文本或数字在单元格中居中对齐。

（4）顶部对齐：文本或数字在单元格中顶部对齐。

（5）底部对齐：文本或数字在单元格中底部对齐。

（6）垂直对齐：用于多行文本，可以选择将文本在单元格中垂直居中对齐、顶部对齐或底部对齐。

这些对齐方式可以通过 Excel 的格式设置功能进行调整。

3）边框和底纹

在 Excel 中，网格线在打印时是无法显示的，所以，当用户需要创建有框线的表格时，即可对单元格或单元格区域设置边框格式，根据需要选择"线条"的样式，并决定内外部边框的设置。另外，为了避免单元格或单元格区域的单调性，可以通过使用纯色或特定图案填充为单元格添加底纹。

3.1.4 项目工单及评分标准

工单编号：

姓　　名		学　　号			
班　　级		总　　分			
项 目 工 单			评分标准		
			评分依据	分值	得分
【任务1】创建"学生期末成绩单"工作簿，录入计算机应用基础学科的成绩，包括"学号""姓名""性别""组别""平时""期末"列，并将工作表重命名为"计算机应用基础"。			文件建立与保存	10	
【任务2】打开"学生期末成绩单"工作簿，在"计算机应用基础"工作表中录入各列的具体信息，如样图所示。			信息输入	10	

"计算机应用基础"工作表中的内容

续表

项 目 工 单	评分标准		得分
	评分依据	分值	
【任务3】复制"计算机应用基础"工作表,并将工作表重命名为"计算机应用基础成绩单"。在第一行前插入三行,删除"性别"和"组别"列,并在最后一列增加"总评"列。	工作表重命名	6	
	删除列	6	
	插入列	3	
【任务4】在"计算机应用基础成绩单"工作表的A1单元格中输入"学生成绩报告单",在A2单元格中输入"班级:",在D2单元格中输入"任课教师:",在A3单元格中输入"课程:",在D3单元格中输入"学年　第　学期"。	输入文本	10	
【任务5】将"计算机应用基础成绩单"工作表的A1:E1单元格区域合并,表格标题"学生成绩报告单"和表头内容居中显示。标题设为黑体、14磅、加粗,其余数据设置为宋体、12磅。	合并单元格	5	
	对齐方式设置	5	
	字符格式设置	10	
【任务6】将"计算机应用基础成绩单"工作表的标题行和表头行的行高都设置为23磅,列宽设置值为:A列9.25,B列9,C~E列8.5。	行高设置	6	
	列宽设置	6	
【任务7】设置表格边框线为"单实线较细线条""黑色";表头行设置背景填充色为"白色,背景1,深色15%"。	边框设置	10	
	底纹设置	5	
【任务8】设置以红色文本突出显示期末成绩不及格的数据。	条件格式设置	8	

3.1.5 实现方法

1. 新建并保存工作簿

【任务1】创建"学生期末成绩单"工作簿,录入计算机应用基础学科的成绩,包括"学号""姓名""性别""组别""平时""期末"列,并将工作表重命名为"计算机应用基础"。

操作步骤:

① 创建工作簿。启动Excel 2016后,单击右边模板区域中的"空白工作簿"选项,程序会自动创建一个空白工作簿。默认情况下,Excel 2016为每个新建的工作簿创建了1张工作表,其标签名称为Sheet1。新建工作表后,如果增加工作表,Excel会自动按Sheet2、Sheet3、Sheet4、…的默认顺序为新工作表命名。

视频 3.1 任务 1

② 保存工作簿。单击"文件"选项卡,在打开的界面中选择"保存",单击"浏览"

按钮,在打开的"另存为"对话框中,选择工作簿的保存位置,在"文件名"框中输入工作簿名称"学生期末成绩单",单击"保存"按钮。

③ 创建表头。确定要创建的数据内容后,在第一行输入列标题或标签。例如,在 Sheet1 工作表的 A1:F1 单元格区域中,依次录入"学号""姓名""性别""组别""平时""期末"等。

④ 重命名工作表名称。双击工作表名"Sheet1",输入"计算机应用基础"并按 Enter 键确认。

2. 输入表格数据

【任务2】打开"学生期末成绩单"工作簿,在"计算机应用基础"工作表中录入各列的具体信息,如样图所示。

在表头下方的行中,输入相应的数据。每个单元格中可以输入文本、数字、日期或其他类型的信息。确保每个数据与其所属的表头对应,这样有助于数据的整齐和清晰。

视频 3.1 任务 2

操作步骤:

① 录入"学号"列数据。单击 A2 单元格,在"开始"→"数字"选项组中的"数字格式"下拉框中选择"文本"类型。输入"20150101",按 Enter 键确认。单击 A2 单元格,使其处于选中状态,将鼠标指针移至单元格右下角的矩形填充柄,鼠标指针变为实心"+",此时按住鼠标左键向下拖动,学号被自动填充。

② 录入"姓名"列数据。单击 B2 单元格,输入"毕中伟",直接按方向键↓或 Enter 键,在 B3 单元格中输入"陈虹霏"。按此方法依次完成后续姓名的输入。用同样的方法录入其他各列的数据。

> **知识拓展**
>
> 如果输入学号、身份证、邮编、电话号码等无须计算的数字串,在数字串前面加一个"'"(英文输入法状态下的单引号),Excel 按文本数据处理。另外,也可以在"开始"→"数字"选项组中的"数字格式"下拉框中选择"文本"类型。

【任务3】复制"计算机应用基础"工作表,并将工作表重命名为"计算机应用基础成绩单"。在第一行前插入三行,删除"性别"和"组别"列,并在最后一列增加"总评"列。

操作步骤:

① 按住 Ctrl 键,直接拖动"计算机应用基础"工作表标签至所需位置,即可实现复制工作表。双击要改名的工作表标签,然后输入"计算机应用基础成绩单",并按 Enter 键即可。

视频 3.1 任务 3

② 打开"计算机应用基础成绩单"工作表,选中前三行,单击"开始"→"单元格"→"插入"下拉按钮,选择"插入工作表行"命令,即可在该行的上方插入三整行。

③ 选中"性别"和"组别"所在区域 C4:D24,右击,从弹出的快捷菜单中选择"删

除"→"右侧单元格左移"命令，即可删除所选列。

④ 在 E4 单元格中输入"总评"，即可增加一列。

> **知识拓展**
>
> 表格中有时会存在很多不相邻的空白行，如果想要删除这些不相邻的空白行，手动删除会非常浪费时间，可以先对空白格进行筛选。首先，选择想要检查的单元格区域。接着，按 Ctrl+G 组合键，打开"定位"对话框，单击左下角的"定位条件"按钮，在打开的"定位条件"对话框中选择"空值"，单击"确定"按钮。这样，空白单元行就会被选中。此时，右击，选择"删除"，再选择"整行"，单击"确定"按钮。

【任务4】在"计算机应用基础成绩单"工作表的 A1 单元格中输入"学生成绩报告单"，在 A2 单元格中输入"班级："，在 D2 单元格中输入"任课教师："，在 A3 单元格中输入"课程："，在 D3 单元格中输入"学年　第　学期"。

操作步骤：

选中 A1 单元格，输入"学生成绩报告单"，选中 A2 单元格，输入"班级："，选中 D2 单元格，输入"任课教师："，选中 A3 单元格，输入"课程："，选中 D3 单元格，输入"学年　第　学期"。

视频 3.1 任务 4

3. 设置单元格格式

Excel 2016 提供了许多格式化选项，可帮助美化表格和突出显示重要数据。可以通过修改字体样式、颜色来对数据进行格式设置。

【任务5】将"计算机应用基础成绩单"工作表的 A1:E1 单元格区域合并，表格标题"学生成绩报告单"和表头内容居中显示。标题设为黑体、14 磅、加粗，其余数据设置为宋体、12 磅。

操作步骤：

① 选中 A1:E1 单元格区域，单击"开始"→"对齐方式"→"合并后居中"按钮。

② 选中标题行（A1 单元格）和表头行（A4:E4 单元格区域），单击"开始"→"对齐方式"→"居中"按钮。

视频 3.1 任务 5

③ 选中 A1 单元格，单击"开始"→"字体"→"字体"下拉按钮，在下拉列表中选择"黑体"，在"字号"下拉列表中选择"14"，单击"加粗"按钮。按照同样的方法，根据任务要求设置其他单元格的字符格式。

> **知识拓展**
>
> 在 Excel 中只能对合并后的单元格进行拆分，选中已合并的单元格，在"开始"选项卡的"对齐方式"选项组中单击"合并后居中"按钮即可。

4. 设置行高与列宽

默认状态下，单元格的行高和列宽是固定的，但是当因单元格中的数据太多而不能完将其显示时，需要调整单元格的行高或列宽。

（1）使用鼠标拖动设置行高与列宽。在选定要调整的行后，在行号位置处用鼠标拖动调整任意一个选定的行的高度，拖动鼠标的同时，可以显示当前行高的具体值。同理，可以完成列宽的调整。

（2）使用功能选项卡设置行高与列宽。在选定要调整的行后，单击"开始"→"单元格"→"格式"下拉按钮，在下拉列表中选择"行高"选项，打开"行高"对话框，输入数值，然后单击"确定"按钮即可。使用同样方法选定要调整的列后，单击"开始"→"单元格"→"格式"下拉按钮，在下拉列表中选择"列宽"选项，打开"列宽"对话框，输入数值，然后单击"确定"按钮即可。

（3）设置最适合的行高与列宽。设置最适合的行高与列宽是指根据行内数据的宽度或高度自动调整行的高度或列的宽度。选中要调整的行后，单击"开始"→"单元格"→"格式"按钮，在弹出的下拉列表中选择"自动调整行高"选项或者将鼠标指针停放在行号中两行的边界处，当鼠标指针变成上下方向的黑箭头时双击，即可将行高设置为最适合的。同理，在下拉列表中选择"自动调整列宽"选项或者将鼠标指针停放在列标中两列的边界处，当鼠标指针变成左右方向的黑箭头时，双击即可将列宽设置为最适合的。

【任务6】将"计算机应用基础成绩单"工作表的标题行和表头行的行高都设置为23磅，列宽设置值为：A列9.25，B列9，C~E列8.5。

操作步骤：

① 先选中标题行，按住Ctrl键的同时选中表头行，单击"开始"→"单元格"→"格式"下拉按钮，在下拉列表中选择"行高"选项，打开"行高"对话框，输入"23"，单击"确定"按钮即可。

视频3.1 任务6

② 选中A列，单击"开始"→"单元格"→"格式"下拉按钮，在下拉列表中选择"列宽"选项，打开"列宽"对话框，输入"9.25"，单击"确定"按钮即可。其余各列采用同样的方法设置。

> **知识拓展**
>
> 如果想要快速选定不连续的单元格，按Shift+F8组合键，激活"添加选定"模式，此时工作表下方的状态栏中会显示"添加或删除所选内容"字样，之后分别单击不连续的单元格或单元格区域即可选定，而不必按住Ctrl键不放。

【任务7】设置表格边框线为"单实线较细线条""黑色"；表头行设置背景填充色为"白色，背景1，深色15%"。

操作步骤：

① 选中A4:E39单元格区域，单击"开始"→"单元格"→"格式"下拉按钮，打开"设置单元格格式"对话框，单击"边框"选项卡。

② 选择"直线"→"样式"列表框中左边第六根线条，单击"预置"区域中的"外边框"和"内部"按钮，然后单击"确定"按钮。

视频3.1 任务7

③ 选中 A4:E4 单元格区域，单击"开始"→"字体"→"填充颜色"下拉按钮，在下拉列表中选择"白色，背景1，深色15%"。

5. 设置条件格式

【任务8】设置以红色文本突出显示期末成绩不及格的数据。

设置条件格式，将不满足或满足条件的数据单独显示出来，其具体操作如下。

视频 3.1 任务 8

操作步骤：

① 选中 D5:D24 单元格区域，单击"开始"→"样式"→"条件格式"下拉按钮，在弹出的下拉列表中选择"突出显示单元格规则"→"小于"命令，打开"小于"对话框，如图 3-5 所示。

图 3-5 "小于"对话框

② 在"为小于以下值的单元格设置格式："文本框中输入"60"，在"设置为"下拉列表中选择"红色文本"，单击"确定"按钮。此时，满足条件的数据会自动套用红色文本。设置格式后的数据样式如图 3-6 所示。

	A	B	C	D	E
1	学生成绩报告单				
2	班级：			任课教师：	
3	课程：			学年 第 学期	
4	学号	姓名	平时	期末	总评
5	20150101	毕中伟	78	81	79.8
6	20150102	陈虹霏	82	84	83.2
7	20150103	陈雅楠	64	75	70.6
8	20150104	高 鸽	88	78	82
9	20150105	郭明星	86	87	86.6
10	20150106	韩 梅	91	92	91.6
11	20150107	焦 月	75	82	79.2
12	20150108	兰 钰	68	55	60.2
13	20150109	李昊儒	76	73	74.2
14	20150110	刘 爽	84	91	88.2
15	20150111	刘春茹	81	88	85.2
16	20150112	刘栋玉	80	85	83
17	20150113	刘跃萍	93	95	94.2
18	20150114	吕昕燃	75	79	77.4
19	20150115	孟 悦	89	90	89.6
20	20150116	穆 晨	73	81	77.8
21	20150117	彭 飞	87	89	88.2
22	20150118	秦 爽	50	58	54.8
23	20150119	施 莹	82	85	83.8
24	20150120	孙 悦	77	82	80

图 3-6 期末成绩不及格的数据

知识拓展

那么如何清除数据条件格式呢?首先选中应用了条件格式的数据区域。

清除条件格式方法1:

单击"开始"→"样式"→"条件格式"→"清除规则"→"清除所选单元格的规则"命令即可。

清除条件格式方法2:

单击"开始"→"条件格式"→"管理规则"命令,打开"条件格式规则管理器"对话框,选中规则区域中应用的规则,然后单击"删除规则"按钮。删除后,删除操作变成灰色,单击"确定"按钮即可清除数据条件格式。

项目 2 学生成绩表的数据计算

3.2.1 案例的提出

使用 Excel 2016 的公式和函数对学生总成绩及各科成绩进行日常计算和分析。包括计算每个学生的总分、平均分、等级、名次以及各门课程的最高分、最低分、及格人数、及格率等。

3.2.2 解决方案

① 收集各科成绩并汇总到一张工作表中。
② 计算学生的总分、平均分、等级、名次。
③ 计算各科成绩的最高分、最低分、及格人数、及格率。

3.2.3 相关知识点

1. 多表操作

多表操作是指在多个工作表之间对数据进行操作,包括数据的复制、删除、插入、移动、引用等。

2. 单元格引用

在数据处理的过程中,常常需要引用其他单元格中的数据。数据引用是通过单元格地址进行的。单元格的引用可以分为相对引用、绝对引用和混合引用。

(1) 相对引用。这种引用方式,地址会因为公式所在位置的变化而发生对应的变化。例如,某公式中引用 A5 单元格,当将该公式复制到其他单元格时,该公式的相对地址也会随之发生变化。

(2) 绝对引用。这种引用方式,地址不会因为公式所在位置的变化而发生变化,当将该公式复制到其他单元格时,该公式的地址不会发生变化,其引用方式是在单元格地址的列标、行号前都加上 $ 符号。例如,某公式中绝对引用了 A5 单元格,公式中引用的地址应该写成 "$A$5"。

(3) 混合引用。如果需要使用固定某列而变化某行,或是固定某行而变化某列的引用,可以采用混合引用,其表达方式为 "$A5" 或 "A$5"。

3. 运算符

在 Excel 中使用公式前,首先需要了解公式中的运算符和语法。

1) 运算符的类型

运算符包括算术运算符、比较运算符、文本运算符和引用运算符 4 种。

(1) 算术运算符可以完成基本的数字运算,如加、减、乘、除等,用于连接数字并产生数字结果。算术运算符包括 +(加)、-(减)、*(乘)、/(除)、%(百分比)、^(乘方)。

(2) 比较运算符用于比较两个数值或数值表达式,并返回逻辑值 True(真)或 False(假)。比较运算符包括 =(等于)、>(大于)、>=(大于等于)、<=(小于等于)、<>(不等于)。

(3) 文本运算符 "&" 可以将一个或多个文本连接为一个组合文本。例如，"AB" & "CD" 的计算结果为 ABCD。注意：在文本运算时，引用文本的双引号必须是英文状态下的双引号。

(4) 引用运算符可以将单元格区域合并计算。引用运算符包括冒号（:）、逗号（,）和空格。

冒号（:）是区域运算符，对两个引用在内的所有单元格进行引用。例如，A2:A7，引用了 A2 到 A7 的所有单元格。

逗号（,）是联合运算符，将多个引用合并为一个引用。例如，SUM(A2,B3)，表示对单元格 A2 和 B3 中的数值统一求和。

空格是交叉运算符，将两个单元格区域共同引用，与集合运算中的 "交" 运算相似。

2）运算符的优先级顺序

Excel 2016 运算符也有优先级，其优先级由高到低为：

第一优先级：冒号（:）、逗号（,）、空格。

第二优先级：负号（-）。

第三优先级：百分号（%）。

第四优先级：求幂（^）。

第五优先级：乘法（*）、除法（/）。

第六优先级：加法（+）、减法（-）。

第七优先级：&。

第八优先级：等于（=）、大于（>）、小于（<）、大于等于（>=）、小于等于（<=）、不等于（<>）。

使用括号可以改变运算符的优先顺序，表达式中括号的优先级最高。如果公式中包含多个优先级相同的运算符，则 Excel 2016 将从左向右计算。

4. 公式

Excel 2016 中的公式是对工作表中的数据进行计算的等式，它是以 "=" 开始的表达式。公式可以包含常量、变量、数值、运算符和单元格引用等。

1）输入公式

选定要输入公式的单元格，并在单元格中输入一个 "=" 号，在等号后面输入公式表达式，按 Enter 键在单元格中显示计算的结果，在编辑栏中显示输入的公式。

2）复制公式

具有相同运算规律的公式是可以进行复制的，Excel 会自动改变引用单元格的地址，以提高工作效率。用户可以通过拖动填充柄进行复制，也可以使用 "开始"→"剪贴板"→"复制" 及 "粘贴" 命令，或右击，进行复制粘贴。

5. 函数

在 Excel 中，四则运算、开方乘幂这样的计算只需用简单的公式来完成，而一旦借助了函数，则可以执行非常复杂的运算。函数是 Excel 内置的具备特定功能的公式。

功能实用的内置函数是 Excel 的一大特点，函数其实就是预先定义的，能够按一定规则进行计算的功能模块。在执行复杂计算时，只需要先选择正确的函数，然后为其指定参数，它就能快速返回结果。

函数的使用格式为：函数名（[参数]）。有些函数不需要参数，参数部分可为空。

3.2.4 项目工单及评分标准

工单编号：

姓　名		学　号			
班　级		总　分			
项目工单		评分标准			
		评分依据	分值	得分	
【任务1】打开"各科成绩"工作簿，依照样图，将"高等数学""大学英语""马列主义原理"三门课程成绩表添加到"学生期末成绩单"工作簿中。		跨工作簿复制工作表数据	5		
【任务2】打开"学生期末成绩单"工作簿，计算"计算机应用基础"课程的总评成绩（平时成绩占总评成绩的40%，期末成绩占总评成绩的60%）。		利用公式计算	5		
【任务3】在"学生期末成绩单"工作簿中新建如样图所示的"总成绩表"工作表。		增加数据	10		

"总成绩表"工作表

【任务4】将"高等数学""大学英语""马列主义原理""计算机应用基础"四门课程的"总评"成绩填写到"总成绩表"工作表中。	工作表间复制数据	5	
【任务5】在"总成绩表"工作表中计算学生的总分和平均分，按照总分为学生排出名次。	用SUM、AVERAGE、RANK函数计算	5	

续表

项目工单	评分标准		
	评分依据	分值	得分
【任务6-1】按"总成绩表"工作表中的总分计算等级列，总分在360分及以上为"优秀"，在360分以下为"合格"。	用IF函数计算	10	
【任务6-2】按四门单科成绩填写"入选资格"和"参评资格"列。如果四门单科成绩均在70分（含70）以上，就具备三好学生的入选资格，否则输入"/"；四门单科成绩中，只要有一门在90分（含90）以上，就具备优秀学生的参评资格，否则输入"待定"。	用IF函数计算	10	
	用AND函数计算	10	
【任务7】在"总成绩表"工作表中制作"成绩统计表"数据表，如样图所示。	增加数据	10	
	设置边框和底纹	5	
【任务8】计算各科成绩的最高分、最低分、总人数、及格人数、及格率（保留为整数）和每个小组各科成绩的平均分（保留一位小数）。	用MAX函数计算	5	
	用MIN函数计算	5	
	用COUNT函数计算	5	
	用COUNTIF函数计算	5	
	用AVERAGEIF函数计算	5	

"成绩统计表"数据表

3.2.5 实现方法

1. 多表间数据复制

【任务1】打开"各科成绩"工作簿，依照样图，将"高等数学""大学英语""马列主义原理"三门课程成绩表添加到"学生期末成绩单"工作簿中。

操作步骤：

① 打开"学生期末成绩单"工作簿文件。

② 打开"各科成绩"工作簿文件，其中包含"高等数学""大学英语""马列主义原理"三张工作表。

③ 在"各科成绩"工作簿文件中，右击"高等数学"工作表，在快捷

视频3.2 任务1

菜单中选择"移动或复制"命令，在打开的"移动或复制工作表"对话框中，单击"工作簿"的下拉列表，选择"学生期末成绩单.xlsx"，勾选"建立副本"选项，复制的工作表位置选择"（移至最后）"，其他保持默认，单击"确定"按钮，将高等数学的成绩添加到"学生期末成绩单"工作簿中。其他科的成绩按同样方法操作。

2. 使用公式计算学生成绩

【任务2】打开"学生期末成绩单"工作簿，计算"计算机应用基础"课程的总评成绩（平时成绩占总评成绩的40%，期末成绩占总评成绩的60%）。

操作步骤：

① 在"计算机应用基础成绩单"工作表的E5单元格中输入公式"=C5*0.4+D5*0.6"。

② 计算其余学生的总评成绩。选择E5单元格，将鼠标指针置于单元格右下角，当鼠标指针变为实心"✚"时，按住鼠标左键向下复制公式到E24单元格，完成其他学生总评成绩的计算。

【任务3】在"学生期末成绩单"工作簿中新建如样图所示的"总成绩表"工作表。

操作步骤：

① 打开"学生期末成绩单"工作簿，单击最后一个工作表标签后的"插入工作表"按钮，插入一张新的工作表，修改工作表名为"总成绩表"。

② 选中A1:M1单元格区域，单击"开始"→"对齐方式"→"合并后居中"按钮，输入标题"学生成绩单"，并将"高等数学"工作表的学号、姓名、组别列数据复制到"总成绩表"中，放置到以A2开始的单元格区域。

③ 在D2:M2单元格区域分别输入"高等数学""大学英语""马列主义原理""计算机应用基础""总分""平均分""名次""等级""入选资格"和"参评资格"。

④ 按样图所示设置表格边框线和单元格填充颜色。

【任务4】将"高等数学""大学英语""马列主义原理""计算机应用基础"四门课程的"总评"成绩填写到"总成绩表"工作表中。

操作步骤：

① 打开"高等数学"工作表，选择E3:E22单元格区域，右击，选择菜单中的"复制"命令。

② 打开"总成绩表"工作表，单击D3单元格，右击，选择菜单中的"粘贴选项"→"值"命令。其余科目成绩使用同样方法填写。

知识拓展

也可以使用公式来获得各科成绩，打开"总成绩表"工作表，单击D3单元格，输入"="，然后选择"高等数学"工作表，单击E3单元格，按Enter键确认。

3. 使用函数计算学生的总分、平均分、名次、等级、入选资格和参评资格

Excel 2016为用户提供了大量的函数，包括财务函数、日期与时间函数、数学与三角函数、统计函数、查找与引用函数、数据库函数和逻辑函数等。

下面仅介绍一些常用函数。

1) SUM 函数

SUM 函数是 Excel 中常用的函数之一，它的作用是按区域求和汇总。它的语法格式如下：SUM(number1,number2,…)。函数功能是返回参数列表中所有参数的和。参数可以是数值或数值类型的单元格的引用。

SUM 函数可以用于对一列或一行的数值进行求和。例如，在 A1~A10 单元格中输入数值，可以使用"=SUM(A1:A10)"求这些数值的总和。此外，SUM 函数也可以一次性求多个不同的列和行的总和。例如，在 B2~B10 单元格中输入数值，可以使用"=SUM(B2:B10)"计算这些数值的总和。总之，SUM 函数是一个非常实用的函数，可以帮助用户方便地计算和汇总数据。

2) AVERAGE 函数

AVERAGE 函数是 Excel 中常用的统计函数，用于计算平均值。它的语法格式如下：AVERAGE(number1,number2,…)。函数的功能是返回参数的算术平均值。参数可以是数值或数值类型的单元格的引用。如果参数包含文字逻辑值或空单元格，则调用时忽略这些值。AVERAGE 函数可以计算一列或一行数值的平均值，并可以一次性计算多列或多行的平均值。例如，如果 A3:A5 单元格区域的内容为 2、3、4，则公式"=AVERAGE(A3:A5)"的返回值为 3。

3) COUNT 函数

COUNT 函数统计区域中数字的个数，它的语法格式如下：COUNT(number1,number2,…)。函数功能是返回参数组中的数值型参数和包含数值的单元格的个数，参数的类型不限，非数值型参数将被忽略。

例如，B1、B2、B3 单元格的值分别为 18、北京、10。公式"=COUNT(B1:B3)"的返回值为 2。

4) MAX 函数

MAX 函数是 Excel 中常用的一个函数，作用是返回选定数据区域中的最大值。它的语法格式如下：MAX(number1,number2,…)。函数功能是返回参数中的最大值。参数应该是数值或数值类单元格的引用，否则，返回错误值"#NAME?"。

例如，C1:C4 的值分别为 17、22、5、32，则公式"=MAX(C1:C4)"的返回值为 32。

5) MIN 函数

MIN 函数通常用来找到数据中的最小值，它的语法格式如下：MIN(number1,number2,…)。函数功能是返回参数中的最小值。参数应该是数值或数值类单元格的引用，否则，返回错误值"#NAME?"。

例如，C1:C4 的值分别为 17、22、5、32，则公式"=MIN(C1:C4)"的返回值为 5。

6) ROUND 函数

ROUND 函数返回一个数值，该数值是按照指定的小数位数进行四舍五入运算的结果。除数值外，也可对日期进行舍入运算。它的语法格式如下：ROUND(number1,number2)。函数功能是按照 number2 指定的位数将 number1 按四舍五入的原则进行取舍。

例如：=ROUND(3.19,1)是将 3.19 四舍五入一个小数位，得 3.2；=ROUND(2.649,1)

将 2.649 四舍五入一个小数位，得 2.6。

7）AND 函数

AND 函数通常用来表达当所有数值同时满足各自的指定条件时，得到 TRUE；但只要有任何一个数值不满足条件，则得到 FALSE。AND 函数常用于条件语句的逻辑判断，它的语法格式是：AND(logical1,logical2,…)。该操作称为"与"操作。参数必须为逻辑值，或者包含逻辑值的引用。当需要判断多个条件是否满足时，可以使用 AND 函数。

例如：=AND(A1=1, A2=2)，表示当 A1 的值为 1，且 A2 的值为 2 时，单元格内显示 TRUE，否则为 FALSE。

8）OR 函数

OR 函数是一种逻辑函数，用于判断多个条件中是否至少有一个满足。它的语法格式是：OR(logical1,logical2,…)。函数功能是所有条件参数 logical1，logical2，…（最多为 30）中只要有一个参数的值为真，就返回 TRUE，否则返回 FALSE。OR 函数常用于条件语句的逻辑判断，该操作称为"或"操作。

9）COUNTIF 函数

COUNTIF 是一个统计函数，用于统计满足某个条件的单元格的数量。它的语法格式如下：COUNTIF(range,criteria)。函数功能是统计给定区域内满足特定条件的单元格的数目。range 为需要统计的单元格区域，criteria 为条件，可以是数字、表达式或文本。

例如：=COUNTIF(B2:B5,">60")，统计单元格 B2~B5 中值大于 60 的单元格的数量。

10）IF 函数

IF 函数可以帮助用户根据条件自动进行逻辑判断。IF 函数的作用是测试一个条件，如果条件为真，则返回一个值，否则返回另一个值。它的语法格式如下：IF(logical_test,value_if true,value_if false)。函数的功能是根据条件 logical_test 的真假值返回不同的结果。若 logical_test 的值为真，则返回 value_if_true，否则返回 value_if false。

IF 函数适用于回答"如果……，那么……，否则……"这样的问题。例如，如果成绩大于或等于 60，那么及格，否则不及格。在 C2 单元格输入公式：=IF(B2>=60,"及格","不及格")，可以根据 B2 单元格中数值的大小，在 C2 单元格中显示及格或不及格。

11）RANK 函数

RANK 函数是求某一个数值在某一区域内的排名。它的语法格式如下：RANK(number, ref,[order])。number 为必选参数，表示要找到其排位的数字（单元格内容必须为数字）；ref 为必选参数，表示对数字列表的引用，ref 中的非数字值会被忽略；order 为可选参数，表示一个指定数字排位方式的数字。如果 order 为 0 或省略，Excel 对数字的排位是基于 ref 为按照降序排列的列表。如果 order 不为零，Excel 对数字的排位是基于 ref 为按照升序排列的列表。RANK 函数的返回值可以是一个数字或一个字母。

12）LOOKUP 函数

LOOKUP 函数是 Excel 中的一种运算函数，实质是返回向量或数组中的数值，要求数值必须按升序排序。LOOKUP 函数从单行或单列或数组中查找符合条件的值。它的语法格式如下：LOOKUP(lookup_value,lookup_vector,result_vector)。参数 lookup_value 是要查找的值；参数 lookup_vector 是要查找的范围；参数 result_vector 是要获得的值。

13）AVERAGEIF 函数

AVERAGEIF 函数用于根据指定的条件对数据进行平均值计算。它的语法格式如下：AVERAGEIF(range,criteria,[average_range])。参数 range 是要计算平均值的单元格区域，其中可包含数字或包含数字的名称、数组或引用；criteria 是用于确定单元格被计算在内的条件，其形式可以是数字、单元格引用、表达式或文本，如果条件是表达式或文本，则要在两边加上英文双引号。

例如，条件可以表示为 32、"32"、">32"、"apples" 或 B4；average_range 为可选项，是用于确定计算平均值的实际单元格组，如果省略，则默认与 range 相同。

14）SUMIF 函数

SUMIF 函数是 Excel 中的一个非常有用的函数，它可以根据指定的条件对单元格中的数值进行求和。SUMIF 函数的用途非常广泛，可以用于各种数据分析和计算。它的语法格式如下：SUMIF(range,criteria,[sum_range])。

参数 range 是要进行求和计算的单元格区域，其中可包含数字或包含数字的名称、数组或引用；criteria 是用于确定单元格被计算在内的条件，其形式可以是数字、单元格引用、表达式或文本，如果条件是表达式或文本，则要在两边加上英文双引号。

例如，条件可以表示为 32、"32"、">32"、"apples" 或 B4；sum_range 为可选项，是用于确定进行求和计算的实际单元格组，如果省略，则默认与 range 相同。

【任务 5】 在"总成绩表"工作表中计算学生的总分和平均分，按照总分为学生排出名次。

操作步骤：

选中单元格 H3，单击"开始"→"编辑"→"自动求和"→"求和"命令，在 H3 单元格中自动添加公式"=SUM()"，用鼠标选取 D3:G3 单元格区域，按 Enter 键确认。单击选中 H3 单元格，拖动填充柄向下复制公式到 H22 单元格，所有学生的总分自动填充完成。

视频 3.2 任务 5

> **知识拓展**
>
> 求和最简单的方法：选取空列或空行，按下 Alt+= 组合键，即可求出一列数字或一行数字之和。

另外，当在 H3 单元格中设置好了第一名同学的总分后，只需要把光标移动到单元格 H3 的右下角，等到鼠标变成一个黑色的小加号时再双击，此时，公式就会被应用到这一列剩下的所有单元格里，实现自动填充。

① 选中单元格 I3，单击"开始"→"编辑"→"自动求和"→"平均值"命令，在 I3 单元格中自动添加公式"=AVERAGE()"，重新使用鼠标左键框选 D3:G3 单元格区域，按 Enter 键确认。单击选中 I3 单元格，拖动填充柄向下复制公式到 I22 单元格，所有学生的平均分自动计算并填充完成。

② 选中 J3 单元格，单击"插入函数"按钮，打开如图 3-7 所示的"插入函数"对话框，在"或选择类别"中选择"统计"，在"选择函数"列表中选择函数"RANK.EQ"，

单击"确定"按钮。

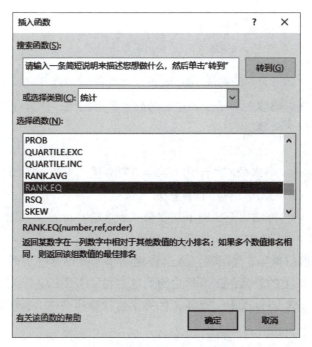

图 3-7 "插入函数"对话框

打开"函数参数"对话框后,按照图 3-8 所示设置参数,单击"确定"按钮。

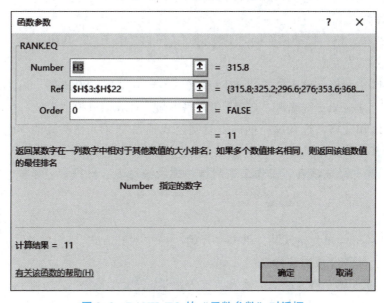

图 3-8 RANK.EQ 的"函数参数"对话框

此时,在 J3 编辑栏显示公式"=RANK.EQ(H3,$H$3:$H$22,0)",在 J3 单元格中显示计算结果为 11,表示 H3 的值相对于 H3:H22 单元格区域中的值,按照从高到低排名为第 11 名。选中 J3 单元格,使用拖曳填充柄的方式自动填充其他学生的名次。

> **知识拓展**
>
> 输入公式时，利用 F4 键可以进行相对引用与绝对引用的切换。按一次 F4 键，可以将相对引用转换成绝对引用，继续按两次 F4 键，转换为不同的混合引用，再按一次 F4 键，可还原为相对引用。

【任务 6-1】按"总成绩表"工作表中的总分计算等级列，总分在 360 分及以上为"优秀"，在 360 分以下为"合格"。

操作步骤：

① 选中 K3 单元格，输入公式"= IF(H3>=360,"优秀","合格")"，按 Enter 键确认。在 K3 单元格中显示计算结果"合格"。

视频 3.2 任务 6-1

② 选中 K3 单元格，拖动填充柄向下复制公式到 K22 单元格，其他学生的等级值自动计算并填充完成。

【任务 6-2】按四门单科成绩填写"入选资格"和"参评资格"列。如果四门单科成绩均在 70 分（含 70）以上的就具备三好学生的入选资格，否则输入"/"；四门单科成绩中，只要有一门在 90 分（含 90）以上，就具备优秀学生的参评资格，否则输入"待定"。

操作步骤：

① 选中 L3 单元格，输入公式"= IF(AND(D3>=70,E3>=70,F3>=70,G3>=70),"入选","/")"，按 Enter 键确认。在 L3 单元格中显示计算结果为"入选"。

视频 3.2 任务 6-2

② 选中 L3 单元格，拖动填充柄向下复制公式到 L22 单元格，其他学生"入选资格"列的值自动计算并填充完成。

③ 选中 M3 单元格，输入公式"= IF(OR(D3>=90,E3>=90,F3>=90,G3>=90),"参评","待定")"，按 Enter 键确认。在 M3 单元格中显示计算结果为"入选"。

④ 选中 M3 单元格，拖动填充柄向下复制公式到 M22 单元格，其他学生"参评资格"列的值自动计算并填充完成。

【任务 7】在"总成绩表"工作表中制作"成绩统计表"数据表，如样图所示。

操作步骤：

① 选中 B24:F24 单元格区域，单击"开始"→"对齐方式"→"合并后居中"按钮，输入"成绩统计表"。

视频 3.2 任务 7

② 在 C25:F25 单元格区域依次输入"高等数学""大学英语""马列主义原理""计算机应用基础"。

③ 在 B26:B33 单元格区域依次输入"最高分""最低分""总人数""及格人数""及格率""一组平均分""二组平均分""三组平均分"。

④ 按图 3-9 所示设置表格边框线和单元格填充颜色。

图 3-9 制作完成的"成绩统计表"

【任务 8】计算各科成绩的最高分、最低分、总人数、及格人数、及格率（保留为整数）和每个小组各科成绩的平均分（保留一位小数）。

操作步骤：

视频 3.2 任务 8

① 选中单元格 C26，单击"开始"→"编辑"→"自动求和"→"最大值"命令，重新使用鼠标左键框选函数的参数区域 D3:D22，按 Enter 键确认。单击选中 C26 单元格，拖动填充柄向右复制公式到 F26 单元格，其他科目的最高分自动计算并填充完成。

② 选中单元格 C27，单击"开始"→"编辑"→"自动求和"→"最小值"命令，重新使用鼠标左键框选函数的参数区域 D3:D22，按 Enter 键确认。单击选中 C27 单元格，拖动填充柄向右复制公式到 F27 单元格，其他科目的最低分自动计算并填充完成。

③ 选中单元格 C28，单击"开始"→"编辑"→"自动求和"→"计数"命令，重新使用鼠标左键框选函数的参数区域 D3:D22，按 Enter 键确认。参加考试的人数计算完成。

④ 选中 C29 单元格，单击"插入函数"按钮，打开"插入函数"对话框，在"选择类别"中选择"统计"，在"选择函数"列表中选择函数"COUNTIF"，单击"确定"按钮。打开"函数参数"对话框，按照图 3-10 所示设置参数，单击"确定"按钮。

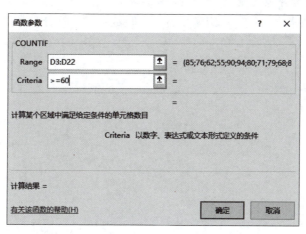

图 3-10 COUNTIF 的"函数参数"对话框

⑤ 单击选中 C29 单元格，拖动填充柄向右复制公式到 F29 单元格，所有科目的及格人数自动计算并填充完成。

⑥ 单击选中 C30 单元格，输入公式"=C29/$C$28"，按 Enter 键确认。选择 C30 单元格，单击"开始"→"数字"→"百分比样式"，将计算结果设置成百分比样式，将结果设置为整数，然后将鼠标指针置于单元格右下角，拖动填充柄向右复制公式到 F30 单元格，完成所有科目及格率的计算并填充。

⑦ 选中 C31 单元格，单击"插入函数"按钮，打开"插入函数"对话框，在"选择类别"中选择"全部"，在"选择函数"列表中选择函数"AVERAGEIF"，单击"确定"按钮。打开"函数参数"对话框，按照图 3-11 所示设置参数，单击"确定"按钮。将结果设置为保留一位小数。

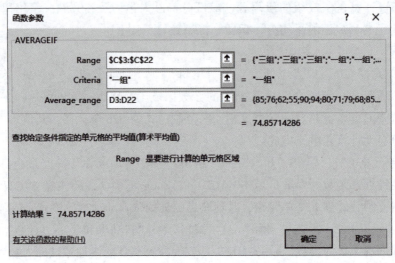

图 3-11　AVERAGEIF 的"函数参数"对话框

⑧ 单击选中 C31 单元格，拖动填充柄向右复制公式到 F31 单元格，一组学生各个单科成绩的平均分自动计算并填充完成。

⑨ 用同样的方法求出二组、三组学生各个单科成绩的平均分。

项目 3　学生成绩表的管理与分析

在 Excel 中获取基础数据后，需要对这些数据进行组织、整理、分析。为实现这一目标，Excel 提供了大量的数据处理功能，可以实现对无序数据的有效处理，可以帮助用户快速、准确地处理分析数据，从而为用户进行决策提供依据。

3.3.1　案例的提出

赵敏是一名班主任，她需要对班级学生的期末成绩进行数据分析，从而了解部分学生个体和班级整体的学习情况。因此，她打算使用 Excel 工作表来管理和分析班级学生的成绩单，包括数据排序、数据筛选、数据的分类汇总、图表的生成、数据透视表等功能的运用。

3.3.2　解决方案

在此案例中，可以通过以下方法实现对成绩单的管理和分析。
① 使用"排序"命令完成对成绩单数据的重新排序。
② 使用"筛选"命令快速查找指定的记录信息。
③ 使用"分类汇总"命令按需要对数据进行分类显示和统计，便于对学生学习效果进行对比分析。
④ 创建图表，直观查看学生成绩数据变化，便于进行数据比较。
⑤ 使用"数据透视表"命令创建立体式的数据分析结果。

3.3.3　相关知识点

1. 数据排序

排序是指将表中数据按某列或某行递增或递减的顺序进行排列，有助于快速、直观地组织并查找所需数据。根据一列或多列中的值对行进行排序，称为"按列排序"。根据一行或多行中的值对列进行排序，称为"按行排序"。数字由小到大、字母由 A 到 Z 的排序称为升序；反之，称为降序。

常用的排序方式主要分为以下三种：

1）简单排序

简单排序是最常用的一种排序方法，即对数据类表中的某一列数据按照升序或者降序方式排序。使用"开始"→"编辑"→"排序和筛选"下拉列表中的"升序"命令或"降序"命令，可以将数据清单中的记录按单一条件进行排序。

单击"开始"→"数据"→"排序和筛选"→"升序"/"降序"按钮同样可以实现此种功能。

2）多条件排序

对数据进行排序时，会遇到某列有相同数据的情况，这时需要设置多个关键字对数据进行复杂排序。单击"数据"→"排序和筛选"→"排序"按钮，打开"排序"对话框，在此对话框中可以设置多个层次的排序标准："排序依据""次要关键字""次要关键字"……，分别利用不同的关键字建立多个排序条件，从而实现多个条件的排序功能。此外，在"选项"对话框中，选择"按行排序"，可将数据清单中的字段顺序进行重新排列。同时，需根据排序表数据中是否带有标题对"数据包含标题"进行设置。

3）自定义排序

如果用户对数据的排序方式有特殊要求，可以在"排序"对话框中对应关键字的"次序"下拉列表中选择"自定义序列"选项，创建新的序列方式，以便排序。

2. 数据筛选

数据筛选是指在数据清单中只显示符合某种条件的数据，不满足条件的数据被暂时隐藏起来，并没有真正删除；一旦筛选条件取消，这些数据又重新出现。

筛选分为自动筛选和高级筛选。根据筛选条件的不同，自动筛选可以实现对单一字段的筛选，也可以实现对多个条件的筛选。高级筛选多用于复杂条件的筛选。

1）自动筛选

单击"数据"→"排序和筛选"→"筛选"按钮，在各字段名的右端均出现自动筛选箭头，在其下拉列表中显示该字段所包含的可选数据项，可以从中挑选一种筛选方式。再次单击"数据"→"排序和筛选"→"筛选"按钮，可取消自动筛选。

2）高级筛选

对查询条件较为复杂或必须经过计算才能进行的查询，可以使用高级筛选方式。这类筛选需要明确三个因素：筛选结果显示的位置、筛选的数据源、筛选条件的位置，然后通过"高级筛选"对话框进行筛选。单击"数据"→"排序和筛选"→"清除"按钮，则可以取消"高级筛选"。

3. 数据的分类汇总

分类汇总功能在工作表的分析中有十分重要的作用，因为分类汇总的操作不仅增加了工作表的可读性，而且能使用户更快捷地获得需要的数据并作出判断。在执行分类汇总操作前，需要对进行汇总操作的数据进行排序。

使用"分类汇总"命令，可以对数据清单中的数据进行分类显示和统计，是对数据进行分析的非常有效的工具。分类汇总可以对数据清单中的字段提供求和、平均值、计数、最大值、最小值等汇总函数，对分类汇总值进行计算，并将计算的结果分级显示出来。

进行分类汇总的数据清单必须带有列标题（字段名），在执行分类汇总的命令前，必须先对数据进行排序。通过单击"数据"→"分级显示"→"分类汇总"按钮，即可对表中的数据按分类字段进行汇总。

4. 图表

图表是 Excel 重要的数据分析工具，可以将数据表以图例的方式展现出来，具有较好的视觉效果，方便用户查看数据的差异、图案和预测趋势。不必分析工作表中的多个数据列就可以直观地看到数据的各种变化趋势，进行数据比较。

5. 数据透视表

数据透视表可以将数据清单中的数据进行重新组合，建立各种形式的交叉数据列表。数据透视表将筛选和分类汇总等功能结合在一起，可根据不同需要以不同方式查看数据。

3.3.4 项目工单及评分标准

工单编号：

姓　　名		学　　号			
班　　级		总　　分			

项　目　工　单	评分标准		
	评分依据	分值	得分
【任务1】在"学生成绩管理与分析"工作簿中，复制"班级成绩数据源"工作表，生成5个新表，并分别重命名为"排序""自动筛选""高级筛选""高级筛选（2）""分类汇总"。	复制工作表	10	
	重命名工作表	5	
【任务2】将"排序"工作表中的数据按"组别""高等数学""计算机应用基础"3个字段进行"降序"排序，排序标准："组别"为"排序依据"，"高等数学"为"次要关键字"，"计算机应用基础"为第二个"次要关键字"。	数据排序	10	
【任务3】在"自动筛选"工作表中筛选出组别为"一组"、性别为"男"的数据记录。	自动筛选	10	
【任务4】复制"自动筛选"工作表，得到"自动筛选（2）"工作表；在"自动筛选（2）"工作表中用自动筛选方式显示"总分"高于350分的数据记录。	取消自动筛选	5	
	自动筛选	5	
【任务5】在"高级筛选"工作表中使用高级筛选功能进行筛选，得到大学英语成绩高于85分的所有男同学的数据记录，在原有数据区域显示筛选结果（筛选条件有两个，条件一："性别"为"男"，条件区域为C25:C26；条件二："大学英语"高于"85分"，条件区域为F25:F26）。	筛选条件	5	
	高级筛选	5	
【任务6】在"高级筛选（2）"工作表中使用高级筛选功能进行筛选，得到高等数学或大学英语不及格的数据记录，在原有数据区域显示筛选结果（筛选条件为"高等数学或大学英语成绩小于60"，条件区域设置在数据区域顶端）。	筛选条件	5	
	高级筛选	5	
【任务7】在"分类汇总"工作表中按"组别"将学生的"总分"进行求"平均值"的分类汇总。	排序	5	
	分类汇总	5	

续表

项目 工 单	评分标准		
	评分依据	分值	得分
【任务8】以"分类汇总"工作表中的汇总结果（需要事先隐藏工作表中各小组的明细数据）为依据，创建各小组之间"总分平均值"的对比图表（使用簇状柱形图）；图表标题为"各小组成绩对比图"。	数据区域选择	5	
	创建图表	5	
【任务9】对"班级成绩数据源"工作表内数据清单的内容建立数据透视表，行标签为"组别"，列标签为"性别"，求平均值项为"总分"，并置于现工作表的 C25:F30 单元格区域（数值型数据，保留一位小数）。	创建数据透视表	10	
	透视表数据设置	5	

3.3.5 实现方法

1. 利用排序分析数据

【任务1】 在"学生成绩管理与分析"工作簿中，复制"班级成绩数据源"工作表，生成 5 个新表，并分别重命名为"排序""自动筛选""高级筛选""高级筛选（2）""分类汇总"。

操作步骤：

① 打开"学生成绩管理与分析"工作簿。

② 右击"班级成绩数据源"工作表，在快捷菜单中选择"移动或复制"命令，在打开的"移动或复制工作表"对话框中勾选"建立副本"选项，其他选项保持默认值，单击"确定"按钮，并将其重命名为"排序"。

③ 其他 4 个工作表的复制及重命名同步骤②。

【任务2】 将"排序"工作表中的数据按"组别""高等数学""计算机应用基础" 3 个字段进行"降序"排序，排序标准："组别"为"排序依据"，"高等数学"为"次要关键字"，"计算机应用基础"为第二个"次要关键字"。

多关键字排序就是对工作表中的数据按两个或两个以上的关键字进行排序。在此排序方式下，为了获得最佳效果，要排序的单元格区域应包含标题。

对多个关键字进行排序时，在主要关键字完全相同的情况下，会根据指定的次要关键字进行排序；在次要关键字完全相同的情况下，会根据指定的下一个次要关键字进行排序，依此类推。

操作步骤：

① 以"排序"工作表为当前工作表，选中数据区域中的任意一个单元格，单击"数

据"→"排序和筛选"→"排序"按钮,打开"排序"对话框。勾选"数据包含标题"复选框,再单击"添加条件"按钮两次,新增加两个条件,如图3-12所示。

图 3-12　多关键字排序

② 在"排序依据"下拉列表中选择"组别";在"次要关键字"下拉列表中选择"高等数学";在第二个"次要关键字"下拉列表中选择"计算机应用基础",并将排序方式全部设置为"降序"。

③ 单击"确定"按钮,工作表名不变,保存文件。

此时工作表先按照"组别"字段降序排列,如果"组别"相同,则按"高等数学"字段降序排列;如果"高等数学"相同,则按"计算机应用基础"字段降序排列。

> **知识拓展**
>
> 如果需要自定义排序方式,可单击"排序"对话框中的"选项"按钮,在打开的"排序选项"对话框中,自定义排序方法、排序方向等。

2. 利用筛选功能分析数据

1) 自动筛选

自动筛选可以帮助用户收集有用信息,用户只要给出条件,Excel 就会按照要求返回相关的记录,可以快速又方便地查找和使用数据清单中的数据。

【任务3】在"自动筛选"工作表中筛选出组别为"一组"、性别为"男"的数据记录。

操作步骤:

① 以"自动筛选"工作表为当前工作表,选中数据区域中的任意一个单元格,单击"数据"→"排序和筛选"→"筛选"按钮,此时 Excel 会自动为每个列标题添加"自动筛选"箭头。

视频 3.3 任务 3

② 单击"组别"右侧的下拉箭头,在下拉列表中勾选"一组",单击"确定"按钮,此时工作表中只显示"一组"的记录信息。

③ 单击"性别"右侧的下拉箭头,在下拉列表中设置"男"为勾选状态,单击"确定"按钮,此时工作表中只显示组别为"一组"、性别为"男"的记录信息。

④ 工作表名不变,保存文件。

【任务4】复制"自动筛选"工作表，得到"自动筛选（2）"工作表；在"自动筛选（2）"工作表中用自动筛选方式显示"总分"高于350分的数据记录。

操作步骤：

① 右击"自动筛选"工作表，在快捷菜单中选择"移动或复制"命令，在打开的"移动或复制工作表"对话框中，勾选"建立副本"选项，单击"确定"按钮，生成"自动筛选（2）"工作表。

视频3.3 任务4

② 以"自动筛选（2）"工作表为当前工作表，单击"数据"→"排序和筛选"→"清除"按钮，再单击"筛选"按钮，表格恢复到筛选前的状态。

③ 在"自动筛选（2）"工作表中，选中数据区域中任意一个单元格，单击"数据"→"排序和筛选"→"筛选"按钮，此时在各字段右端出现"自动筛选"箭头。

④ 单击"总分"字段右侧的下拉箭头，在列表中选择"数字筛选"→"大于"命令，打开"自定义自动筛选"对话框。

⑤ 在"大于"文本框中输入"350"，单击"确定"按钮，此时工作表中只显示"总分"高于350分的数据记录。

⑥ 工作表名不变，保存文件。

2）高级筛选

如果数据清单中的字段比较多，筛选的条件也比较多，则自动筛选难以实现。对于筛选条件较多的情况，可以使用高级筛选功能来处理。

使用高级筛选功能，必须先建立一个条件区域，用来指定筛选的数据所需满足的条件。条件区域的第一行是所有作为筛选条件的字段名，这些字段名与数据清单中的字段名必须完全一致。条件区域中的其他行则是筛选条件。需要注意的是，条件区域和数据清单不能连接，必须用一个空行或一个空列将其隔开。

高级筛选中常用以下符号实现条件的建立：=（等于）、>（大于）、<（小于）、>=（大于等于）、<=（小于等于）、<>（不等于）。使用以上符号创建筛选条件时，要在英文输入法状态下输入。

使用高级筛选可以产生两种结果：一种是隐藏原始记录，只显示筛选结果；另一种是将筛选结果显示在工作表的其他位置。

【任务5】在"高级筛选"工作表中使用高级筛选功能进行筛选，得到大学英语成绩高于85分的所有男同学的数据记录，在原有数据区域显示筛选结果（筛选条件有两个，条件一："性别"为"男"，条件区域为C25:C26；条件二："大学英语"高于"85分"，条件区域为F25:F26）。

操作步骤：

① 以"高级筛选"工作表为当前工作表，在C25:C26和F25:F26单元格区域输入筛选条件，"性别"为"男"，"大学英语"值为">85"。

② 在数据表中选择A2:I22单元格区域，单击"数据"→"排序和筛选"→"高级"命令，打开"高级筛选"对话框，在"方式"选项组中选择"在原有区域显示筛选结果"单选项，在"列表区域"文本框中显示或选择数据清单所在单元格区域地

视频3.3 任务5

址（一般为系统自动识别），单击“条件区域”文本框右侧的“拾取”按钮，选择筛选条件所在的单元格区域 C25:F26，单击“确定”按钮，此时工作表中只显示符合条件的数据记录。高级筛选条件设置如图 3-13 所示。

F27

	A	B	C	D	E	F	G	H	I
1					学生成绩单				
2	学号	姓名	性别	组别	高等数学	大学英语	马列主义原理	计算机应用基础	总分
3	20150101	毕中伟	男	三组	85	77	74	92.6	328.6
4	20150102	陈虹霏	女	三组	76	85	81	91.6	333.6
5	20150103	陈雅楠	女	三组	62	80	84	76	302.0
6	20150104	高 鸽	女	一组	55	58	81	65.6	259.6
7	20150105	郭明星	男	一组	90	88	89	90	357.0
8	20150106	韩 梅	女	三组	94	92	91	88.4	365.4
9	20150107	焦 月	男	一组	80	84	87	74.8	325.8
10	20150108	兰 钰	女	一组	71	75	80	75.2	301.2
11	20150109	李昊儒	男	三组	79	82	86	85.4	332.4
12	20150110	刘 爽	女	二组	68	80	68	93.4	309.4
13	20150111	刘春茹	女	二组	85	84	86	92.2	347.2
14	20150112	刘栋玉	男	一组	70	78	77	86.6	311.6
15	20150113	刘跃萍	女	二组	77	81	78	88.6	324.6
16	20150114	吕昕燃	男	一组	79	74	78	91.4	322.4
17	20150115	孟 悦	女	二组	92	95	90	81.6	358.6
18	20150116	穆 晨	男	二组	50	76	72	91	289.0
19	20150117	彭 飞	男	三组	88	86	89	84.2	347.2
20	20150118	秦 爽	女	二组	82	86	79	54.8	301.8
21	20150119	施 莹	女	一组	79	77	75	97.2	328.2
22	20150120	孙 悦	男	二组	81	80	83	92	336.0
23									
24									
25			性别			大学英语			
26			男			>85			
27									

图 3-13 高级筛选条件设置（1）

③ 工作表名不变，保存文件。

【任务 6】在“高级筛选（2）”工作表中使用高级筛选功能进行筛选，得到高等数学或大学英语不及格的数据记录，在原有数据区域显示筛选结果（筛选条件为“高等数学或大学英语成绩小于 60”，条件区域设置在数据区域顶端）。

操作步骤：

① 以“高级筛选（2）”工作表为当前工作表，在第一行上方插入 4 个空白行。

② 把当前 A6:I6 单元格区域内的字段名复制到以 A1 单元格起始的单元格区域内。

③ 在 E2 单元格内输入“<60”，在 F3 单元格内输入“<60”，结果如图 3-14 所示。

视频 3.3 任务 6

	A	B	C	D	E	F	G	H	I
1	学号	姓名	性别	组别	高等数学	大学英语	马列主义原理	计算机应用基础	总分
2					<60				
3						<60			
4									
5					学生成绩单				
6	学号	姓名	性别	组别	高等数学	大学英语	马列主义原理	计算机应用基础	总分
7	20150101	毕中伟	男	三组	85	77	74	92.6	328.6
8	20150102	陈虹霏	女	三组	76	85	81	91.6	333.6
9	20150103	陈雅楠	女	三组	62	80	84	76	302.0
10	20150104	高 鸽	女	一组	55	58	81	65.6	259.6

图 3-14 高级筛选条件设置（2）

④ 在数据表中选择 A6:I26 单元格区域，单击"数据"→"排序和筛选"→"高级"命令，打开"高级筛选"对话框，在"方式"选项组中选择"在原有区域显示筛选结果"单选项，在"列表区域"文本框中显示或选择数据清单所在单元格区域地址（一般为系统自动识别），单击"条件区域"文本框右侧的"拾取"按钮，选择筛选条件所在的单元格区域 E1:F3，单击"确定"按钮，此时工作表中只显示符合条件的数据记录。

⑤ 工作表名不变，保存文件。

> **知识拓展**
>
> 筛选条件中表示"与"关系的（同时满足的条件），多个条件应位于同一行中；筛选条件中表示"或"关系的（满足其中一个条件即可），多个条件应位于不同行中。
>
> 清除工作表中所有筛选条件并显示所有数据：在"数据"选项卡中选择"排序和筛选"功能组，单击"清除"按钮。

3. 利用分类汇总功能分析数据

分类汇总是对数据内容进行分析的一种方法。Excel 分类汇总首先对工作表中数据清单的内容进行分类，然后统计同类记录的相关信息，包括求和、计数、平均值、最大值、最小值等。分类汇总的数据清单第一行必须有列标题。在进行分类汇总前，必须根据分类汇总的数据类对数据清单进行排序。

"分类汇总"对话框包含以下功能：

在"分类字段"框的下拉列表中，单击要作为分组依据的列标题。

在"汇总方式"框的下拉列表中，单击用于计算的汇总函数。

在"选定汇总项"列表框中，单击选中要进行汇总计算的列。

其他设置：勾选"每组数据分页"复选框，将对每个分类汇总自动分页。

取消勾选"汇总结果显示在数据下方"复选框，汇总行将位于明细行的上面。

【任务7】在"分类汇总"工作表中按"组别"将学生的"总分"进行求"平均值"的分类汇总。

操作步骤：

① 以"分类汇总"工作表为当前工作表，对此工作表中的数据按"组别"字段进行排序。

② 选中数据区域中任意一个单元格，单击"数据"→"分级显示"→"分类汇总"按钮，打开"分类汇总"对话框。在"分类字段"下拉列表中勾选"组别"，在"汇总方式"下拉列表中选择"平均值"，在"选定汇总项"列表中勾选"总分"复选框。单击"确定"按钮，分类汇总后的数据如图 3-15 所示。

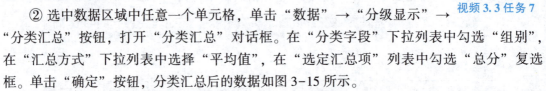
视频 3.3 任务 7

从图 3-15 中可以看出，在数据清单的左侧，有隐藏明细数据符号"-"的标记。单击"-"，可以隐藏原始数据清单中的数据，只显示汇总后的数据结果，同时，"-"变成"+"，隐藏明细数据之后的结果如图 3-16 所示。单击"+"，即可恢复显示明细数据。

③ 工作表名不变，保存文件。

	A	B	C	D	E	F	G	H	I
1	学生成绩单								
2	学号	姓名	性别	组别	高等数学	大学英语	马列主义原理	计算机应用基础	总分
3	20150101	毕中伟	男	三组	85	77	74	92.6	328.6
4	20150102	陈虹霏	女	三组	76	85	81	91.6	333.6
5	20150103	陈雅楠	女	三组	62	80	84	76	302.0
6	20150106	韩梅	女	三组	94	92	91	88.4	365.4
7	20150109	李昊儒	男	三组	79	82	86	85.4	332.4
8	20150117	彭飞	男	三组	88	86	89	84.2	347.2
9				三组 平均值					334.9
10	20150110	刘爽	女	二组	68	80	68	93.4	309.4
11	20150111	刘春茹	女	二组	85	84	86	92.2	347.2
12	20150113	刘跃萍	女	二组	77	81	78	88.6	324.6
13	20150115	孟悦	女	二组	92	95	90	81.6	358.6
14	20150116	穆晨	男	二组	50	76	72	91	289.0
15	20150118	秦爽	女	二组	82	86	79	54.8	301.8
16	20150120	孙悦	男	二组	81	80	83	92	336.0
17				二组 平均值					323.8
18	20150104	高鸽	女	一组	55	58	81	65.6	259.6
19	20150105	郭明星	男	一组	90	88	89	90	357.0
20	20150107	焦月	男	一组	80	84	87	74.8	325.8
21	20150108	兰钰	女	一组	71	75	80	75.2	301.2
22	20150112	刘栋玉	男	一组	70	78	77	86.6	311.6
23	20150114	吕昕燃	男	一组	79	74	78	91.4	322.4
24	20150119	施莹	女	一组	79	77	75	97.2	328.2
25				一组 平均值					315.1
26				总计平均值					324.1

图 3-15 分类汇总的数据

	A	B	C	D	E	F	G	H	I
1	学生成绩单								
2	学号	姓名	性别	组别	高等数学	大学英语	马列主义原理	计算机应用基础	总分
9				三组 平均值					334.9
17				二组 平均值					323.8
25				一组 平均值					315.1
26				总计平均值					324.1

图 3-16 隐藏明细数据之后的结果

> **知识拓展**
>
> 本例中仅对"总分"进行了汇总操作,在实际工作中,如果需要对多个数据项进行汇总,则在"分类汇总"对话框中选中多个字段进行汇总即可。
>
> 删除分类汇总:如果要删除已经创建的分类汇总,可在"分类汇总"对话框中单击"全部删除"按钮。

4. 创建图表

利用工作表中的数据制作图表,可以更加清晰、直观和生动地表现数据。图表更容易表达数据之间的关系和变化趋势。

1)图表的类型

Excel 2016 中提供了多种图表类型供用户使用,如柱形图、折线图、饼图、条形图、面积图、XY 散点图、气泡图、瀑布图、股价图、组合图、雷达图等。不同类型的图表对数据分析的侧重方面不同,用户可根据数据分析的具体需求选用合适的图表,下面简要地介绍常用图表类型的特点。

（1）柱形图：用于展示在一定范围内数据的变化及数据项目之间的比较。其适用于若干类别比较数据项目之间的大小，当类别的顺序并不重要时，可以选用柱形图。柱形图是最常用的图表类型之一。

（2）折线图：显示的是一段时间内的连续数据，侧重于展现数据在某一时间段内的变化趋势。

（3）饼图：显示组成数据系列的项目在项目总和中所占的比例，强调个体与总体的占比关系。

（4）条形图：显示持续时间内各个项目的比较情况。在条形图中，通常沿垂直坐标轴组织类别，沿水平坐标轴组织值。

（5）面积图：可用于绘制随时间发生的变化量，用于引起人们对总值趋势的关注。通过显示所绘制的值的总和，面积图还可以显示部分与整体的关系。

（6）XY 散点图：通常用于显示和比较数值，如科学数据、统计数据和工程数据。

（7）股价图：可以显示股价的波动。必须按正确的顺序组织数据才能创建股价图。

（8）雷达图：适用于从多个维度分析一个或多个对象。

2）图表的组成元素

图表由许多部分组成，如图表区、绘图区、标题、坐标轴、数据系列、网格线、图例等。

（1）图表区：整个图表及包含的所有对象称为图表区。在图表中，当鼠标指针停留在图表元素上方时，会显示元素的名称，以方便用户查找图表元素。

（2）绘图区：绘图区主要显示工作表中的数据，绘图区中的数据会随着工作表中数据的更新而更新。

（3）标题：包括图表标题和坐标轴标题。

（4）坐标轴：绘图区边缘的直线。一般为水平方向的分类轴（X 轴）和垂直方向的数值轴（Y 轴）。

（5）数据系列：数据系列由数据点构成，每个数据点对应于数据源中一个单元格的值，而数据系列对应于数据源中一行或一列数据（多个数据）。

（6）网格线：有主要网格线和次要网格线，有助于找到数据项目对应的 X 轴和 Y 轴坐标，从而更准确地判断数据大小。

（7）图例：用于标识图表中的不同数据系列所对应的颜色或图案。

【任务 8】以"分类汇总"工作表中的汇总结果（需要事先隐藏工作表中各小组的明细数据）为依据，创建各小组之间"总分平均值"的对比图表（使用簇状柱形图）；图表标题为"各小组成绩对比图"。

操作步骤：

① 分别隐藏工作表中各小组的明细数据。

② 选取"组别"列和"总分"列两组数据，单击"插入"→"图表"→"插入柱形图或条形图"下拉按钮，在下拉列表中选择"二维柱形图"→"簇状柱形图"选项，此时二维簇状柱形图将自动被插入工作表中。

视频 3.3 任务 8

③ 选定整个图表，按住鼠标左键并拖动图表，将虚线移动到合适的位置，释放鼠标，即可移动图表至虚线位置，如图 3-17 所示。

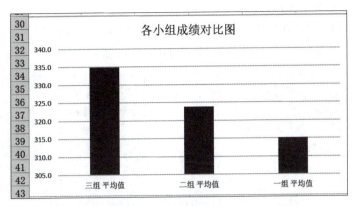

图 3-17　生成图表结果

④ 选中图表标题"总分",将其修改为"各小组成绩对比图",并移动到适当的位置。

⑤ 工作表名不变,保存文件。

通过"各小组成绩对比图"可以很清晰地看到:"三组"同学的学习成绩最好,"二组"同学的学习成绩较好,"一组"同学的学习成绩较差。

创建图表后,将显示"图表设计"和"格式"两个选项卡。用户可以使用这些选项卡中的命令来修改图表,以使图表按照用户所需的方式表示数据。例如,更改图表类型,调整图表大小,移动图表,向图表中添加或删除数据,对图表进行格式化等。

5. 创建数据透视表

数据透视表在工作表的分析中有十分重要的作用,同样是对工作表中的数据进行分类和计算,它却比分类汇总操作的功能更强大。数据透视表将筛选和分类汇总等功能结合在一起,可根据不同需要以不同方式查看数据。

【任务9】对"班级成绩数据源"工作表内数据清单的内容建立数据透视表,行标签为"组别",列标签为"性别",求平均值项为"总分",并置于现工作表的 C25:F30 单元格区域(数值型数据,保留一位小数)。

操作步骤:

① 以"班级成绩数据源"工作表为当前工作表,选中数据区域中的任意一个单元格,单击"插入"→"表格"→"数据透视表"下拉按钮,在下拉列表中选择"表格和区域"选项,打开"来自表格或区域的数据透视表"对话框,如图 3-18 所示。

② 在"表/区域"文本框中选择数据清单所在单元格区域地址(一般为系统自动识别),在"选择放置数据透视表的位置"选项组中选择"现有工作表"单选项,在"位置"文本框中输入 C25:F30,单击"确定"按钮,此时窗口中出现"数据透视表

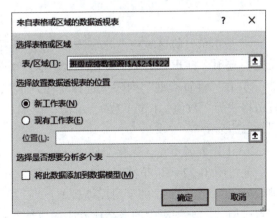

图 3-18　"来自表格或区域的数据透视表"对话框

字段"任务窗格,如图 3-19 所示。

③ 在"数据透视表字段"任务窗格中拖动"组别"到行标签区域,拖动"性别"到列标签区域,拖动"总分"到值计算区域,结果如图 3-20 所示。

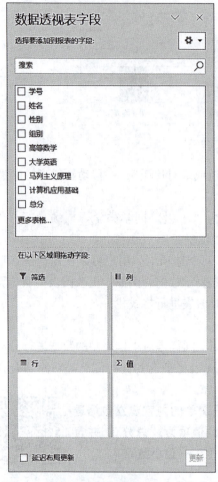 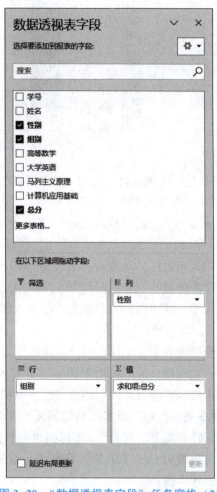

图 3-19 "数据透视表字段"任务窗格(1)　　图 3-20 "数据透视表字段"任务窗格(2)

④ 单击值计算区域内"求和项:总分"下拉箭头,在弹出的下拉列表里选择"值字段设置"选项,打开"值字段设置"对话框,如图 3-21 所示。

⑤ 在"计算类型"列表里选择"平均值",然后单击左下角的"数字格式"按钮,设置值格式为"数值,1 位小数",单击"确定"按钮,数据透视表被插入当前工作表中,如图 3-22 所示。

⑥ 工作表名不变,保存文件。

通过图 3-22 可以很清晰地看到"三组"同学的学习成绩最好,"二组"同学的学习成绩较好,"一组"同学的学习成绩较差;"一组"和"二组"男生的成绩比女生的成绩要好一点,但"二组"男生的成绩比女生的成绩差一点。

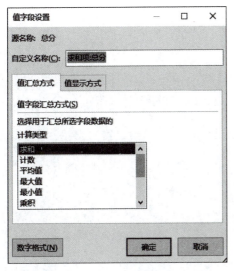

图 3-21 "值字段设置"对话框　　图 3-22 生成的数据透视表

项目 4　护理人员综合管理（护理系）

3.4.1　素养课堂

匠心筑梦　技能报国

　　党的十八大以来，习近平总书记曾多次提及工匠精神，强调营造劳动光荣的社会风尚和精益求精的敬业风气，工匠精神逐渐被人们所重视。工匠精神代表着劳动者对工作的执着和热爱，代表着追求卓越和精益求精的精神内涵。对于护理职业来说，工匠精神更是不可或缺的品质。

　　护理工作是一项需要高度责任心和职业素养的工作。作为一名护理人员，需要不断学习和提高自己的专业技能，同时还需要具备爱心、耐心、细心、责任心等多个方面的职业素养，而这些正是工匠精神内涵的集中体现。

　　首先，工匠精神代表着一种对工作的执着和热爱。护理人员需要对自己的工作充满热情和信心，才能爱岗敬业，才能不断追求进步和提升。只有这样，才能更好地服务于患者，为患者的身心健康贡献自己的力量。

　　其次，工匠精神代表着一种追求卓越和精益求精的精神内涵。护理人员需要不断提高自己的人文素养、专业技能和知识水平，不断完善自己的业务能力水平。只有这样，才能更好地应对复杂的临床情况，为患者的健康保驾护航。

　　最后，工匠精神代表着一种注重细节和精益求精的态度。护理人员需要注重细节和精益求精的态度，把每一个细节都做到极致。只有这样，才能够为患者提供更好的服务，赢得患者的信任和尊重。

　　作为新时代的护理学生，要热爱护理事业，有爱才有执着和追求；还要不断学习和提高自己的专业技能和知识水平，增强自身的职业素养，在学习中注重细节和精益求精的态度，努力提高自身素质，争做学习标兵、高技能人才、大国工匠、能工巧匠，为实现中华民族的伟大复兴贡献力量。

3.4.2　案例的提出

　　大学三年级的学生小赵和小李即将毕业，他们一起来到蓝山市中心医院实习。小赵去了人事科，本月负责的工作是建立护理人员信息表和对护理人员信息进行管理分析，小李去了质控科，目前分管全院各科室护理质量的监控工作。小李和小赵对工作内容进行了梳理分析，决定用 Excel 2016 来完成此项工作，制作护理人员信息表，以及进行各科室护理质量统计分析、护理人员信息表的管理与分析。

3.4.3　解决方案

一、建立护理人员信息表

① 创建一个工作簿文件，在工作表中创建正确的表格框架并依次录入数据。
② 对表中的数据进行编辑和美化。

③ 对表格的边框线及底纹进行编辑和美化。
④ 设置数据规则。
⑤ 设置条件格式。

二、各科室护理质量统计分析

① 使用公式计算。
② 使用常用函数计算。

三、护理人员信息表的管理与分析

① 数据排序。
② 数据自动筛选、高级筛选。
③ 筛选中的"或"条件和"与"条件。
④ 建立图表、数据透视表。

3.4.4 项目工单及评分标准

一、建立护理人员信息表

工单编号：

姓 名		学 号		
班 级		总 分		
项 目 工 单		评分标准		
		评分依据	分值	得分
【任务1】新建一个Excel工作簿，保存在D:盘，命名格式为"姓名+人民医院护理人员信息表"，例如：李丽人民医院护理人员信息表。		文件建立与保存	5	
【任务2】将Sheet1工作表重命名为"信息一览表"。		重命名	5	
【任务3】依照"信息一览表"样图在"信息一览表"工作表中录入各列的列标题，并输入"姓名""性别""全日制毕业院校""专业""第一学历""英语水平"列的数据。		信息输入	5	

"信息一览表"工作表中的内容

续表

项 目 工 单	评分标准		
	评分依据	分值	得分
【任务4】复制"信息一览表"工作表,并将工作表重命名为"登记表"。	复制工作表	3	
	重命名	2	
【任务5】选择"登记表"工作表,在第一行前插入1行,删除"专业"和"英语水平"两列,并在"护师取得时间"列左侧增加"护士执业注册时间"列。	插入行	3	
	删除列	2	
	插入列	3	
【任务6】在"登记表"工作表的A1单元格中输入表格标题"儿科护理人员信息一览表"。	输入文本	2	
【任务7】将"登记表"工作表的A1:P1单元格区域合并,设置表格标题"儿科护理人员信息一览表"和表头内容居中显示。标题设置为黑体、14,加粗;其余数据设置为宋体、12,居中显示。	合并单元格	5	
	对齐方式设置	2	
	字符格式设置	3	
【任务8】在A3单元格中输入文本型数字"1",在B3单元格中输入文本型数字和字母"646413663646a566654465",利用填充柄快速输入"序号"和"护士执业证书编号"列数据。	快速输入序列	6	
【任务9】设置"年龄"列的数据规则:介于20~55之间的整数。其中,输入信息:"标题"为"注意:","输入信息"为"年龄数据为20~55之间的整数";出错警告:"图标样式"为"警告","标题"为"数据错误","错误信息"为"数据不合法,请重新输入!"。完成"年龄"列数据的输入。	数据规则设置	6	
【任务10】设置"计算机水平"列的数据规则。计算机水平共3类,包括高级、中级、初级。依照样图输入该列数据。	数据规则设置	6	
【任务11】依照"登记表"工作表效果图录入出生年月、工作时间、毕业时间、护士执业注册时间、护师取得时间、主管护师取得时间、副主任护师取得时间、主任护师取得时间8列数据。	日期型数据录入	8	
【任务12】将工作表的标题行行高设置为30,表头行的行高设置为42,列宽设置值为:A列3,B列25,C~D列8.5,H列22,其他根据需要设置为最适合的列宽。	行高设置	6	
	列宽设置	6	
【任务13】设置表格内外边框线为"单实线较细线条""黑色",表头行设置背景填充色为"绿色,个性色6,淡色60%"。	边框设置	10	
	底纹设置	5	
【任务14】设置以红色文本突出显示性别为"男"的数据。	条件格式设置	5	

续表

项目工单	评分标准		
	评分依据	分值	得分
【任务15】保存文件。	文件保存	2	

"登记表"工作表效果图

二、各科室护理质量统计分析

工单编号：

姓　　名		学　　号	
班　　级		总　　分	

项目工单	评分标准		
	评分依据	分值	得分
【任务1】打开"护理质量登记表"工作簿文件，将其另存到桌面上，重命名为"姓名+护理质量评价表"。	保存文件	3	
【任务2】在"原始数据登记"工作表中数据的右侧插入4列，列标题分别为"总分""平均分""名次""质量等级"。	插入列	10	

原工作表

续表

项目工单	评分标准		
	评分依据	分值	得分
插入列之后的工作表			
【任务3】将工作表的标题行根据实际情况重新合并。	合并单元格	10	
单元格重新合并后的效果图			
【任务4】如样图所示,设置表格内、外边框线为"单实线较细线条""黑色",表头行底纹设置为标准色"绿色",A3:A16单元格区域底纹设置为标准色"浅绿色"。	边框设置	5	
	底纹设置	5	
设置边框和底纹后的效果图			

续表

项目工单	评分标准		得分
	评分依据	分值	
【任务5】为评价各个科室综合护理质量，利用求和函数计算出总分列数据，利用求平均值函数计算出平均分列数据。	利用函数进行求和计算	5	
	利用函数进行求平均值计算	5	
【任务6】根据总分列数据进行排名，结果存放在名次所在列。	RANK函数的使用	10	
【任务7】根据总分列数据求质量等级，结果存放在质量等级所在列（等级评价标准：总分在90分及以上为优秀，80~90分为良好，80分及以下的为不合格）。	IF函数的使用	10	
【任务8】在"原始数据登记"工作表的B22:G28单元格区域制作如样图所示的"护理质量统计表"（单元格填充颜色如电子版样图所示）。	表格框架制作	5	
	文字录入	5	

"护理质量统计表"样图

【任务9】计算全院各个单项护理质量的最高分、最低分、参评科室数目、明星科室数目（明星科室评价标准：单项护理质量大于或等于19分）、优秀率（优秀率即是明星科室比率，计算结果设置成"百分比样式""整数"）。	MAX函数	5	
	MIN函数	5	
	COUNT函数	5	
	COUNTIF函数	5	
	公式的运用	5	
【任务10】保存文件。	保存文件	2	

三、护理人员信息表的管理与分析

工单编号：

姓　　名		学　　号		
班　　级		总　　分		
项目工单		评分标准		
		评分依据	分值	得分
【任务1】打开"护理人员信息一览表"工作簿文件，保存到桌面上，文件名为"姓名+护理人员信息一览表"；在工作簿中复制"护理人员信息表"工作表，生成6个新表，并分别重命名为"排序""自动筛选""高级筛选1""高级筛选2""分类汇总""数据透视表"。		保存文件	3	
		复制工作表	5	
		重命名工作表	5	
【任务2】将"排序"工作表中的数据按"工作时间""护士执业注册时间""毕业时间"3个字段进行"升序"排序，排序标准：工作时间为"主要关键字"，护士执业注册时间为"次要关键字"，毕业时间为第二个"次要关键字"。		工作表排序	10	
【任务3】在"自动筛选"工作表中筛选出第一学历为"本科"、性别为"男"的数据记录。		数据筛选	10	
【任务4】复制"自动筛选"工作表，得到"自动筛选(2)"工作表；在"自动筛选(2)"工作表中，用自动筛选方式显示"年龄"在50岁及以上的数据记录。		数字筛选	15	
【任务5】通过高级筛选的方法，筛选出计算机水平为"高级"或者第一学历为"本科"的护理人员信息（筛选条件设置在原工作表的顶部）；在原有数据区域显示筛选结果。		"或"条件的高级筛选	10	
【任务6】通过高级筛选的方法，筛选出性别为"男"且第一学历为"本科"的护理人员信息（筛选条件设置在A18：P19单元格区域），并将筛选后的数据复制到第20行。		"与"条件的高级筛选	10	
【任务7】在"分类汇总"工作表中按"性别"将护理人员的"年龄"进行"求平均值"的分类汇总。		分类汇总	10	
【任务8】以"分类汇总"工作表中的汇总结果（需要事先隐藏工作表中关于性别的明细数据）为依据，创建不同"性别"护理人员"年龄"大小的对比图表（使用簇状柱形图）；图表标题为"性别年龄对比图"。		建立图表	10	

续表

项目工单	评分标准		
	评分依据	分值	得分
【任务9】对"数据透视表"工作表内数据清单的内容建立数据透视表,行标签为"计算机水平",列标签为"性别",求平均值项为"年龄",并置于现工作表的B22:M42单元格区域(数值型数据保留1位小数)。	建立透视表	10	
【任务10】保存文件。	保存文件	2	

3.4.5 实现方法

一、建立护理人员
信息表

二、各科室护理
质量统计分析

三、护理人员信息表
的管理与分析

项目 5　员工工资核算（财经系）

3.5.1　素养课堂

会计职业道德规范

主要内容：爱岗敬业，诚实守信，廉洁自律，客观公正，坚持准则，提高技能，参与管理，强化服务。

一、爱岗敬业：热爱会计工作，敬重会计职业，严肃认真，忠于职守。

二、诚实守信：做老实人，说老实话，办老实事。

三、廉洁自律：公私分明，不贪不占。

四、客观公正：实事求是，不偏不倚。

五、坚持准则：熟悉准则，遵循准则，坚持准则。

六、提高技能：要有不断提高会计专业技能的意识和愿望。

七、参与管理：努力钻研业务，熟悉财经法规和相关制度，提高业务技能，熟悉服务对象的经营活动和业务流程。

八、强化服务：强化服务意识，提高服务质量。

会计行业榜样人物

会计行业榜样人物之一：谢霖

谢霖（1885—1969年），字霖甫，江苏常州人。我国会计界先驱，知名会计学者，我国会计师制度的创始人，会计改革实干家和会计教育家，我国第一位注册会计师，第一个会计师事务所的创办者。

少年东渡日本，攻读明治大学商科，1909年毕业，获商学士学位。

谢霖回国后，在北京开设了我国第一家会计师事务所——正则会计师事务所。谢霖开启了我国注册会计师事业的先河，随着业务的开展，正则会计师事务所的分支机构遍及大江南北，比如北京、天津、上海、南京、镇江、扬州、重庆、青岛、成都等二十多个大中型城市。当时，"正则"与"立信"齐名，在全国会计界中享有很高的信誉，成为当时我国四大会计师事务所之一。凡设有会计师事务所的地方，都办有正则会计补习学校，越来越多的会计方面的人才流入市场，弥补了市场的人才稀缺，为国家培养了大批初、中级会计人才，使国家会计行业得到巨大的发展。

谢霖先生热心教育事业，建立会计师制度，改革会计制度。他起草了《会计师暂行章程》，为中国会计科学发展和会计工作实践做出了巨大贡献。他引入的借贷记账法、创建的注册会计师制度以及不遗余力地推进会计改革精神直接影响了我国近现代会计制度的发展，在我国会计史上占有重要地位。

（内容来源：会计史公众号）

会计行业榜样人物之二：潘序伦

潘序伦，中国著名的会计学家和教育家，被誉为中国会计之父。

他出生于1893年，江苏宜兴人，曾在上海浦东中学就读，表现出色，受到校长黄炎培的赞誉。然而，由于家庭变故和个人选择，他中断了学业，并在南京海军军官学校短暂任职后转行。1921年，潘序伦通过选拔赴美留学，分别就读于哈佛大学和美国哥伦比亚大学，获得了企业管理硕士学位和经济学博士学位。

潘序伦在美国的学习经历为他奠定了会计学研究的坚实基础。1924年学成归国后，他受邀担任东南大学附设商科大学教务主任及暨南大学商学院院长，积极推广和应用西方先进的会计理论和实践。这一时期，中国的民族工商业蓬勃发展，急需专业的会计人才来支持企业的财务管理和社会经济发展。

为了满足这一需求，潘序伦在1927年创立了"潘序伦会计师事务所"，这是中国最早的会计师事务所之一。他还创办了立信会计补习学校、立信会计专科学校和立信高级会计职业学校，旨在培训会计人才，提高会计行业的整体素质和服务水平。此外，他还编写了许多会计书籍和教材，包括《簿记训练教程》《会计学原理》等，这些作品在中国会计教育和实践中发挥了重要作用。

潘序伦不仅是一位卓越的教育家和学者，还是一名诚实的商人，他的诚信和专业精神使"立信"这个会计品牌在中国乃至国际上都享有极高的声誉。他的一生都在致力于会计事业，为中国的会计学发展和教育做出了巨大贡献。1985年，潘序伦在上海逝世，享年92岁。

来源参考：
1. 潘序伦会计百科。
2. 潘序伦_百度百科。
3. "文史博览"潘序伦：中国现代会计之父 微信公众平台。

3.5.2 案例的提出

在当今大数据时代的背景下，科技正在飞速发展中，人们的生活方式发生变化的同时，也带动了工作方式的变革，财务管理作为企业管理中的重点对象，在信息化时代中也随之而变。企业财务管理从传统的核算模式一步步走向电子核算模式，计算机在财务上的应用很好地解决了核算与管理之间的矛盾，大大提高了核算速度和核算质量，为会计人员更好地参与企业管理提供了客观保障。

张丽是吉林辽康公司白山分公司的会计，她目前负责单位职工工资的电算化工作，1月份需要完成创建职工工资信息表、日常工资业务核算及对员工工资数据进行统计分析等工作任务。公司职工基本工资信息表如图3-25所示。

代码	姓名	性别	年龄	电话	职工类别	事假天数	基本工资
01	周东国	男	42	680010	总经理		8000
02	李城刚	女	49	680011	行政岗	2	5600
03	陈雅楠	女	38	680012	部门经理		6500
04	高鸽	女	22	680013	行政岗		4500
05	郭明星	男	28	680014	行政岗		4800
06	赵辉	女	34	680015	部门经理		5800
07	赵伟	男	26	680016	行政岗		4900
08	兰钰	女	31	680017	业务岗		5200
09	刘爽	女	30	680018	业务岗		5100
10	刘春茹	女	29	680019	业务岗	1	5000
11	刘栋玉	男	43	680020	部门经理		6600
12	林恒华	男	30	680022	业务岗	2	5400
13	吕昕燃	男	52	680023	部门经理		7300
14	穆晨	女	30	680024	行政岗		5500
15	彭飞	男	25	680025	行政岗		4800
16	秦明爽	男	22	680026	行政岗		4800
17	施莹	女	48	680027	业务岗		5600
18	孙悦	女	42	680028	业务岗		5400
19	李明	男	25	680029	业务岗		4600

图3-25 公司职工基本工资信息表

3.5.3 解决方案

一、创建员工工资表

① Excel 的基本概念。
② 单元格、行、列的编辑。
③ Excel 数据类型及其输入。
④ 数据验证和数据规则。
⑤ 单元格格式设置。
⑥ 条件格式设置。
⑦ 保护工作簿和工作表。
⑧ 页面设置。

二、员工工资核算

① 单元格引用。
② 公式计算。
③ 常用函数计算。

三、员工工资数据分析

① 数据排序。
② 数据筛选。
③ 数据分类汇总。
④ 数据透视表、数据透视图。

3.5.4 项目工单及评分标准

一、创建员工工资表

1. 创建表格

工单编号：

姓　　名		学　　号			
班　　级		总　　分			
项 目 工 单			评分标准		
			评分依据	分值	得分
【任务1】新建一个空白工作簿文件，并将其以"姓名+员工工资表"为名保存到 D:盘。			新建工作簿	5	
			保存文件	5	
【任务2】依照样图输入表结构字段，并填写"姓名""性别""事假天数""基本工资"列的数据，其他列数据暂不输入。			创建表格结构字段	10	
			输入表数据	10	

续表

项目工单		评分标准		
		评分依据	分值	得分

代码	姓名	性别	年龄	电话	职工类别	事假天数	基本工资
01	周东国	男	42	680010	总经理		8000
02	李城刚	女	49	680011	行政岗	2	5600
03	陈雅楠	女	38	680012	部门经理		6500
04	高鸽	女	22	680013	行政岗		4500
05	郭明星	男	28	680014	行政岗		4800
06	赵辉	女	34	680015	部门经理		5800
07	赵伟	男	26	680016	行政岗		4900
08	兰钰	女	31	680017	业务岗		5200
09	刘爽	女	30	680018	业务岗		5100
10	刘春茹	女	29	680019	业务岗	1	5000
11	刘栋玉	男	43	680020	部门经理		6600
12	林恒华	女	30	680022	业务岗	2	5400
13	吕昕燃	男	52	680023	部门经理		7300
14	穆晨	女	30	680024	行政岗		5500
15	彭飞	男	25	680025	行政岗		4800
16	秦明爽	男	22	680026	业务岗		4800
17	施莹	女	48	680027	业务岗		5600
18	孙悦	女	42	680028	业务岗		5400
19	李明	男	25	680029	业务岗		4600

项目工单	评分依据	分值	得分
【任务3】在表格第1行前插入一空行,在A1单元格中输入"员工工资表"。	插入行	5	
【任务4】在A3单元格中输入"01",在E3单元格中输入"680010",利用填充柄快速输入"代码"和"电话"列数据。	输入数字文本	5	
	数据填充	5	
【任务5】设置"职工类别"列的数据规则。职工类别共4类,包括总经理、部门经理、行政岗、业务岗,依照样图输入该列数据。	数据验证	10	
【任务6】设置"年龄"列的数据规则:介于20~55之间的整数。其中,输入信息:"标题"为"注意:","输入信息"为"年龄数据为20~55之间的整数";出错警告:"标题"为"数据错误","错误信息"为"数据不合法,请重新输入!"。完成该列数据输入。	数据规则	5	
	输入信息	5	
	出错警告	5	
【任务7】依照样图,在"林恒华"前插入一空行,相应单元格内容分别为"12,李昊儒,男,27,680021,行政岗,,,4300",并修改其他行的"代码"和"电话"列数据值。	插入行	5	
	输入数据	5	
	数据修改	5	

续表

项目工单	评分标准		
	评分依据	分值	得分
<table><tr><td>代码</td><td>姓名</td><td>性别</td><td>年龄</td><td>电话</td><td>职工类别</td><td>事假天数</td><td>病假天数</td><td>基本工资</td></tr><tr><td>01</td><td>周东国</td><td>男</td><td>42</td><td>680010</td><td>总经理</td><td></td><td></td><td>8000</td></tr><tr><td>02</td><td>李城刚</td><td>女</td><td>49</td><td>680011</td><td>行政岗</td><td>2</td><td></td><td>5600</td></tr><tr><td>03</td><td>陈雅楠</td><td>女</td><td>38</td><td>680012</td><td>部门经理</td><td></td><td>1</td><td>6500</td></tr><tr><td>04</td><td>高鸽</td><td>女</td><td>22</td><td>680013</td><td>行政岗</td><td></td><td>4</td><td>4500</td></tr><tr><td>05</td><td>郭明星</td><td>男</td><td>28</td><td>680014</td><td>行政岗</td><td></td><td></td><td>4800</td></tr><tr><td>06</td><td>赵辉</td><td>女</td><td>34</td><td>680015</td><td>部门经理</td><td></td><td></td><td>5800</td></tr><tr><td>07</td><td>赵伟</td><td>男</td><td>26</td><td>680016</td><td>行政岗</td><td></td><td></td><td>4900</td></tr><tr><td>08</td><td>兰钰</td><td>女</td><td>31</td><td>680017</td><td>业务岗</td><td></td><td></td><td>5200</td></tr><tr><td>09</td><td>刘爽</td><td>女</td><td>30</td><td>680018</td><td>业务岗</td><td></td><td></td><td>5100</td></tr><tr><td>10</td><td>刘春茹</td><td>女</td><td>29</td><td>680019</td><td>业务岗</td><td>1</td><td></td><td>5000</td></tr><tr><td>11</td><td>刘栋玉</td><td>男</td><td>43</td><td>680020</td><td>部门经理</td><td></td><td>2</td><td>6600</td></tr><tr><td>12</td><td>李昊儒</td><td>男</td><td>27</td><td>680021</td><td>行政岗</td><td></td><td></td><td>4300</td></tr><tr><td>13</td><td>林恒华</td><td>男</td><td>30</td><td>680022</td><td>业务岗</td><td>2</td><td></td><td>5400</td></tr><tr><td>14</td><td>吕昕燃</td><td>男</td><td>52</td><td>680023</td><td>部门经理</td><td></td><td></td><td>7300</td></tr><tr><td>15</td><td>穆晨</td><td>女</td><td>30</td><td>680024</td><td>行政岗</td><td></td><td></td><td>5500</td></tr><tr><td>16</td><td>彭飞</td><td>男</td><td>25</td><td>680025</td><td>行政岗</td><td></td><td></td><td>4800</td></tr><tr><td>17</td><td>秦明爽</td><td>男</td><td>22</td><td>680026</td><td>业务岗</td><td></td><td></td><td>4800</td></tr><tr><td>18</td><td>施莹</td><td>女</td><td>48</td><td>680027</td><td>业务岗</td><td></td><td></td><td>5600</td></tr><tr><td>19</td><td>孙悦</td><td>女</td><td>42</td><td>680028</td><td>业务岗</td><td></td><td></td><td>5400</td></tr><tr><td>20</td><td>李明</td><td>男</td><td>25</td><td>680029</td><td>业务岗</td><td></td><td></td><td>4600</td></tr></table>			
【任务8】依照样图,在表格"事假天数"列右侧插入一空列,字段为"病假天数",并输入相应单元格数据。	插入列	5	
【任务9】将"年龄"列移动到"性别"列之前。	列移动	5	
【任务10】删除"电话"列。	删除列	5	

2. 工作表编辑

工单编号:

姓 名		学 号	
班 级		总 分	

项目工单	评分标准		
	评分依据	分值	得分
【任务1】合并 A1:H1 单元格区域,格式为"黑体、16,加粗"。	合并单元格	10	
	字体格式	5	
【任务2】在"基本工资"列添加人民币符号,设置为千位分隔符,2位小数。	数据格式	10	
【任务3】设置 A2:H2 单元格区域格式为"宋体、13,加粗、居中对齐",底纹为"橙色"。其他单元格格式为"宋体、11,居中对齐"。	数据格式	5	
	底纹	5	
【任务4】设置 A2:H22 单元格区域边框,内框线为"橙色、虚线",外框线为"橙色、粗实线"。	内框线格式	5	
	外框线格式	5	

续表

项 目 工 单	评分标准		得分
	评分依据	分值	
【任务5】设置表格为自动调整列宽，F、G列列宽为"6"；设置第1行行高为"28"；第2行自动调整行高；其他行行高为"16"；F2、G2单元格自动换行。	调整列宽	5	
	调整行高	5	
【任务6】为H3:H22单元格区域设置条件格式。条件：基本工资>6 000，格式：加粗倾斜，字体为深红色。	条件格式	5	
【任务7】将Sheet1工作表标签重命名为"职员基本情况表"，复制工作表"职员基本情况表"，且新表位于原表后面，重命名为"员工工资表"。	工作表命名	5	
	工作表复制	5	
【任务8】在"员工工资表"中删除"性别"列。	删除列	5	
【任务9】为工作表"员工工资表"数据区域套用表格格式"浅橙色，表样式浅色3"。	套用表格格式	5	
【任务10】将"职员基本情况表""员工工资表"工作表标签颜色分别设置"蓝色"和"红色"。	工作表标签颜色	5	
【任务11】设置"员工工资表"的纸张大小为A4，方向为横向，表格水平居中。	页面设置	5	
【任务12】保护工作表"员工工资表"和工作簿，设置保护密码为"123"。	保护工作表	5	
	保护工作簿	5	

	员工工资表					
	代码	姓名	年龄	职工类别	事假天数	病假天数	基本工资
3	01	周东国	42	总经理			########
4	02	李城刚	49	行政岗	2		¥5,600.00
5	03	陈雅楠	38	部门经理		1	########
6	04	高 鸽	22	行政岗		4	¥4,500.00
7	05	郭明星	28	行政岗			¥4,800.00
8	06	赵 辉	34	部门经理			¥5,800.00
9	07	赵 伟	26	行政岗			¥4,900.00
10	08	兰 钰	31	业务岗			¥5,200.00
11	09	刘 爽	30	业务岗			¥5,100.00
12	10	刘春茹	29	业务岗	1		¥5,000.00
13	11	刘栋玉	43	部门经理		2	########
14	12	李昊儒	27	行政岗			¥4,300.00
15	13	林恒华	30	业务岗	2		¥5,400.00
16	14	吕听燃	52	部门经理			########
17	15	穆 晨	30	行政岗			¥5,500.00
18	16	彭 飞	25	行政岗			¥4,800.00
19	17	秦明爽	22	业务岗			¥4,800.00
20	18	施 莹	48	业务岗			¥5,600.00
21	19	孙 悦	42	业务岗			¥5,400.00
22	20	李 明	25	业务岗			¥4,600.00

职员基本情况表 | 员工工资表

二、员工工资核算

工单编号：

姓　　名		学　　号			
班　　级		总　　分			
项　目　工　单			评分标准		
			评分依据	分值	得分
【任务1】在第1行前插入一行，在A1单元格中输入"员工工资表"。将A1:R1单元格区域合并居中，并设置格式为"黑体，19磅"，表格数据对齐方式为水平方向居中、垂直方向居中。			合并单元格	2	
			数据格式	3	
【任务2】设置所有工资项目列的数据类型为"数值，2位小数，加千位分隔符"。			数值格式	3	
【任务3】为表格数据加边框，并设置表格字段区域为"浅绿色（标准色）底纹"，行高为23。			表格边框	3	
【任务4】给"周东国"添加批注，内容为"公司法人"，并设置批注为显示状态。			批注	3	
【任务5】计算当月"事假天数""病假天数""基本工资"合计，完成下方浅蓝色区域表格数据计算，并设置数值格式为"常规"。			SUM函数	3	
			SUM函数	3	
			SUM函数	3	
			格式设置	1	
【任务6】设置"事假扣款"项目。 每月按22天工作日，请几天假则扣几天的日基本工资。要求：四舍五入，保留两位小数。			公式	5	
			ROUND函数	5	
【任务7】设置"病假扣款"项目。 公司规定，一天病假扣款80元。			公式	10	
【任务8】根据职工类别，按下表完成"岗位工资"项目设置。<table><tr><td>职工类别</td><td>岗位工资（元）</td></tr><tr><td>总经理</td><td>3 000</td></tr><tr><td>部门经理</td><td>2 500</td></tr><tr><td>行政岗</td><td>2 000</td></tr><tr><td>业务岗</td><td>2 000</td></tr></table>			IF函数	10	

续表

项目工单	评分标准		
	评分依据	分值	得分
【任务9】设置"职务津贴"项目——公式的使用。 根据公司规定，职务津贴是基本工资与岗位工资之和的15%。	公式	10	
【任务10】设置"应发工资"项目。 应发工资为基本工资、岗位工资、职务津贴与奖金之和扣除事假扣款及病假扣款。	公式	8	
【任务11】设置"住房公积金"项目。 住房公积金为应发工资的12%。要求：四舍五入，保留两位小数。	公式	10	
【任务12】设置"实发工资"项目。 实发工资为应发工资减去住房公积金和个人所得税。	公式	8	
【任务13】按照"实发工资"项目计算该职工在单位的工资额排位。	RANK函数	10	

三、员工工资数据分析

工单编号：

姓　名		学　号	
班　级		总　分	

项目工单	评分标准		
	评分依据	分值	得分
【任务1】将"员工绩效表"中Sheet1工作表复制4份，分别命名为"排序""自动筛选""高级筛选""分类汇总"。	工作表复制	10	
【任务2】在"排序"工作表中按"应发工资"进行升序排序。	简单排序	10	
【任务3】在"排序"工作表中按"基本工资"进行降序排序，如该项值相同，则按"年龄"进行降序排序。	复杂排序	10	

续表

项目工单	评分标准		
	评分依据	分值	得分
【任务4】在"排序"工作表中创建自定义序列"总经理,部门经理,行政岗,业务岗",按此自定义序列进行排序。 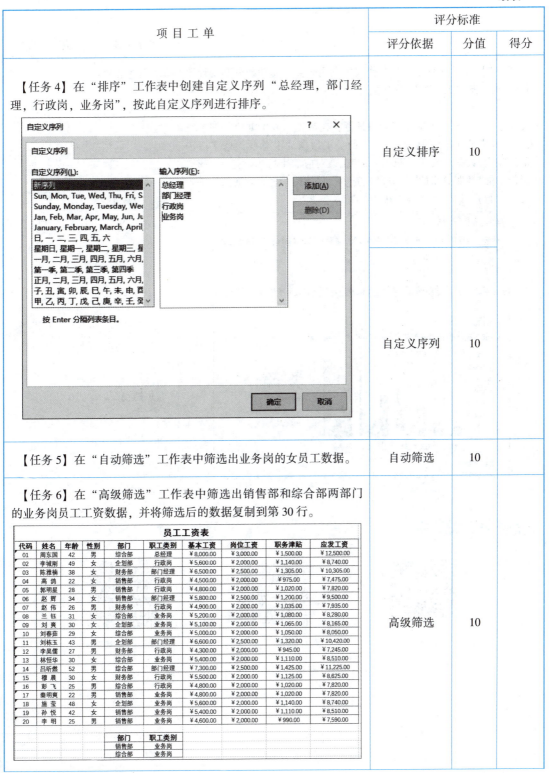	自定义排序	10	
	自定义序列	10	
【任务5】在"自动筛选"工作表中筛选出业务岗的女员工数据。	自动筛选	10	
【任务6】在"高级筛选"工作表中筛选出销售部和综合部两部门的业务岗员工工资数据,并将筛选后的数据复制到第30行。	高级筛选	10	

续表

项目工单	评分标准		
	评分依据	分值	得分
【任务7】在"分类汇总"工作表中利用分类汇总功能分别统计不同部门的"基本工资"的平均值。	分类汇总	10	
【任务8】以Sheet1工作表为数据源,在新工作表中创建数据透视表,显示某部门对应的各职工类别的员工数据的汇总(筛选字段为"部门",行数据字段为"职工类别",值对应的字段为"基本工资""岗位工资""职务津贴""应发工资")。以该透视表为数据源(不含"总计"行),创建"三维簇状柱形图"。	数据透视表	10	
	数据透视图	10	

3.5.5 实现方法

一、创建员工工资表

二、员工工资核算

三、员工工资数据分析

项目 6　病例统计表（药学系）

3.6.1　素养课堂

朱春庭：推拿如用药，十指济苍生

推拿是中医的治疗方法之一，具有悠久的历史，而一指禅推拿是众多推拿流派中的佼佼者，相传是由距今 1 400 多年前（相当我国南北朝）的南天竺国（现印度）天竺禅宗第二十八祖菩提达摩所创，并由达摩来华传经时传入我国。传世的一指禅推拿承传脉络，可上溯至清·咸丰年间（公元 1860 年后）的河南少林高手、一指禅推拿名医李鉴臣法师。传说李鉴臣曾为清宫御医，1861 年李鉴臣到达江苏邳江，将一指禅推拿术传给丁凤山，丁凤山得李氏真传，著有抄本《一指禅》，丁凤山将此术传给后裔丁树山，故丁树山是一指禅推拿的第三代传人。

据史料记载，早在 19 世纪末，黄墙朱家的疡科已名扬江南。历代朱氏传人均有著述。一世医朱鸿宝著有《内外合参》二十卷，二世医朱士铨著有《伤寒一得》四卷，三世医朱裕著有《疡科治验心得》一卷、《临证医案》四卷、《续内外合参》八卷。朱春庭幼年聪颖好学，11 岁就读完了四书五经和《史记》《汉书》等大量古籍，12 岁由其父亲授《黄帝内经》，15 岁随父临证。17 岁丧父，师从江苏邳江一指禅推拿名师丁树山学习推拿医术，从此开始了推拿行医生涯。

一指禅推拿术手法多样，有推、拿、按、摩、滚、揉、捻、搓、抄、缠、摇和抖十二种，其中，一指禅推法最具特色。朱春庭为了提高推拿的指力和腕力，每天清晨坚持练强身功"易筋经"，米袋被手指磨破了，袋中的米粒被磨成了粉，经过整整四年的勤学苦练，终于练就了一手一指禅推拿的绝技。其悬壶沪上，擅治内、外、妇、儿、伤及五官科各类疾患。

1926 年，朱氏 20 岁时，著名画家吴昌硕大师身患半身不遂而封笔多时，慕名经朱春庭推拿医治后，疗效显著，乃画牡丹图相赠。20 世纪 50 年代初，小儿麻痹症肆虐，朱氏以独特的一指禅推拿手法治愈了许多患者，名噪沪上。

（文字来源：百度百科）

张定宇：心怀大爱，步履蹒跚与时间赛跑

2020 年 8 月 11 日，张定宇被授予"人民英雄"国家荣誉称号。2020 年 10 月 24 日，"2020 年中国罕见病大会"在北京举行。中国罕见病联盟理事长赵玉沛院士为张定宇院长颁发了"非凡医者"荣誉称号奖杯。金银潭院长张定宇，是一个战斗者，一个指挥者，也是一颗"定心丸"。

他知道自己患上了绝症，却要为患者、为社会燃起希望之光；他阻挡不了自己的病情，却用尽全力去把危重患者拉回来，始终坚守在急难险重岗位上，以实际行动书写了对党和人民的忠诚。虽然他的双腿渐渐萎缩，但他站立的地方，是最坚实的阵地。他代表的不仅是金银潭医院，更是全国所有基层医务人员，展现了白衣战士应有的责任担当。张定宇无私奉献、舍生忘死的精神一直激励着大家，让大家始终牢记"医者担当"。

（来源：忆峥嵘岁月｜"人民英雄"张定宇）

"草原曼巴"王万青

只身打马赴草原，他一路向西千里万里，不再回头。风雪行医路，情系汉藏缘。四十载似水流年，磨不去他理想的忠诚。春风今又绿草原，门巴的故事还会有更年轻的版本。

（文字来源：感动中国）

1968年，王万青从上海第一医学院毕业，响应党的号召，自愿来到条件极为艰苦的甘南藏族自治州玛曲县工作。

玛曲县地处甘、青、川三省交界处，是一个纯牧业县，平均海拔3 800多米，县城海拔3 400多米。王万青刚来时，玛曲县的交通条件十分落后，从兰州到甘南藏族自治州首府合作市需要2天时间，从合作市到玛曲县也是2天的路途，从玛曲县城到50多千米外的阿万仓乡还得多半天的路程。曾经有位领导感慨地说："在玛曲县这样艰苦的环境，即使不做贡献，能留下来，就很了不起。"许多来玛曲县工作的外地干部职工，经受不住严酷环境的考验，一批一批地调离了。当年，与王万青同时来到甘南大草原的大学生有100多人，随着时间的推移，有的通过考大学、读研究生离开了，有的通过各种关系调走了，有的索性早早病退回去了，但当初被人们认为是"飞鸽牌"的王万青不仅留下来了，还为玛曲县的医疗卫生事业做出了巨大贡献。他曾经先后任阿万仓乡卫生院医生、副院长、院长，玛曲县卫生防疫站副站长、站长，玛曲县人民医院医生、外科主任、外妇病区主任等职。在40多年的时间里，王万青始终如一地坚守着他最初的信念——做一个有价值的人，为党和人民做出一份贡献！他多次放弃了回上海的机会，凭着对玛曲县人民、对藏族同胞的深厚感情，毅然选择长期留守在高原。40多年的坚守，赢得了"草原曼巴"的亲切称呼（"曼巴"就是藏语"医生"的意思）。

（文字来源：360百科）

3.6.2 案例的提出

随着物联网、计算机及传感器技术的不断发展，医疗领域正在经历着与人工智能等高科技领域的深度融合。医药行业在逐步实现智能化的同时，也对从业人员的信息化能力提出了更高的要求。作为医药专业的学生，不仅要学会利用信息化辅助工具记录患者就诊日期、病症、就诊费用等信息，以了解患者病情发展等情况，还需要掌握快速查找、筛选、分析等方法，来提升自己的办公效率。假期，药学系学生张浩在自家的针灸推拿诊所实习，在看到家人每次需要花很多时间翻找患者之前的就诊记录时，决定利用Excel 2016登记患者信息，统计患者费用，分析患者就诊数据，用于了解患者的治疗需求和病情发展。

3.6.3 解决方案

一、创建患者诊疗登记表

① 数据填充。
② 数据填充规则。
③ 数据验证。
④ 行、列操作。
⑤ 格式美化。
⑥ 保护工作簿和工作表。

二、患者费用统计表

① 条件格式设置。
② 公式计算。
③ 常用函数计算。

三、患者数据分析表

① 数据排序。
② 数据筛选、分类汇总。
③ 数据透视表、数据透视图。

3.6.4 项目工单及评分标准

一、创建患者诊疗登记表

1. 创建工作表

工单编号：

姓　　名			学　　号			
班　　级			总　　分			
项目工单			评分标准			得分
			评分依据	分值		
【任务1】新建 Excel 工作簿。 新建一个空白工作簿文件，并将其以"患者诊疗登记表"为名保存到 F:盘。			新建工作簿	2		
			保存文件	3		
【任务2】创建工作表结构。 依照"登记表结构.jpg"输入表结构列字段名称，并填写"姓名"列的数据，其他列数据暂不输入。样图如下：			创建表格结构字段	5		
			输入表数据	5		

续表

项目工单	评分标准		
	评分依据	分值	得分
【任务3】插入标题行，合并单元格。 ① 在表格第一行前插入一空行，在A1单元格中输入"患者诊疗登记表"。 ② 合并A1:I1区域中的单元格。	插入行	5	
	合并单元格	5	
【任务4】设置单元格格式，利用填充柄快速填充。 ① 设置A列单元格数字分类为"文本"。 ② 在A3单元格中输入"01"，利用填充柄快速输入"序号"列数据。 ③ 依照样图，利用填充柄快速填充"就诊月份"数据列。	单元格格式设置	5	
	数据填充	5	
【任务5】设置"性别""诊疗项目"和"会员"列的数据规则。 ① 为"性别"列设置下拉列表选项，选项为"男"或"女"。 ② 为"诊疗项目"列设置下拉列表选项，选项为"灸法治疗""中药熏药治疗""拔罐疗法""磁热疗法""刮痧疗法""穴位贴敷""电针""耳针""梅花针叩刺""落枕推拿""腰椎推拿"。	数据验证	10	

续表

项目工单	评分标准		
	评分依据	分值	得分
③ 为"会员"列设置下拉列表选项，选项为"是"或"否"。	数据验证	10	
【任务6】设置"年龄"列的数据规则。 ①"设置"选项卡：验证条件中，"允许"为"整数"，数据为18~75之间的整数。	允许条件	5	
②"输入信息"选项卡："标题"为"注意"，"输入信息"为"年龄数据为18~75之间的整数"。	提示信息	5	
③"出错警告"选项卡："样式"为"停止"；"标题"为"数据错误"；"错误信息"为"数据不合法，请重新输入！"。	出错警告	5	
④ 依照"患者诊疗登记表"完成该列所有数据的输入。	数据输入	5	
【任务7】插入空白行并输入数据。 ① 依照"患者诊疗登记表"，在"郑元钊"前插入2行空行。	插入行	5	
② 分别在相应单元格内输入内容"鲁克勤，男，48，3月，耳针"和"王俊伟，男，36，3月，穴位贴敷"。	输入数据	5	
③ 修改"序号"列数据值。	修改数据	5	

续表

项目工单	评分标准		
	评分依据	分值	得分
【任务8】插入列,设置单元格格式。 ① 依照"患者诊疗登记表",在表格"姓名"列右侧插入一列空列,字段为"就诊年份"。 ② 设置单元格格式为"文本"。 ③ 在此列中输入数据"76000002023"。	插入列	4	
	单元格格式	4	
	输入数据	2	
【任务9】移动列。 将"就诊年份"列移动到"就诊月份"列之前。	移动列	5	
【任务10】保存任务。	提交任务	5	

2. 工作表编辑

工单编号:

姓 名		学 号	
班 级		总 分	

项目工单	评分标准		
	评分依据	分值	得分
【任务1】设置表格标题文本格式。 表格标题格式为"黑体、18磅、加粗"。	字体格式设置	10	
【任务2】设置"实收费用"列单元格格式。 在"实收费用"列添加人民币符号,设置为两位小数。	单元格格式设置	5	
【任务3】设置表格边框和底纹。 ① 设置 A2:J2 单元格区域格式为"宋体、14、加粗、居中对齐"。 ② 底纹为"蓝色,个性1,淡色80%"。其他单元格格式为"宋体、12、居中对齐"。 ③ 设置 A2:J30 单元格区域边框,内框线为"橙色,个性色2,淡色40%,虚线(左侧第4根)",外框线为"蓝色,个性1,粗实线(右侧第6根)"。	文本格式设置	10	
	底纹设置	10	
	边框设置	10	
【任务4】调整行高和列宽。 ① 设置表格为自动调整列宽,A、B、C、D 列列宽为"7毫米"。 ② 设置第1行行高为"35毫米",第2行行高为"20毫米",其他行行高设置为自动调整。	调整列宽	5	
	调整行高	5	

续表

项目工单	评分标准		
	评分依据	分值	得分
【任务5】工作表标签重命名、移动/复制工作表。将Sheet1工作表标签重命名为"患者登记表",复制"患者登记表",且新表位于原表后面,重命名为"费用统计表"。	工作表命名	5	
	工作表复制	5	
【任务6】删除列。在"费用统计表"中删除"性别"列。	删除列	5	
【任务7】套用表格格式。为"费用统计表"数据区域套用表格格式:"浅橙色,表样式浅色17"。	套用表格格式	5	
【任务8】更改工作表标签颜色。将"患者登记表""费用统计表"工作表标签颜色分别设置为"蓝色"和"红色"。	工作表标签颜色设置	5	
【任务9】设置表格页面布局。设置"患者诊疗登记表"的纸张大小为A4,方向为横向,表格水平居中。	页面设置	5	
【任务10】保护工作簿和工作表。保护工作表"费用统计表"和工作簿,设置保护密码为"123456"。	保护工作表	5	
	工保护作簿	5	
【任务11】保存任务。	保存任务	5	

二、患者费用统计表

工单编号:

姓　　名		学　　号		
班　　级		总　　分		
项目工单		评分标准		
		评分依据	分值	得分
【任务1】打开Excel文件,另存到D:盘根目录。打开素材文件夹中的"费用统计表.xlsx",将文件另存到D:盘目录中,以"患者费用统计表"命名。		文件另存	5	

续表

项目工单	评分标准		
	评分依据	分值	得分
【任务2】输入数据。 依照样图，在"项目收费"列中输入数据。	输入数据	5	
【任务3】计算每位患者的"实收费用"。 ① 如果患者是会员，则"实收费用"是"项目收费"的85%。 ② 如果不是会员，则"实收费用"等于"项目收费"。 ③ 利用填充柄快速填充"实收费用"列。	if 函数	5	
	公式	5	
	快速填充	5	
【任务4】设置"实收费用"列数据的条件格式。 ① 为 J3:J30 单元格区域设置条件格式。条件：实收费用>60。 ② 文本格式：加粗，填充颜色为"青色，个性5，淡色40%"。	条件格式	10	
【任务5】突出显示1—4月就诊次数为多次的姓名的条件格式。 ① 为 B3:B30 单元格区域设置条件格式。条件：重复值。 ② 文本格式：加粗，填充颜色为"红色，个性6，淡色80%"。	条件格式	10	
【任务6】计算每个月"实收费用"的平均值和总和。 ① 在 A32、B32、C32、D32 单元格中分别输入"月份""实收平均值""实收总和"和"总和排名"；在 A33、A34、A35 和 A36 单元格中分别输入"1月""2月""3月""4月"。 ② 利用 AVERAGE 函数计算每个月实收费用的平均值。 ③ 利用 SUM 函数计算每个月实收费用的总和。	AVERAGE 函数	10	
	SUM 函数	10	
【任务7】计算每个月"实收总和"的排名。 利用 RANK 函数计算每个月实收费用总和的排名。	RANK 函数	15	

续表

项目工单	评分标准		
	评分依据	分值	得分
【任务8】计算每位患者1—4月总的就诊次数。 ① 在 K2 单元格中输入"就诊次数"。 ② 利用 COUNTIF 函数计算每位患者 1—4 月的就诊次数，将计算结果填充到"就诊次数"列中。	COUNTIF 函数	10	
【任务9】设置表格边框和底纹。 ① 为 A2:K30 单元格区域和 A32:D36 单元格区域设置外框线；颜色为"青色，个性5，淡色25%"。 ② 为 A2:K2 单元格区域和 A32:D32 单元格区域设置底纹，颜色为"青色，个性5，淡色40%"。	边框和底纹	10	

患者费用统计表

序号	姓名	性别	年龄	就诊年份	就诊月份	诊疗项目	项目收费	会员	实收费用	就诊次数
01	魏安国	男	45	76000002023	1月	腰椎推拿	60	是	¥51.00	1
02	柳羽菲	女	37	76000002023	1月	磁热疗法	75	是	¥63.75	3
03	邱琼洁	女	26	76000002023	1月	中药熏药治疗	80	是	¥68.00	2
04	张洪瑞	男	51	76000002023	1月	腰椎推拿	60	是	¥51.00	2
05	周芸	女	42	76000002023	1月	拔罐疗法	30	否	¥30.00	1
06	陆明	男	60	76000002023	1月	落枕推拿	40	否	¥40.00	2
07	吴天宝	男	48	76000002023	1月	拔罐疗法	30	是	¥25.50	1
08	梁龙云	男	26	76000002023	2月	拔罐疗法	30	否	¥30.00	1
09	夏星星	女	29	76000002023	2月	中药熏药治疗	80	是	¥68.00	3
10	柳羽菲	女	37	76000002023	2月	中药熏药治疗	80	是	¥68.00	3
11	王立文	女	37	76000002023	2月	刮痧疗法	35	否	¥35.00	1
12	何慧颖	女	49	76000002023	2月	磁热疗法	75	是	¥63.75	2
13	张洪瑞	男	51	76000002023	3月	腰椎推拿	60	是	¥51.00	2
14	鲁克勤	男	48	76000002023	3月	耳针	55	否	¥55.00	1
15	王俊伟	男	36	76000002023	3月	穴位贴敷	65	否	¥65.00	1
16	郑云钊	男	63	76000002023	3月	电针	80	否	¥80.00	1
17	杨泽思	女	43	76000002023	3月	刮痧疗法	35	否	¥35.00	1
18	郭长青	男	55	76000002023	3月	落枕推拿	40	否	¥40.00	2
19	夏星星	女	29	76000002023	3月	灸法治疗	45	是	¥38.25	3
20	柳相菲	女	37	76000002023	3月	刮痧疗法	35	是	¥29.75	1
21	郑明明	男	63	76000002023	3月	落枕推拿	40	是	¥34.00	2
22	王成利	男	36	76000002023	4月	梅花针叩刺	90	否	¥90.00	1
23	何慧颖	女	49	76000002023	4月	灸法治疗	45	是	¥38.25	2
24	夏星星	女	29	76000002023	4月	灸法治疗	45	是	¥38.25	3
25	陆明	男	47	76000002023	4月	灸法治疗	45	否	¥45.00	2
26	潘美云	女	60	76000002023	4月	刮痧疗法	35	否	¥35.00	1
27	柳羽菲	女	37	76000002023	4月	拔罐疗法	30	是	¥25.50	3
28	邱琼洁	女	26	76000002023	4月	刮痧疗法	35	是	¥29.75	2

月份	实收平均值	实收总和	总和排名
1月	¥47.04	¥329.25	2
2月	¥52.95	¥264.75	4
3月	¥47.56	¥428.00	1
4月	¥43.11	¥301.75	3

三、患者数据分析表

工单编号：

姓　　名		学　　号		
班　　级		总　　分		
项目工单		评分标准		
		评分依据	分值	得分
【任务1】另存文件。 打开文件接收柜中的"数据分析表.xlsx"，将文件另存到 D:盘并重新命名为"患者数据分析表.xlsx"。		文件另存	5	
【任务2】复制工作表。 将"数据分析表.xlsx"中的"费用统计表"工作表复制 5 份，分别命名为"排序""自动筛选""高级筛选""分类汇总""数据透视表"。		工作表复制	5	
【任务3】按主要关键字"姓名"排序。 在"排序"工作表中按"姓名"对所有数据进行升序排序。		简单排序	5	
【任务4】按主要关键字"诊疗项目"和次要关键字"实收费用"排序。 在"排序"工作表中按"诊疗项目"进行降序排序，如该项值相同，则按"实收费用"进行降序排序。		复杂排序	5	
【任务5】自定义排序序列。 在"排序"工作表中，将"疗程"列创建自定义序列"一次，短期，长期"，按此自定义序列进行排序。		自定义排序	5	
		自定义序列	5	

续表

项目工单	评分标准		
	评分依据	分值	得分
【任务6】单条件自动筛选。 在"自动筛选"工作表中筛选出疗程为"一次"的数据。 ![患者数据分析表]	简单自动筛选	10	
【任务7】多条件自动筛选。 在"自动筛选"工作表中筛选出疗程为"短期"且性别为"男"的数据。 ![患者数据分析表]	复杂自动筛选	5	
【任务8】自定义条件自动筛选。 在"自动筛选"工作表中筛选出"实收费用">50的数据。 ![患者数据分析表]	自定义条件自动筛选	5	
【任务9】高级筛选"与条件"。 在"高级筛选"工作表中筛选出"性别"为女且"诊疗项目"为"灸法治疗"的数据，并将筛选后的数据复制到第34行。 ![筛选结果]	与条件	10	

续表

项目工单	评分标准		
	评分依据	分值	得分
【任务10】高级筛选"或条件"。 在"高级筛选"工作表中筛选出"就诊月份"为"1月"或"诊疗项目"为"电针"的数据，并将筛选后的数据复制到第42行。	或条件	10	
【任务11】分类汇总。 在"分类汇总"工作表中利用分类汇总功能分别统计不同"诊疗项目"实收费用的总和。	分类汇总	10	

续表

项目工单	评分标准		
	评分依据	分值	得分
【任务 12】创建数据透视表。 以"数据透视表"工作表为数据源,在原工作表中创建数据透视表,显示不同患者"实收费用"的汇总(筛选字段为"姓名",行数据字段为"诊疗项目",值对应的字段为"实收费用")。以该透视表为数据源,创建"三维饼图"。	数据透视表	10	
	数据透视图	10	

3.6.5 实现方法

一、创建患者诊疗登记表

二、患者费用统计表

三、患者数据分析表

模块 4

演示文稿 PowerPoint 2016

教学目标

- ◆ 掌握演示文稿的创建过程。
- ◆ 掌握演示文稿视图的使用方法。
- ◆ 掌握幻灯片版式的选用，以及幻灯片的插入、移动、复制和删除等操作。
- ◆ 掌握幻灯片对象的基本操作（文本、图片、艺术字、表格的插入及编辑）。
- ◆ 掌握演示文稿主题的选用和幻灯片背景设置。
- ◆ 掌握演示文稿放映效果设计（切换效果、动画设计、放映方式）。
- ◆ 掌握演示文稿的打包和打印。

项目 1　长白山旅游演示文稿案例分析

4.1.1　案例的提出

时光缓缓流淌过千年，曾经波澜壮阔的地壳运动，留给了我们神秘唯美的瑰宝——长白山。长白山这个从《山海经》里就拥有姓名的古老山脉，从未辜负它名字里的浪漫情怀：长相守，到白头。这就是"长白山"。

长白山，它是东北最高的山峰。神秘的天池，孕育出东北美丽的三江：松花江、图们江和鸭绿江，滋养着广袤的土地，养育着大地上的人们。

"'赞家乡之美 颂爱国之情'我是家乡推介官"主题竞赛活动在全院展开。同学们积极踊跃地参与到活动中。严小天同学想通过介绍长白山来参加此次比赛。经过构思、设计，决定使用 PowerPoint 2016 为长白山旅游做一个宣传片，那么如何能更好地完成设计呢？

PowerPoint 2016 是 Office 办公组件中关于演示文稿制作的软件，通常简称为 PPT，可以集文字、图形、图像、音频和视频于一体，适用于课堂教学、论文答辩、产品发布、广告宣传、商业演示、远程会议等。通过演示文稿，可以使讲解过程变得简明而清晰，从而更有效地与他人沟通。

4.1.2　解决方案

首先，严小天同学新建一个演示文稿；其次，通过添加文本、形状、图像、表格、音频、视频等对象来完善文稿内容；再次，使用适合的主题修饰全文；最后，添加切换效果、动画效果，完成制作。最终效果如图4-1所示。

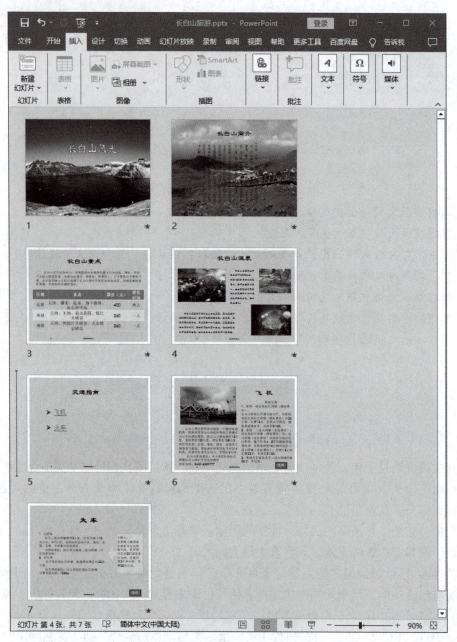

图4-1 长白山旅游演示文稿效果图

4.1.3 相关知识点

1. 工作界面

PowerPoint 2016的工作界面主要由快速访问工具栏、标题栏、选项卡、功能区、大纲/幻灯片浏览窗格、幻灯片窗格、备注窗格等部分组成，如图4-2所示。

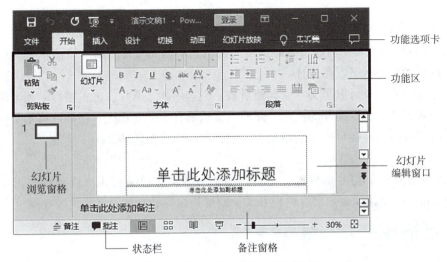

图 4-2　PowerPoint 2016 工作界面

2. 演示文稿

一个 PowerPoint 文件称为一个演示文稿，通常它是由一系列幻灯片组成的，制作演示文稿的过程实际上就是制作一张张幻灯片的过程。幻灯片中可以包含文字、图形、图像、表格、图表、声音、视频等。制作完成的演示文稿可以通过计算机屏幕、Internet、投影仪等发布出来。使用 PowerPoint 2016 制作的演示文稿的扩展名为 .pptx。

3. 幻灯片版式

幻灯片版式是 PowerPoint 软件中演示文稿的常规排版格式，用于确定幻灯片所包含的对象以及各对象之间的位置关系。通过版式设计，可以使幻灯片内各类对象布局更加简洁、合理。版式由占位符构成，不同的占位符可以放置不同的对象。

4. 占位符

占位符的外在显示形式是一个虚框，与文本框很相似。占位符能起到规划幻灯片结构的作用，在"幻灯片版式"中可以看到各种不同的占位符。

在母版视图下可以插入占位符，占位符共有 5 种类型，分别是标题占位符、文本占位符、数字占位符、日期占位符和页脚占位符。

5. 模板

PowerPoint 提供了两种模板：设计模板和内容模板。

（1）设计模板包含预定义的格式和配色方案，可以应用到任意演示文稿中创建外观。

（2）内容模板除了预定义格式和配色方案外，还增加了针对不同主题的建议。

在演示文稿中应用设计模板时，新模板将取代原演示文稿的外观设置，并且插入的每张新幻灯片都会拥有相同的自定义外观。

6. 母版

在 PowerPoint 中，母版是一张特殊的幻灯片，当用户需要演示文稿中每张幻灯片都具有统一的外观效果时，如统一的 Logo 标识、幻灯片编号等，就可以在母版中设置。PowerPoint 2016 提供了幻灯片母版、讲义母版和备注母版。

7. 超链接

超链接是演示文稿中进行交互控制的一种重要手段，可以在播放时实时地以顺序或定位方式"自由跳转"。跳转的对象可以是演示文稿内指定的幻灯片、另一个演示文稿、某个应用程序，甚至是某个网络资源地址。

设置超链接的本身可以是文本或其他对象，例如形状、图片、艺术字等。超链接的设置打破了以往演示文稿线性播放的模式，使演示文稿具有了交互功能。在播放演示文稿时，使用者可以根据自己的需要单击某个超链接，进行相应内容的跳转。

8. 动画效果

动画效果是指当幻灯片放映时，幻灯片中的对象会按照某种规律以动画的形式显示出来。PowerPoint中设置动画效果有两种方式：幻灯片切换动画和幻灯片内容动画。

4.1.4 项目工单及评分标准

工单编号：

姓　　名		学　　号		
班　　级		总　　分		

项目工单	评分标准		
	评分依据	分值	得分
【任务1】新建演示文稿，保存到E:盘，并命名为"长白山旅游"。	新建、保存文档	5	
【任务2】修改当前幻灯片版式为"标题和竖排文字"，在标题占位符中输入"长白山简介"，在内容占位符中输入相应的内容（文字可从Word文档中复制），依照样图调整文本格式。	修改版式	5	
	输入标题	2	
	复制文本	3	
【任务3】插入一张版式为"空白"的幻灯片，并将其移动为第1张幻灯片。	新建幻灯片	2	
	移动幻灯片	3	
【任务4】插入一张版式为"仅标题"的幻灯片，完成样图中"长白山温泉"页的内容，设为第3张幻灯片。	新建幻灯片	2	
	插入、编辑图片	6	
	插入、编辑文本	3	
【任务5】使用"肥皂"主题修饰全文。	应用主题	5	
【任务6】将第1张幻灯片背景设置为"天池.jpg"；第2张幻灯片背景设置为"天池登山道.jpg"，并隐藏背景图形。	设置幻灯片背景	5	
【任务7】在第1张幻灯片中插入艺术字"长白山风光"，隶书，位置：水平为8.57厘米（自左上角），垂直为4.16厘米（自左上角），样式为"渐变填充：深绿色，主题色5；映像"，文字效果为"转换-弯曲-山形：上"。	插入、编辑艺术字	5	

续表

项目工单	评分标准		
	评分依据	分值	得分
【任务 8】在第 3 张幻灯片前插入一张"标题和内容"版式幻灯片,标题设为"长白山景点",并插入相应的文字和表格,表格样式为"中度样式 2-强调 6",依照样图美化表格。	新建幻灯片	2	
	输入标题	2	
	插入、编辑表格	5	
【任务 9】完成样图中第 5~7 张幻灯片的内容。	编辑幻灯片	9	
【任务 10】在第 5 张幻灯片中分别将各交通方式与第 6、7 张幻灯片建立超链接。在第 6、7 张幻灯片中利用"棱台"对象实现返回到第 5 张幻灯片。	设置文本超链接	5	
	设置形状超链接	5	
【任务 11】为每张幻灯片添加页脚和编号,格式设为红色,隶书,12 号,编号显示在底部左端,页脚内容为"最美长白山",居中显示。	设置页眉页脚	5	
	设置母版	5	
【任务 12】将第 4 张幻灯片中 3 张图片的动画均设置为"进入"→"缩放",效果选项为"幻灯片中心"。文本动画设置为"进入"→"擦除",效果选项为"自顶部"。动画播放顺序为先文本后图片,具体要求:文本同时出现,3 张图片动画为单击鼠标一次后依次播放。	设置动画	6	
【任务 13】全部幻灯片的切换方案都为"分割",效果选项为"左右向中央收缩",放映方式为"观众自行浏览(窗口)"。	设置切换动画	4	
	设置放映方式	3	
【任务 14】保存并提交文件。	保存文件	3	

4.1.5 实现方法

在本节中,将依次按照以下步骤完成"长白山旅游"演示文稿的制作过程。
① 新建演示文稿,调整幻灯片版式。
② 编辑幻灯片中的内容(文字、图形、图像、音频和视频等)。
③ 通过使用幻灯片版式、主题和母版等美化幻灯片。
④ 设置幻灯片上对象的动画效果、切换效果和放映方式。
⑤ 实现演示文稿的交互式控制。

一、创建并编辑演示文稿

1. 创建演示文稿

创建演示文稿主要有以下几种方式:创建空白演示文稿,根据主题、模板和现有演示文稿创建等。

(1)创建空白演示文稿:可以创建一个没有任何示例文本和主题方案的空白演示文稿,用户可根据自己的需要选择幻灯片版式进行设计。

（2）根据主题：是预先设计好演示文稿的外观样式，包括母版、配色方案、文字格式等。使用主题方式，用户不必费心设计演示文稿的母版和格式，直接在系统提供的各种主题中选择一个最适合自己的主题，使创建的演示文稿外观一致。

（3）根据模板：是预先设计好演示文稿的外观及样文，用户只需要将内容进行修改和完善，即可创建美观的演示文稿。PowerPoint 2016 系统提供了丰富多彩的模板，但预设的模板毕竟有限，要想找到更多的模板，可以在 Office.com 网站下载。

（4）根据现有演示文稿：可以根据现有演示文稿的风格样式建立新演示文稿，新演示文稿的风格样式与现有演示文稿完全一样。常用此方法快速创建与现有演示文稿类似的演示文稿，适当修改完善即可。

【任务1】新建演示文稿，保存到 E:盘，并命名为"长白山旅游"。

操作步骤：

① 单击"开始"→"所有程序"→"Microsoft Office"→"Microsoft PowerPoint 2016"命令，启动 PowerPoint 2016。单击"空白演示文稿"，创建"演示文稿1"。

视频 4.1 任务 1

② 单击"文件"→"保存"→"浏览"命令，在弹出的对话框中，"保存位置"选择"本地磁盘(E:)"，文件名输入"长白山旅游"，单击"保存"按钮。

> ### 知识拓展
>
> **演示文稿的保存方式**
>
> 对于新建的 PPT 演示文稿或编辑完某份演示文稿时，要及时保存，防止因死机、断电等意外发生而导致文档丢失。PPT 文档保存以后，可供将来使用。演示文稿既可以常规保存，又可以加密保存。PPT 演示文稿的保存分为 3 种情况：新建演示文稿的保存、保存已经保存过的演示文稿和演示文稿的另存。
>
> （1）新建 PPT 演示文稿的保存。
>
> 要保存新建演示文稿，最快捷的方法是单击"快速访问工具栏"上的"保存"按钮，打开"另存为"对话框；或者单击"文件"→"保存"。
>
> （2）保存已经保存过的演示文稿。
>
> 要对已经保存过的文档进行保存时，操作比较简单。可直接单击"快速访问工具栏"上的"保存"按钮，或者单击"文件"→"保存"，即可按照原来的路径、名称、格式保存。
>
> 保存已经保存过的演示文稿，不打开"另存为"对话框，不进行任何设置，只是在幻灯片编辑窗口的状态栏中间部分显示保存进度条，保存结束即消失，时间很短。
>
> （3）演示文稿的另存。
>
> 如果原稿已经保存过，经过当前编辑修改以后，要进行保存，但又不想覆盖原文或者想保存为其他格式文档，这时可以选择另存。
>
> 单击"文件"→"另存为"，设置"保存位置"和"文件名"后，单击"保存"按钮即可。

2. 视图模式

PowerPoint 2016 提供了 5 种演示文稿视图和 3 种母版视图。演示文稿视图模式分别为普通视图、大纲视图、幻灯片浏览视图、备注页视图和阅读视图模式；母版视图分别为：幻灯片母版视图、讲义母版视图和备注母版视图。最常使用的两种视图是普通视图和幻灯片浏览视图。

3. 幻灯片版式

【任务2】修改当前幻灯片版式为"标题和竖排文字"，在标题占位符中输入"长白山简介"，在内容占位符中输入相应的内容（文字可从 Word 文档中复制），依照样图调整文本格式。

操作步骤：

① 选中当前幻灯片。

② 单击"开始"→"幻灯片"→"版式"命令，在弹出的列表中选择"标题和竖排文字"，并在标题占位符中输入"长白山简介"。

③ 打开 Word 文档"长白山介绍"，复制"长白山简介"部分的文字，粘贴到 PPT 内容占位符中。

④ 依照样图调整文本。

视频 4.1 任务 2

> **知识拓展**
>
> PowerPoint 2016 中不能直接输入文字，只能通过占位符或文本框来添加。

二、幻灯片的编辑操作

使用模板建立的演示文稿需要根据设计要求，对其中的幻灯片进行插入、删除、移动和复制等编辑操作。

1. 插入幻灯片

单击"开始"→"幻灯片"→"新建幻灯片"命令，即可添加一张默认版式的幻灯片。如需应用其他版式，单击"新建幻灯片"下拉按钮，在下拉列表中选择相应版式。

2. 删除幻灯片

选中相应幻灯片，按 Delete 键，即可将该幻灯片删除。

3. 移动幻灯片

【任务3】插入一张版式为"空白"的幻灯片，并将其移动为第 1 张幻灯片。

操作步骤：

① 单击"开始"→"幻灯片"→"新建幻灯片"下拉按钮，在弹出的下拉列表中选择"空白"版式。

② 在普通视图的"幻灯片浏览"窗格中，单击第 2 张幻灯片。

③ 单击"开始"→"剪贴板"→"剪切"命令。

④ 将光标定位到第 1 张幻灯片之前，单击"开始"→"剪贴板"→"粘贴"命令。

视频 4.1 任务 3

知识拓展

在 PowerPoint 2016 中移动幻灯片，可以使用鼠标操作：

在普通视图的"幻灯片浏览"窗格中，选择要移动的幻灯片，按住鼠标左键不放，拖动到目标位置后释放鼠标，即可完成幻灯片的移动操作。

【任务4】插入一张版式为"仅标题"的幻灯片，完成样图中"长白山温泉"页的内容，设为第3张幻灯片。

操作步骤：

① 单击"开始"→"幻灯片"→"新建幻灯片"下拉按钮，在弹出的下拉列表中选择"仅标题"版式。

② 在标题占位符中输入"长白山温泉"。

③ 单击"插入"→"图像"→"图片"→"此设备"命令，插入相应图片，并调整大小及位置。

④ 打开 Word 文档"长白山介绍"，复制"长白山温泉"部分的文字，粘贴并调整版面。

视频 4.1 任务 4

知识拓展

在 PowerPoint 2016 中插入图片，可以通过内容占位符中的"图片"命令实现。

4. 复制幻灯片

选中相应幻灯片，将"开始"→"剪贴板"下的"复制"命令与"粘贴"命令配合使用，可实现复制幻灯片。

知识拓展

（1）选择多张连续幻灯片：在幻灯片浏览视图下，借助 Shift 键实现。

（2）选择多张不连续幻灯片：在幻灯片浏览视图下，借助 Ctrl 键实现。

（3）可以使用鼠标拖动相应幻灯片方式实现移动幻灯片。

（4）快捷键 Ctrl+X、Ctrl+C、Ctrl+V 同样适用于幻灯片的移动和复制操作。

（5）在幻灯片浏览视图下，可以同时对多张幻灯片进行移动/复制/删除等操作。

三、设置幻灯片的外观

1. 应用设计主题

PowerPoint 2016 提供了多种内置的主题样式，可以使文稿具有风格独特的统一外观，用户可以根据需要选择不同的主题样式来设计演示文稿。

【任务5】使用"肥皂"主题修饰全文。

操作步骤：

① 选中任意一张幻灯片。

② 打开"设计"→"主题"下拉列表，在"Office"列表中查找"肥皂"主题，在"肥皂"主题上单击，将其应用到全文。

视频 4.1 任务 5~6

> **知识拓展**
>
> 如果只应用于所选幻灯片，需右击，在弹出的菜单中单击"应用于选定幻灯片"命令，则只有选定的幻灯片使用该主题。

2. 应用幻灯片背景

设计幻灯片时，可以在"设计"→"自定义"→"设置背景格式"对话框中根据需要更改背景颜色和背景设计，如添加底纹、图案、纹理或图片等，如图 4-3 所示。

"纯色填充"单选按钮：设置纯色背景。

"渐变填充"单选按钮：设置渐变色背景效果。

"图片或纹理填充"单选按钮：设置图片背景或纹理背景。

"图案填充"单选按钮：设置图案样式背景。

【任务 6】将第 1 张幻灯片背景设置为"天池.jpg"；第 2 张幻灯片背景设置为"天池登山道.jpg"，并隐藏背景图形。

操作步骤：

① 选中第 1 张幻灯片。

② 单击"设计"→"自定义"→"设置背景格式"命令，弹出"设置背景格式"对话框，在"填充"标签中选择"图片或纹理填充"单选按钮，单击"文件（F）…"，打开"插入图片"对话框，插入"天池.jpg"图片。

③ 勾选"隐藏背景图形"复选框。

④ 使用相同的方法将第 2 张幻灯片背景设为"天池登山道.jpg"。

图 4-3　设置背景格式

> **知识拓展**
>
> ### 幻灯片背景
>
> 除使用图片设置幻灯片背景的格式外，还可以添加纯色或渐变颜色、图案、纹理作为幻灯片或整个演示文稿的背景。
>
> （1）单击"设计"→"自定义"→"设置背景格式"命令，弹出"设置背景格式"对话框，在"填充"标签的"填充"列表下，选择"纯色填充""渐变填充"或"图案填充"。
>
> （2）默认情况下，所做的选择将应用于当前幻灯片。如果希望它们应用于文件中的所有幻灯片，则在窗格底部单击"全部应用"按钮。

四、编辑幻灯片中的内容

1. 在幻灯片中输入文本

在幻灯片窗格中，有 4 种类型的文本可以添加到幻灯片中，分别是占位符文本、文本框中的文本、自选图形的文本和艺术字文本。

1）占位符文本

幻灯片版式包含多种组合形式的文本和对象占位符，它能容纳标题、正文、图表、图片和表格等内容。在输入之前，占位符中是一些提示性文字；输入文本后，提示性文字消失。

2) 文本框中的文本

当需要在占位符以外添加文本时，可以使用文本框来添加文本。具体操作方法为：单击"插入"选项卡上的"文本框"按钮，当鼠标变成"+"形时，在要添加文本框的位置按下鼠标左键，拖动鼠标至实线方框大小合适时松开鼠标，在幻灯片上出现一个可编辑的文本框，在文本框中闪烁的光标处可输入文本。

PowerPoint 2016 中的文本框与 Word 中的文本框的格式化操作基本一致。段落格式化操作略有差别，需要利用"开始"→"段落"命令组的"段落"对话框进行设置。

3) 自选图形的文本

单击"插入"→"插图"→"形状"下拉按钮，在展开的下拉列表中选择要绘制的图形（除线条、连接符或任意多边形），鼠标变成"+"形，在幻灯片编辑区按下鼠标左键拖动鼠标，即可绘制一自选图形，然后右击该形状，在弹出的菜单中选择"编辑文字"命令，使用键盘输入文本。

2. 使用项目符号和编号

为使幻灯片中某些内容更为醒目、清晰，经常要使用项目符号和编号，强调一些重要的观点或条目，从而使主题更加美观、突出、分明。

单击"开始"→"段落"→"项目符号"或"编号"命令，可以实现项目符号和编号的添加。单击该命令右下方的下拉按钮，可以在相应对话框中进行项目符号和编号样式的修改，具体如图 4-4 所示。

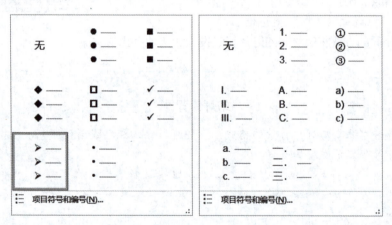

图 4-4 项目符号和编号设置

3. 在幻灯片中插入艺术字

【任务 7】在第 1 张幻灯片中插入艺术字"长白山风光"，隶书，位置：水平为 8.57 厘米（自左上角），垂直为 4.16 厘米（自左上角），样式为"渐变填充：深绿色，主题色 5；映像"，文字效果为"转换-弯曲-山形：上"。

操作步骤：

① 选中第 1 张幻灯片。

② 单击"插入"→"文本"→"艺术字"命令，在列表中选择第 3 行第 4 列的艺术字样式。

视频 4.1 任务 7

③ 在"请在此放置您的文字"占位符中输入"长白山风光",并修改字体为"隶书"。

④ 选中艺术字,单击"绘图工具"→"形状格式"→"形状样式"的"对话框启动器"按钮,在弹出的"设置形状格式"对话框中,单击"形状选项"→"大小与属性"→"位置",分别输入水平和垂直位置数值"8.57"和"4.16"。

⑤ 选中艺术字,单击"绘图工具"→"形状格式"→"艺术字样式"→"文字效果",在列表中选择"转换-弯曲-山形:上"。

4. 在幻灯片中插入表格

【任务8】在第3张幻灯片前插入一张"标题和内容"版式幻灯片,标题设为"长白山景点",并插入相应的文字和表格,表格样式为"中度样式2-强调6",依照样图美化表格。

操作步骤:

① 选中第2张幻灯片。

② 单击"开始"→"幻灯片"→"新建幻灯片"命令,选择"标题和内容"版式。

③ 在标题占位符中输入"长白山景点"。

④ 打开 Word 文档"长白山介绍",复制相应文字,并粘贴到文本占位符,调整格式。

⑤ 单击内容占位符中的"插入表格"命令按钮,在弹出的"插入表格"对话框中,修改列数为4,行数为4,单击"确定"按钮。复制 Word 中表格文字并粘贴到 PPT 表格中。

⑥ 执行"表格工具"→"表设计"→"表格样式",在列表中选择表格样式"中度样式2-强调6"。

⑦ 依样图调整表格行/列格式。

视频 4.1 任务 8

5. 在幻灯片中插入形状

【任务9】完成样图中第5~7张幻灯片的内容。

操作步骤:

① 选中第4张幻灯片。

② 单击"开始"→"幻灯片"→"新建幻灯片"命令,选择"空白"版式,依次插入三张新幻灯片。

③ 选中第6张幻灯片,单击"插入"→"插图"→"形状"命令,在列表中选择"基本形状—矩形:棱台"。鼠标呈"+"形状,在幻灯片合适的位置,按住鼠标左键,拖动鼠标,绘制适当大小的形状。右击该形状,在快捷菜单中选择"编辑文字",输入文字"返回"。

④ 使用同样方法在第7张幻灯片中插入该形状。

⑤ 依照样图,分别在第5~7张幻灯片中插入其他文本、图片等对象。

6. 在幻灯片中插入超链接

【任务10】在第5张幻灯片中分别将各交通方式与第6、7张幻灯片建立超链接。在第6、7张幻灯片中利用"棱台"对象实现返回到第5张幻灯片。

操作步骤:

文本超链接:

① 单击第5张幻灯片,选中文字"飞机"。

② 单击"插入"→"链接"→"链接"命令,打开"编辑超链接"对

视频 4.1 任务 10

话框，单击"连接到"→"本文档中的位置"，单击"请选择文档中的位置"，选择第 5 张幻灯片，单击"确定"按钮。

③ "火车"交通方式超链接设置同上。

对象超链接：

① 单击第 6 张幻灯片，选中"棱台"形状。

② 单击"插入"→"链接"→"链接"命令，单击"本文档中的位置"，选择第 5 张幻灯片。

③ 第 7 张幻灯片返回方式同上。

7. 在母版中插入编号和页脚

母版视图类型分为幻灯片母版、讲义母版、备注母版 3 种。幻灯片母版是存储模板信息的设计模板的一个元素。母版中的信息包括字形、占位符大小和位置、背景设计和配色方案。用户通过更改这些信息，可以更改整个演示文稿中幻灯片的外观。

【任务 11】 为每张幻灯片添加页脚和编号，格式设为红色，隶书，12，编号显示在底部左端，页脚内容为"最美长白山"，居中显示。

操作步骤：

① 单击"插入"→"文本"→"页眉和页脚"命令，在弹出的"页眉和页脚"对话框中，单击"幻灯片"标签，勾选"幻灯片编号"和"页脚"，输入页脚文字"最美长白山"，单击"全部应用"按钮。

视频 4.1 任务 11

② 单击"视图"→"母版视图"→"幻灯片母版"命令，进入幻灯片母版编辑状态。

③ 在窗口左侧幻灯片浏览窗格中选择"肥皂 幻灯片母版：由幻灯片 1~7 张使用"。

④ 单击窗口右侧的"幻灯片编辑窗口"，选中右下角"编号"文本框，拖动到窗口底部左端，并分别设置页脚和编号格式为"红色，隶书，12"。

⑤ 单击"幻灯片母版"→"关闭"→"关闭母版视图"命令，返回普通视图模式。

> **知识拓展**
>
> **母版**
>
> 修改幻灯片母版中的信息时，需注意该母版应用的幻灯片范围，可选择修改操作应用于所有幻灯片或某类版式的相应幻灯片。

8. 在幻灯片中插入 SmartArt 图形

SmartArt 图形功能是 Office 新增的快速布局功能，用户可在 PowerPoint 2016 中通过选择不同的布局来创建图形图表，从而快速、轻松、有效地传达信息，使信息和观点表示形式更为出色。

执行"插入"→"插图"→"SmartArt"命令，在弹出的"选择 SmartArt 图形"对话框中，根据需要选择适合的类型，具体如图 4-5 所示。

五、幻灯片中多媒体对象的编辑

在 PowerPoint 2016 中可以插入声音和视频多媒体对象，从而使演示文稿能够多方位地传递信息。

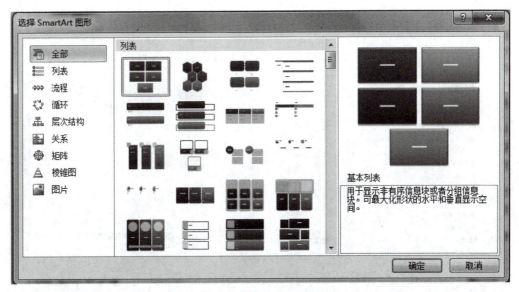

图 4-5 SmartArt 图形

1. 在幻灯片中插入音频

执行"插入"→"媒体"→"音频"→"PC 上的音频"命令，在弹出的对话框中选择需要插入的音频文件，如图 4-6 所示。

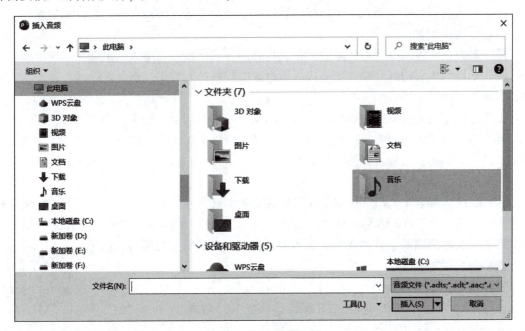

图 4-6 插入音频文件

2. 在幻灯片中插入视频

执行"插入"→"媒体"→"视频"→"PC 上的视频"命令，在弹出的对话框中选择需要插入的视频文件，具体如图 4-7 所示。

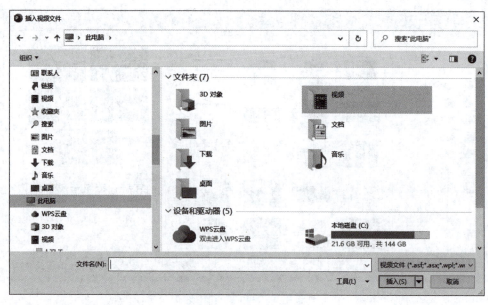

图 4-7 插入视频文件

六、设置幻灯片放映效果

在 PowerPoint 2016 中，可以对幻灯片中的文本、图形、表格等对象添加不同的动画效果，包括进入动画、强调动画、退出动画和动作路径动画等。添加动画之前，需要先选中对象，再进行动画设置。

进入动画是设置幻灯片中对象进入放映屏幕的方式。例如：飞入、出现、浮现等。

强调动画为突出幻灯片中某部分内容而设置的特殊动画效果。例如：脉冲、放大/缩小、加粗闪烁等。

退出动画是设置对象退出屏幕时所表现的动画效果。例如：消失、淡出、形状等。

动作路径动画可以使对象沿指定的路径运动，可以实现按预设路径运动或自定义路径展现动画效果。例如：直线、弧形、转弯等。

1. 幻灯片动画设置

【任务 12】将第 4 张幻灯片中 3 张图片的动画均设置为"进入"→"缩放"，效果选项为"幻灯片中心"。文本动画设置为"进入"→"擦除"，效果选项为"自顶部"。动画播放顺序为先文本后图片，具体要求：文本同时出现，3 张图片动画为单击鼠标一次后依次播放。

操作步骤：

① 在第 4 张幻灯片中同时选中 3 张图片，单击"动画"→"动画"下拉按钮，从下拉列表中选择"进入"→"缩放"，单击"效果选项"命令，选择"幻灯片中心"。

视频 4.1 任务 12

② 同时选中两个文本框，单击"动画"→"动画"下拉按钮，从下拉列表中选择"进入"→"擦除"，单击"效果选项"命令，选择"自顶部"。

③ 选中两个文本框，在"动画"→"计时"组中单击"对动画重新排序"组下的"向

前移动"按钮,使其文本框左上角的动画序号变为"1"。

④ 选中标号为 2 的后两张图片,单击"动画"→"计时"组中的"开始"下拉按钮,从下拉列表中选择"上一动画之后"。

> **知识拓展**
>
> (1) 多个对象的选定可借助 Shift 键。
> (2) 幻灯片中添加动画效果后,在对象的左上角都会显示带数字的矩形标记,数字表示动画在当前幻灯片中的播放次序。
> (3) 利用"动画"→"高级动画"→"动画刷"命令可以实现对象动画的复制功能。
> (4) 在窗体右侧的"动画窗格"中右击动画,从快捷菜单中选择"效果选项"命令,可以进行播放效果、计时设置等高级动画设置。
> (5) 在窗体右侧的"动画窗格"中右击动画,从快捷菜单中选择"删除"命令,可以快速删除该动画效果。

2. 幻灯片切换效果设置

幻灯片切换效果是指一张幻灯片如何在屏幕上消失,下一张幻灯片如何显示。在 PowerPoint 2016 中,可以对演示文稿中单张或多张幻灯片的切换方式进行设置。

【任务 13】全部幻灯片的切换方案都为"分割",效果选项为"左右向中央收缩",放映方式为"观众自行浏览(窗口)"。

操作步骤:

① 选中第 1 张幻灯片。

② 单击"切换"→"切换到此幻灯片"中的"切换效果"下拉按钮,在下拉列表中选择"分割"效果,单击"效果选项"命令,选择"左右向中央收缩"。

视频 4.1 任务 13

③ 单击"切换"→"计时"→"全部应用"命令,切换效果应用于全部幻灯片。

④ 单击"幻灯片放映"→"设置"→"设置幻灯片放映"命令,在弹出"设置放映方式"对话框中,单击"观众自行浏览(窗口)"→"确定"按钮。

【任务 14】保存并提交文件。

> **知识拓展**
>
> 如果幻灯片切换效果应用范围为单张幻灯片,那么设置好该幻灯片的切换效果后,不需要执行"切换"→"计时"→"全部应用"命令。

七、演示文稿的打包和打印

1. 演示文稿的打包

PowerPoint 2016 提供了打包成 CD 和创建视频功能,可以方便地将制作的演示文稿及其链接的图片、声音和视频等文件一次性打包在一起,将演示文稿转移到其他计算机上进行演示。

单击"文件"→"导出"→"将演示文稿打包成 CD"→"打包成 CD"命令,如图 4-8 所示。

2. 演示文稿的打印

PowerPoint 2016 可以将演示文稿打印出来,常用的打印稿形式有幻灯片、讲义、备注和大纲视图。演示文稿打印前,需要进行打印页面的设置:单击"设计"→"自定义"→"幻灯片大小"→"自定义幻灯片大小(C)…",打开页面设置对话框,可以实现对幻灯片的大小、编号和方向的设置,如图 4-9 所示。

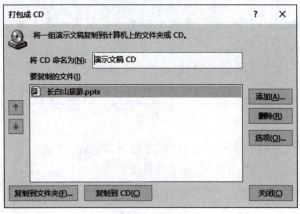

图 4-8 演示文稿打包

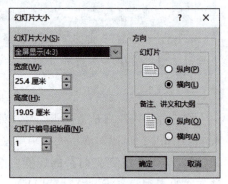

图 4-9 演示文稿页面设置

项目 2　课件制作（教育系）

4.2.1　素养课堂

工欲善其事　必先利其器

子曰："工欲善其事，必先利其器。"此言出自春秋孔子《论语》。这句名言给我们的启示是：做事情要有准备，才能事半功倍。工匠要想做好工作，必须先使工具精良；士人要想弘扬仁义道德，一定先要深入圣贤典籍。比喻要做好一件事，准备工作非常重要。

设计制作课件是教育信息化在教学应用中的一个环节，是教师备课的一个部分，它体现了教师信息技术的综合能力，主要表现为 4 个方面：课件制作软件选择与应用能力；多媒体素材的采集与制作能力；文本、图像、动画的设计处理能力；音频、视频软件的应用处理能力与设计制作能力。只要拥有上述 4 个方面的能力，新时代教学的"利器"——制作与应用多媒体课件就牢牢地把握在教师自己手里，成为教学活动的一个好助手。

如果说教学活动是"工欲善其事"中的"事"，那么，教学课件也便成为"必先利其器"中的一个很"利"的"器"。课程设计指导课件设计的方向，课件设计通过信息技术实现课程设计思想，两者相辅相成，只为成就一堂好课。

作为未来的教育工作者，每名教育系的学生都应该熟练使用信息技术手段制作出精美的课件，并利用其更好地服务教学、服务学生。

长白山大学教育系学生徐陆顶岗实习需要制作教学课件，那么如何才能更好地完成设计呢？

徐陆选取了《天净沙·秋思》一课，应用 PowerPoint 2016 软件，展开了他的课件设计工作。

他设计了以下解决文案。

第一步：新建一个演示文稿，添加所需版式的幻灯片。

第二步：在各幻灯片上添加对象。通过添加文本、艺术字、形状、SmartArt 图形、图像、表格、音频、视频等对象来完善文稿内容。

第三步：使用适合的主题修饰全文。

第四步：添加幻灯片切换效果，设计制作幻灯片上各种对象的动画效果。

第五步：设置幻灯片放映方式。

第六步：播放 PPT 文件，完善设计制作效果。

样图如图 4-10 所示。

图 4-10　样图

4.2.2　项目工单及评分标准

工单编号：

姓　　名		学　　号		
班　　级		总　　分		
项 目 工 单		评分标准		
		评分依据	分值	得分
【任务 1】新建演示文稿，保存到 F:盘，并命名为"班级+姓名+秋思课件.pptx"。		保存文件	2	
【任务 2】设置首页、尾页。在标题占位符中输入"天净沙·秋思"，在副标题占位符中输入"马致远"（文字可从素材文件夹中的 Word 文档复制）。复制该幻灯片，在尾页的标题占位符中输入"谢谢收看，再见"，在副标题占位符中输入"制作人：教育系　徐陆"。在首页插入备注："天净沙"是词牌名。"秋思"是题目。"马致远"是作者名。		占位符应用	4	
		备注应用	2	

续表

项 目 工 单	评分标准		
	评分依据	分值	得分
【任务3】导入新课。在尾页后插入两张版式为"标题和内容"的幻灯片，并将其移动为第2、3张幻灯片。 ①在标题占位符中输入"什么是小令?"。在内容区插入"水平层次结构"的SmartArt图形（自行选择样式），输入对应文字内容。插入图片小桥人家.jpg（大小：高度4.55厘米，宽度31.34厘米；位置：水平1.27厘米，垂直12.96厘米）；样式：柔化边缘矩形，置于底层。 ②在标题占位符中输入"作者简介"。在内容区插入图片马致远.jpeg，将该图片删除背景，设置矩形投影样式。设置图片大小：高8.48厘米，宽6.2厘米；位置：水平6.67厘米，垂直6.82厘米。插入横排文本框（位置：水平17.17厘米，垂直7.11厘米，大小：高9.2厘米，宽13.11厘米），复制作者简介的具体内容，加大圆点项目符号，字号为24磅。	幻灯片编辑与版式设置	3	
	图片编辑设置	4	
	文本框设置	4	
【任务4】朗读课文。在尾页幻灯片前插入一张版式为"垂直排列标题与文本"的幻灯片，设为第4张幻灯片，标题输入"天净沙·秋思　马致远"（作者名换行显示），在文本区输入课文内容，无项目符号，课文位置：水平–1.78厘米，垂直4.37厘米。	版式设置	3	
	占位符应用	3	
	文本框设置	4	
【任务5】讲授新课。在尾页幻灯片前插入4张版式为"内容与标题"的幻灯片，建成第5~8张幻灯片，标题输入一句诗句，在文本区输入字、词、句注解，在右侧内容区插入对应图片（枯藤.jpg、小桥.jpg、古道.jpg、夕阳.jpg）。	插入并复制幻灯片	3	
	文本设置	4	
	图片设置	4	
【任务6】课堂小结。在尾页前插入一张版式为"空白"的幻灯片（设为第9张幻灯片）。插入2行3列表格，输入课堂小结文字。表格上下、左右居中，表格样式为"中度样式2-强调1"，插入图片背景2.png，并置于底层，上下居中、左右居中。	表格编辑	4	
	图片背景设置	3	
【任务7】文学欣赏。在尾页前插入一张版式为"空白"的幻灯片（设为第10张幻灯片）。插入视频：天净沙·秋思.mp4。设计背景：背景2.png。	视频设置	3	
	设计背景	3	
【任务8】应用主题。使用环保主题修饰全文。将第10张幻灯片隐藏背景图形。在首页插入音频：雁南飞.mp3，要求跨幻灯片自动播放，放映时隐藏小喇叭图标。	应用主题	3	
	隐藏背景图形	2	
	音频设置	3	

续表

项 目 工 单	评分标准		
	评分依据	分值	得分
【任务9】在第2~10张幻灯片中插入艺术字，设计各教学环节（一、导入新课，二、朗读课文，三、讲授新课，四、课堂小结，五、文学欣赏）。样式：填充-橙色，着色1，轮廓-背景1，清晰阴影-着色1。字体：方正舒体，54磅，加下划线。大小：高2.57厘米，宽12.11厘米。位置：水平0.38厘米，垂直0厘米。文本效果：转换，波形1。	插入艺术字	3	
	艺术字编辑	5	
【任务10】超链接。将第4张幻灯片的每一句诗词与第5~8张幻灯片建立超链接。再在第5~8张幻灯片的右下角插入一个形状（动作按钮：上一张），建立"返回"超链接。	文本超链接	3	
	形状超链接	3	
【任务11】母版。在母版的第1张中为每张幻灯片添加页脚、日期（格式：年月日）和编号。对于3个控件的具体要求，字体：红色，隶书，12号；垂直位置：18厘米。其中，页脚内容"长白山大学"宽度4.5厘米，水平居中显示；标题幻灯片版式中不显示页脚。在"标题幻灯片"和"垂直排列标题与文本"版式母版（1、4、11张幻灯片）中插入图片背景1.png，使之处于白色矩形形状的上一层，大小与白色矩形形状相同。关闭母版。	总母版	4	
	标题幻灯片母版	3	
	垂直排列标题与文本母版	3	
【任务12】动画设置。将第3张幻灯片中图片的动画设置为"进入"→"缩放"，效果选项为"幻灯片中心"。两个文本框动画逐个设置为"进入"→"擦除"，效果选项为"自左侧"。动画播放顺序为先文本后图片，具体要求：文本同时出现。 将第4张幻灯片的两个文本框设置为"出现"动画，使之实现单击鼠标时，两个文本框的文字依次逐字延迟0.6 s播放的效果。	缩放动画	3	
	擦除动画	3	
	出现动画	3	
【任务13】全部幻灯片切换方案为"框"，效果选项为"自底部"，声音为"风铃"。放映方式为"观众自行浏览"。设置幻灯片循环放映。	灯片切换	3	
	放映方式与循环放映	3	

4.2.3 实现方法

【任务1】新建演示文稿，保存到F:盘，并命名为"班级+姓名+秋思课件.pptx"。

操作步骤：

启动PowerPoint 2016，单击"文件"→"保存"命令，或单击"常用"工具栏中的"保存"按钮，打开"另存为"对话框，输入文件名"教育系24.1班徐陆"，并保存。

【任务 2】设置首页、尾页。在标题占位符中输入"天净沙·秋思",在副标题占位符中输入"马致远"(文字可从素材文件夹中的 Word 文档复制)。复制该幻灯片,在尾页的标题占位符中输入"谢谢收看,再见",在副标题占位符中输入"制作人:教育系　徐陆"。在首页插入备注:"天净沙"是词牌名。"秋思"是题目。"马致远"是作者名。

操作步骤:

① 单击标题占位符,输入"天净沙·秋思",单击副标题占位符,输入"马致远"。

② 在左侧幻灯片浏览窗格中右击第一张幻灯片,选择"复制幻灯片",在尾页的幻灯片标题占位符中输入"谢谢收看,再见",在副标题占位符中输入"制作人:教育系　徐陆"。

③ 选择第一张幻灯片,在下侧备注栏中输入"'天净沙'是词牌名。'秋思'是题目。'马致远'是作者名"。

【任务 3】导入新课。在尾页后插入两张版式为"标题和内容"的幻灯片,并将其移动为第 2、3 张幻灯片。

操作步骤 1:

① "何谓小令"页的设置。在标题占位符中输入"什么是小令?"。在内容区插入"水平层次结构"的 SmartArt 图形(自行选择样式),输入对应文字内容。插入图片小桥人家.jpg(大小:高度 4.55 厘米,宽度 31.34 厘米;位置:水平 1.27 厘米,垂直 12.96 厘米);样式:柔化边缘矩形,置于底层。

② "作者简介"页的设置。在标题占位符中输入"作者简介"。在内容区插入图片马致远.jpeg,将该图片删除背景,设置矩形投影样式。设置图片大小:高 8.48 厘米,宽 6.2 厘米;位置:水平 6.67 厘米,垂直 6.82 厘米。插入横排文本框(位置:水平 17.17 厘米,垂直 7.11 厘米,大小:高 9.2 厘米,宽 13.11 厘米),复制"作者简介"的具体内容,加大圆点项目符号,字号为 24。

操作步骤 2:

① 在左侧幻灯片浏览窗格中右击最后一张幻灯片,选择"新建幻灯片",单击"开始"→"幻灯片"→"版式"→"标题和内容"。右击新建的这张幻灯片,选择"复制幻灯片"命令。单击选中第 3、4 张幻灯片,拖动至第 1 张幻灯片之后,释放鼠标,完成移动操作。

② 选中第 2 张幻灯片,在标题占位符中输入"什么是小令?"。在内容区选择"插入 SmartArt 图形"→"层次结构"→"水平层次结构"→"确定"。按样图输入文本内容。SmartArt 图形中的任何形状对象都可以单击选中,进行复制、移动、删除等操作。也可以通过"SmartArt 工具"→"设计"→"添加形状",在前面、后面、上方、下方和添加助理来实现对 SmartArt 图形中各个对象的编辑。

③ 在第 2 张幻灯片中,选择"插入"→"图片",在"插入图片"对话框中选择"小桥人家.jpg"图片,右击该图片,选择"大小和位置",在右侧"设置图片格式"窗格中的"大小"栏下输入高度和宽度值,在"位置"栏下输入"水平位置"和"垂直位置"值。单击"图片工具"→"格式"→"图片样式",选择"柔化边缘矩形"。单击"图片工具"→"格式"→"排列样式"→"下移一层",选择"置于底层"。

④ 在第 3 张幻灯片标题占位符中输入"作者简介",单击内容区中的"图片"图标,

在"插入图片"对话框中选择图片"马致远.jpg",单击"图片工具"→"格式"→"删除背景",如前面所述设置其大小位置。

⑤ 在第3张幻灯片右侧选择"插入"→"文本框",复制对应的"天净沙课件文字内容"中的文本,再选中选文本,单击"开始"→"段落"→"项目符号",选择大圆点项目符号。单击"开始"→"字号",选择"24"。

【任务4】朗读课文。在尾页幻灯片前插入一张版式为"垂直排列标题与文本"的幻灯片,设为第4张幻灯片,标题输入"天净沙·秋思　马致远"(作者名换行显示),在文本区输入课文内容,无项目符号,课文位置:水平-1.78厘米,垂直4.37厘米。

操作步骤:

① 单击第3、第4张幻灯片中间的缝隙,出现一条横杠,单击"开始"→"新建幻灯片",选择"垂直排列标题与文本"。

② 在标题处输入"天净沙·秋思 马致远"(作者名换行显示),在文本区输入课文内容。

③ 选中文本区中的所有文字,单击"开始"→"段落"→"项目符号",选择"无"。

④ 按前面所学设置课文位置。

【任务5】讲授新课。在尾页幻灯片前插入4张版式为"内容与标题"的幻灯片,建成第5~8张幻灯片,标题输入一句诗句,在文本区输入字、词、句注解,在右侧内容区插入对应图片(枯藤.jpg、小桥.jpg、古道.jpg、夕阳.jpg)。

操作步骤:

① 单击尾页幻灯片前的缝隙,出现一条横杠,单击"开始"→"新建幻灯片",选择"内容与标题"。然后将这个操作重复3次。建成第5~8张幻灯片。

② 在第5~8张幻灯片中,分别在左上标题占位符处输入一句诗句,左下文本区占位符处输入字、词、句注解,在右侧内容区分别插入对应图片(枯藤.jpg、小桥.jpg、古道.jpg、夕阳.jpg)。

【任务6】课堂小结。在尾页前插入一张版式为"空白"的幻灯片(设为第9张幻灯片)。插入2行3列表格,输入课堂小结文字。表格上下、左右居中,表格样式为"中度样式2-强调1",插入图片背景2.png,并置于底层,上下居中、左右居中。

操作步骤:

① 单击尾页幻灯片前的缝隙,出现一条横杠,单击"开始"→"新建幻灯片",选择"空白"。建成第9张幻灯片。

② 单击"插入"→"表格"→"插入表格",在"插入表格"对话框中,在"列数"后输入"3",行数后输入"2"。输入(编辑或复制)课堂小结文字。

③ 选中表格,单击"表格工具"→"布局"→"排列"→"对齐",选择"上下居中"。选中表格,单击"表格工具"→"布局"→"排列"→"对齐",选择"左右居中"。

④ 单击"插入"→"图片",选择"背景2.png"。单击"表格工具"→"格式"→"排列"→"下移一层",选择"置于底层"。如前面所学设置"上下居中"和"左右居中"。

【任务7】文学欣赏。在尾页前插入一张版式为"空白"的幻灯片(设为第10张幻灯片)。插入视频:天净沙·秋思.mp4。设计背景:背景2.png。

操作步骤:

① 单击尾页幻灯片前的缝隙,出现一条横杠,单击"开始"→"新建幻灯片",选择

"空白"。建成第 10 张幻灯片。

② 单击"插入"→"媒体"→"视频"→"PC 上的视频",选择"天净沙·秋思.mp4",单击"插入"按钮。

③ 单击"设计"→"自定义"→"设置背景格式"→"图片或纹理填充",单击"文件"按钮,选择"背景 2.png",单击"插入"按钮。

提示:请同学们注意观察任务 7 与任务 6,通过两种不同的方法设置幻灯片背景。

【任务 8】 应用主题。使用环保主题修饰全文。将第 10 张幻灯片隐藏背景图形。在首页插入音频:雁南飞.mp3,要求跨幻灯片自动播放,放映时隐藏小喇叭图标。

操作步骤:

① 在左侧幻灯片浏览窗格里,选中所有幻灯片,单击"设计"→"主题",选择"环保"。

② 选中第 10 张幻灯片,单击"设计"→"自定义"→"设置背景格式",在右侧的"设置背景格式"窗格中勾选"隐藏背景图形"复选项。

③ 选中首页,单击"插入"→"媒体"→"音频"→"PC 上的音频",选择"雁南飞.mp3",单击"插入"按钮。

④ 选中小喇叭图标,单击"音频工具"→"播放"→"开始",在下拉列表中选择"自动",然后勾选"跨幻灯片播放"复选项,再勾选"放映时隐藏"复选项。

【任务 9】 在第 2~10 张幻灯片中插入艺术字,设计各教学环节(一、导入新课,二、朗读课文,三、讲授新课,四、课堂小结,五、文学欣赏)。样式:填充-橙色,着色 1,轮廓-背景 1,清晰阴影-着色 1。字体:方正舒体,54 磅,加下划线。大小:高 2.57 厘米,宽 12.11 厘米。位置:水平 0.38 厘米,垂直 0 厘米。文本效果:转换,波形 1。

操作步骤:

① 在第 2 张幻灯片中单击"插入"→"文本"→"艺术字",选择样式"填充-橙色,着色 1,轮廓-背景 1,清晰阴影-着色 1"。输入第一个教学环节"一、导入新课",按 Enter 键。

② 选中"一、导入新课",单击"绘图工具"→"格式"→"文本效果"→"转换"→"弯曲",选择"波形 1"。

③ 选中"一、导入新课",按照前面所学,设置艺术字的字体、字号、下划线、大小、位置等。

④ 复制艺术字到第 3~10 幻灯片中,修改文字为其他的教育环节。

【任务 10】 超链接设置。将第 4 张幻灯片的每一句诗词与第 5~8 张幻灯片建立超链接。再在第 5~8 张幻灯片的右下角插入一个形状(动作按钮:上一张),建立"返回"超链接。

操作步骤:

① 在第 4 张幻灯片中,选中课文第一句"枯藤老树昏鸦",单击"插入"→"链接"→"链接"→"本文档中的位置",选中第 5 张幻灯片,单击"确定"按钮。

② 如上所述,将"小桥流水人家"链接到第 6 张,再将"古道西风瘦马"链接到第 7 张,将"夕阳西下 断肠人在天涯"链接到第 8 张。

③ 选择第 5 张幻灯片,单击"插入"→"形状"→"动作按钮"→"动作按钮:上一

张"，于右下角处按下鼠标左键，拖动出一个按钮大小的形状，同时弹出"操作设置"对话框，在其中单击"超链接到"下拉列表中的"幻灯片"，选择"4. 天净沙秋思 马致远"，单击"确定"按钮。

④ 在这个按钮上右击，选择"编辑文字"，输入"返回"，按 Enter 键。

【任务11】母版。在母版的第1张中为每张幻灯片添加页脚、日期（格式：年月日）和编号。对于3个控件的具体要求，字体：红色，隶书，12号；垂直位置：18厘米。其中，页脚内容"长白山大学"宽度4.5厘米，水平居中显示；标题幻灯片版式中不显示页脚。在"标题幻灯片"和"垂直排列标题与文本"版式母版（1、4、11张幻灯片）中插入图片背景1.png，使之处于白色矩形形状的上一层，大小与白色矩形形状相同。关闭母版。

操作步骤：

① 单击"视图"→"幻灯片母版"，打开幻灯片母版界面，在左侧幻灯片浏览窗格中选择一张幻灯片母版，单击"插入"→"页眉页脚"，弹出"页眉页脚"对话框，单击"自动更新"下拉列表中的"年月日"格式的日期，勾选"幻灯片"复选项，勾选"页脚"复选项，在其下的文本框中输入"长白山大学"，勾选"标题幻灯片中不显示"复选项，单击"全部应用"按钮。

② 选中第1张幻灯片母版下侧的页脚、日期、幻灯片编号3个对象，应用前面所学，设置字体、字号、颜色、居中、位置等。

③ 单击左侧幻灯片浏览窗口中的"标题幻灯片版式：由幻灯片1,11使用"幻灯片母版，插入图片"背景1.png"，设置图片及文件框的大小和叠放层次。

④ 单击左侧幻灯片浏览窗口中的"垂直排列标题与文本版式：由幻灯片4使用"幻灯片母版，按任务要求进行设置。

⑤ 单击"幻灯片母版"→"关闭母版视图"，可以看到母版设计的页眉、页脚情况。

【任务12】动画设置。将第3张幻灯片中图片的动画设置为"进入"→"缩放"，效果选项为"幻灯片中心"。两个文本框动画逐个设置为"进入"→"擦除"，效果选项为"自左侧"。动画播放顺序为先文本后图片，具体要求：文本同时出现。

将第4张幻灯片的两个文本框设置为"出现"动画，使之实现单击鼠标时，两个文本框的文字依次逐字延迟0.6 s播放的效果。

操作步骤：

① 在第3张幻灯片中，选中图片，单击"动画"→"进入"→"缩放"，单击"效果选项"，在其列表中选择"幻灯片中心"。选中上面文本框，单击"动画"→"进入"→"擦除"，单击"效果选项"，在其列表中选择"自左侧"。选中右下侧文本框，设置同上。

② 选中图片，单击两次"动画"→"计时"→"向后移动"，使图片左上角的动画序号1变为3。

③ 选中右下侧文本框，单击"动画"→"计时"→"开始"，在其列表中选择"与上一动画同时"，使其左上角的序号变为1。

④ 在第4张幻灯片中，选中左侧文本框，单击"动画"→"进入"→"出现"，单击"动画"→"高级动画"→"动画窗格"，在左侧动画窗格中可以看到序号为1的动画项目，在其右侧下拉列表中选择"效果选项"，在"出现"对话框中，选择"动画文本"下拉列

表中的"按字母",单击"计时"选项卡,在"延迟"右侧文本框中输入"0.6"。单击"确定"按钮。

【任务 13】 全部幻灯片切换方案为"框",效果选项为"自底部",声音为"风铃"。放映方式为"观众自行浏览"。设置幻灯片循环放映。

操作步骤:

① 在左侧幻灯片浏览窗格中选择全部幻灯片,单击"动画"样式下拉列表中的"华丽型"中的"框"。

② 单击"效果选项"下拉列表中的"自底部",单击"声音"下拉列表中的"风铃"。

③ 单击"幻灯片放映"→"设置幻灯片放映",选择"观众自行浏览(窗口)"单选项。勾选"循环放映,按 Esc 键终止"复选项。单击"确定"按钮。

项目 3 制作大学生职业发展规划 PPT（护理系）

4.3.1 素养课堂

相信护理的力量

今天同学们来观看一段视频宣传片，让我们一起来感受一下"护理的力量"。

下面是视频解说词，请同学们感受每个文字所蕴含的坚定与信仰，从中寻找护理的力量：

我在你看见和看不见的地方，ICU、产房、手术台、急诊室，我在三城四院的 4 000 张病床之侧，在拯救生命的每一个现场。

我是中山三院 3 000 名护士的一分子，也是中国护士的 500 万分之一，在成为合格的护士前，经历了严格的系统化培训。

护理服务没有终点，护理人才的培养也没有止境，不断努力，在护理的"摇篮"里一路学习，一路成长。

穿上白衣那一刻，我就扛起了生命的重托，与时间赛跑，和死神竞速，与医生密切配合，为患者保驾护航。

我们在繁忙琐碎中保持专注耐心，在匆忙紧迫中只有从容笃定，我们力求精进，以肝病、脑病、免疫病三大学科群的护理为中心，协同发展智慧护理和疫病护理等专科护理特色。

护理的力量可以减轻患者的痛苦，可以帮助患者克服身体的障碍，可以加快手术后康复，缩短住院时间，减少并发症的发生，给患者实实在在的帮助。

护理的力量，还可以让孤独的心灵得到陪伴，让无助的生命鼓起勇气，让新生的喜悦更加纯粹，我们用真诚为患者带去温暖和尊严。

真心仁爱，就像一束光，将驱走病痛中的黑暗。

我们相信，只要有一颗感同身受的心，就能有一双发现问题的眼睛，然后我们在科研中不断去追问、去总结、去探索：如何做得更好一些，再好一些，如何通过护理创新，给予患者更多的帮助。

我们相信，所有努力都将铸就新的勋章，我们跨越山海，在新疆和西藏，以及广东多个地区进行技术帮扶，我们是天使，也是战士，全力守护人民群众生命健康。

护理的力量，发自双手，源自内心，我们平凡的每一天，因守护生命而不凡。

任凭时光流转，谨记南丁格尔的誓言，守护生命的信念历久而弥坚，我们是中国护士，相信护理的力量。

亲爱的同学们，你们是病魔的克星、你们是病患的希望，你们要用你们的专业、信念守护祖国人民的健康，我们要相信护理的力量。

（内容来源：搜狐视频 公益宣传片 2023-5-12 山西）

4.3.2 项目工单及评分标准

工单编号：

姓　名		学　号	
班　级		总　分	

项目工单	评分标准		
	评分依据	分值	得分
【任务1】启动 PowerPoint 2016 新建演示文稿，以"姓名+职业发展规划"命名并保存在桌面。	新建保存文档	2	
【任务2】在第1张幻灯片的标题占位符中输入"大学生职业发展规划"，在副标题占位符中输入"系别班级　姓名"。效果如样图所示。 大学生职业发展规划 护理系20.8班 张小小	录入文字	2	
【任务3】插入一张版式为"标题和内容"的幻灯片，在标题占位符中输入"目录"，设置格式为"微软雅黑""54"，在左侧文本占位符中输入"自我认识""职业认识""职业规划"及"大学期间计划"，并设置格式为"微软雅黑""32"，添加如样图所示的项目符号，行距设置为1.5倍行距。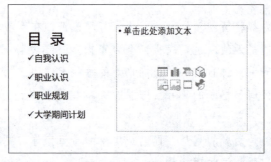	插入固定版式幻灯片	2	
	录入文字	2	
	字符格式设置	2	

续表

<table>
<tr><td rowspan="2">项 目 工 单</td><td colspan="3">评分标准</td></tr>
<tr><td>评分依据</td><td>分值</td><td>得分</td></tr>
<tr><td rowspan="2">【任务 4】插入一张版式为“标题和内容”的幻灯片，在标题占位符中输入“个人简介”，在内容占位符中输入个人信息，并将标题和内容文本字体设置为“微软雅黑”，字号默认不更改，取消内容文本的项目符号，内容文本行距设为 1.5 倍行距，效果如样图所示。</td><td>插入幻灯片</td><td>2</td><td rowspan="2"></td></tr>
<tr><td>格式设置</td><td>2</td></tr>
<tr><td colspan="4">
个人简介
姓 名：张小小
性 别：女
专 业：护理
系 院：护理系
院 校：长白山职业技术学院</td></tr>
<tr><td>【任务 5】将第 3 张幻灯片移动到第 2 张幻灯片之前。移动前、后的幻灯片顺序如样图所示。</td><td>幻灯片移动</td><td>2</td><td></td></tr>
<tr><td>
大学生职业发展规划
护理系22.10班 小小小
目 录
✓ 自我认识
✓ 职业认识
✓ 职业规划
✓ 大学期间计划
个人简介
姓 名：张小小
性 别：女
专 业：护理
系 院：护理系
院 校：长白山职业技术学院
移动前效果</td><td colspan="3">
大学生职业发展规划
护理系22.10班 小小小
个人简介
姓 名：张小小
性 别：女
专 业：护理
系 院：护理系
院 校：长白山职业技术学院
目 录
✓ 自我认识
✓ 职业认识
✓ 职业规划
✓ 大学期间计划
移动后效果</td></tr>
</table>

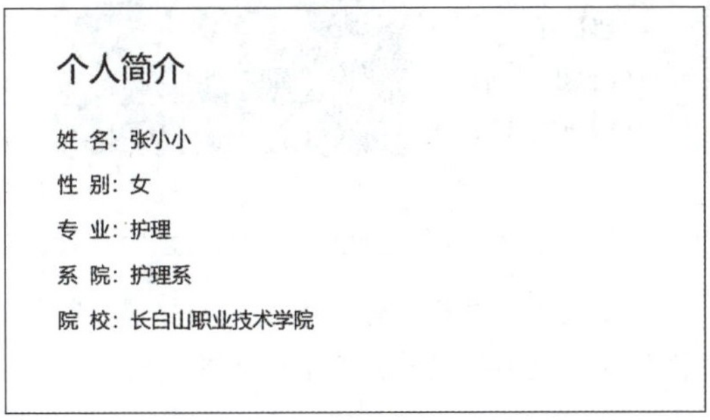

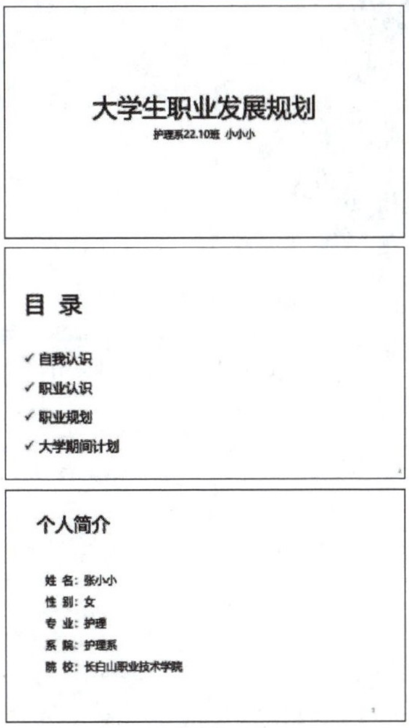

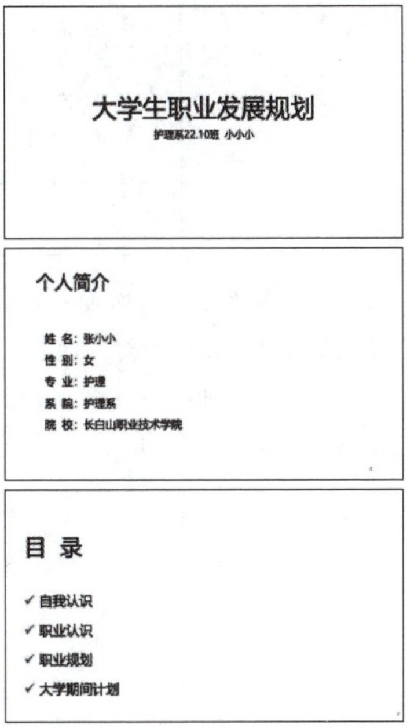

续表

项目工单	评分标准		
	评分依据	分值	得分
【任务6】在第3张幻灯片右侧占位符中插入素材文件夹中的图片，修改图片样式为"棱台矩形"，效果如样图所示。	插入图片并修改图片样式	2	

【任务7】将第2张幻灯片版式修改为"两栏内容"版式，并插入一张自己的图片，调整图片大小到最佳尺寸，效果如样图所示。	修改版式	2	
	插入并编辑图片	2	

【任务8】在第3张幻灯片后插入一张"标题和内容"版式的幻灯片，输入如样图所示的幻灯片内容，字体为微软雅黑，字号默认，内容文本分为两栏，行距为1.3倍。使用同样方法制作第5张幻灯片，效果如样图所示。	插入幻灯片	2	
	录入文字	10	
	格式编辑	10	
第4张幻灯片			

续表

项目工单	评分标准		
	评分依据	分值	得分
二、职业认识 ➢护士队伍不断壮大，护理工作在医院发挥着愈来愈重要的作用。 ➢护理理念、专业技术和服务领域得到一定发展。 ➢注重人才培养，提高护理队伍素质。 第5张幻灯片			
【任务9】制作第6~8张幻灯片内容，幻灯片版式为"标题和内容"，字体为微软雅黑，字号自定，适当调整行距。分别采用图表、表格、SmartArt图形来展示数据，效果如样图所示。（图表、表格、SmartArt图形中数据来自"大学生职业发展规划素材.docx"文档。）	插入3张幻灯片	3	
	图表运用	4	
	表格运用	4	
	SmartArt图形运用	4	
二、职业认识 2020-2023年毕业人数及就业人数（万人）对比图 第6张幻灯片			
三、职业规划 	短期的职业目标	中期的职业目标	长期的职业目标
毕业之后，找份与自己专业相关的工作，在工作中，跟同事领导学习经验，虚心的向他们学习。对工作认真，多学习点。通过5年的学习，有点资本完成我的短期目标。	在有了稳定的工作，有了一些经验之后，并且在这几年有了一些积蓄，挑战从基层岗位走向管理岗位或从单位独立出来创业。通过10年的努力，力争成功。	走向管理岗位或成为老板之后，不断地学习新的知识，使自己更加的充实，用科学的管理方法来管理。 | 第7张幻灯片			

续表

项目工单	评分标准		
	评分依据	分值	得分
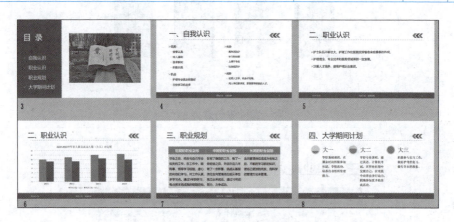 第 8 张幻灯片			
【任务10】使用"回顾"主题修饰全文,查看效果,可微调幻灯片中对象的显示位置。	应用设计主题	2	
【任务11】在第3张幻灯片中分别将各目录内容与第4~8张幻灯片建立超链接。在第4~8张幻灯片中利用"图形"对象实现返回到第3张幻灯片的功能。	建立超链接	4	
【任务12】为每张幻灯片添加日期、页脚和编号,格式设置为白色,微软雅黑,12,输入页脚内容:"规划人生 发展自我",编号显示在右侧,日期显示在左侧。标题页和目录页不显示日期、页脚及编号内容。	插入页脚	2	
	运用母版编辑页脚	4	

续表

项目工单	评分标准		
	评分依据	分值	得分

【任务13】在第1张幻灯片中插入背景音乐,设置跨幻灯片播放,在第8张幻灯片后插入一张空白版式的幻灯片,并插入视频。效果如样图所示。	插入并编辑音频	2	
	插入并编辑视频	2	

【任务14】在第9张幻灯片中插入艺术字"无奋斗 不青春",样式为"图案填充:橙色,主题色1,50%;清晰阴影;橙色,主题色1",文字效果为"转换-弯曲-正方形",位置:水平为6.48厘米(自左上角),垂直为7厘米(自左上角);设置文本框内部填充色为白色,透明度为47%。	插入指定样式的艺术字	4	
	位置设置	2	
	文本框填充设置	2	

续表

项目工单	评分标准		得分
	评分依据	分值	
【任务15】选择第2张幻灯片，设置图片进入动画方式为飞入，效果选项：自右侧，开始方式：上一动画之后；正文文本进入动画方式：浮入，效果选项：上浮，开始方式：上一动画之后。	图片动画	4	
	文字动画	4	
【任务16】设置幻灯片切换方案为"页面卷曲"动画；效果选项：双右；全部应用；幻灯片放映方式：演讲者放映（全屏幕）。	切换方案设置	3	
	放映方式设置	2	
	隐藏背景图形	2	
【任务17】保存文件。	文件保存	2	

4.3.3 实现方法

项目 4 制作"诚实守信"主题演示文稿(财经系)

4.4.1 素养课堂

立信修身　做新时代财经人
——诚实守信 立信修身

　　人无信不可,民无信不立,国无信不威。诚信是一个人安身立命之本,是社会发展进步的基石,是国家友好交往的前提。新时代诚信文化建设不仅关乎美好生活,也是国之大者。

　　我国自古以"礼仪之邦"著称于世,重义轻利一直是中华民族的传统美德。2 000 多年前,孔子就主张"言必信,行必果"。此外,我国的语言体系里还有大量诸如"一言九鼎""一诺千金""一言既出,驷马难追"这样称赞诚信精神的成语。

　　党的二十大报告中强调,"弘扬诚信文化,健全诚信建设长效机制。"

　　财务人员作为会计数据信息的直接加工处理者、分析提供者,其诚信水平不仅关系到会计信息的真实性和完整性,影响经济信息的质量,还会直接影响管理层经济工作决策的质量。诚实守信既是做人的准则,也是对财经从业者的道德要求。

　　由学院财经系学生会组织,在全系开展"如何做新时代财经人"的主题讨论活动,旨在增强广大学生的诚信意识,营造诚信校园氛围。23 级 1 班的王夏同学接到了任务,为同学们讲授财务工作者职业道德规范中的"诚实守信"。根据自己学习的演示文稿知识,他决定使用 PowerPoint 2016 来制作。

4.4.2 项目工单及评分标准

工单编号:

姓　名		学　号		
班　级		总　分		
项目工单		评分标准		
		评分依据	分值	得分
【任务1】新建演示文稿,以"姓名+主题宣讲"命名并保存在桌面。使用"剪切"主题修饰全文。		新建保存文档	2	
		应用主题	3	
【任务2】依照样图编辑标题页幻灯片:标题占位符字体为隶书,"诚实守信 立信修身"字号 72,"做新时代财经人"字号 40;副标题占位符格式为仿宋、字号 20。		字符格式设置	3	
【任务3】在第 1 张幻灯片后插入一张版式为"仅标题"的幻灯片,并依照样图编辑该幻灯片:设置背景为图片"背景.jpg",并隐藏背景图形;在标题占位符中输入"目录",插入文本框,输入样图所示内容;设置标题占位符中文本格式为仿宋、字号 44;设置文本框中文本字体为仿宋、字号 20,行距 1.5 倍。		新建幻灯片	2	
		设置背景	3	
		字符格式设置	2	
		插入、编辑文本框	5	

续表

项目工单	评分标准		
	评分依据	分值	得分
【任务4】在第2张幻灯片后插入一张版式为"两栏内容"的幻灯片，并依照样图编辑该幻灯片：标题占位符中，文本字体为隶书、字号44；左侧文本格式为仿宋、加粗、字号24，修改项目符号为"➤"；在右侧内容占位符中插入SmartArt图形（列表→垂直曲形列表），并插入相应图片，输入文本，修改SmartArt图形为"无填充、无轮廓"，字体为仿宋、字号24。	新建幻灯片	2	
	字符格式设置	2	
	插入、编辑SmartArt图形	5	
	插入、编辑图片	5	
【任务5】在第3张幻灯片后插入一张版式为"比较"的幻灯片，并依照样图编辑该幻灯片：标题占位符中，文本字体为隶书、字号44；二级文本占位符格式为华文行楷、深红色、文字阴影、字号32（其中，"核心"字号44）；在左侧内容占位符中插入4列3行表格，输入相应内容，其字体为微软雅黑、字号20，表格样式为"无样式，无网格"，在右侧内容框中输入相应文本，其字体为微软雅黑、字号20。在文本下方插入视频《民法典讲解》，并修改位置及大小，如样图所示。	新建幻灯片	2	
	字符格式设置	2	
	插入、编辑表格图形	5	
	插入、编辑视频	3	
【任务6】在第4张幻灯片后插入一张版式为"两栏内容"的幻灯片，并依照样图编辑该幻灯片：标题占位符中，文本字体为隶书、字号44；左侧文本格式为仿宋、加粗、字号20；在右侧内容占位符中插入视频《诚信的重要性》，并修改位置及大小，如样图所示。	新建幻灯片	3	
	字符格式设置	2	
	插入、编辑视频	3	
【任务7】在第5张幻灯片后插入一张版式为"标题和内容"的幻灯片，并依照样图编辑该幻灯片：标题占位符中文本字体为隶书、字号44；内容占位符中，文本格式为仿宋，项目标题字号24、加粗，其他文本字号20。	新建幻灯片	2	
	字符格式设置	2	
【任务8】在第6张幻灯片后插入一张版式为"空白"的幻灯片，并依照样图编辑该幻灯片：插入艺术字，样式为第3行第3列，格式为华文隶书、深红色、加粗、文字阴影、字号54。	新建幻灯片	2	
	字符格式设置	2	
	插入、编辑艺术字	5	
【任务9】使用幻灯片母版，插入页脚（标题幻灯片除外），内容为"讲信用、守诺言、诚实不欺"，格式为隶书、深红色、字号14、居中。	插入页脚	5	
	设置母版	5	
【任务10】设置超链接，将目录页幻灯片中各标题插入超链接，分别链接到对应内容页幻灯片，并在相应页幻灯片中插入样图所示的圆角矩形，设置返回链接。设置形状大小为1厘米×3厘米，选择主题样式中的第4行第4列。形状中的内容为"返回"，字体格式为等线、字号18。	设置文本超链接	3	
	设置形状超链接	5	

续表

项目工单	评分标准		得分
	评分依据	分值	
【任务 11】设置动画：所有标题占位符，擦除、自左侧、上一动画之后；内容占位符，擦除、自左侧、单击时。其中，文本的动画效果为"序列，作为一个对象"。切换动画：所有幻灯片，擦除、自左侧。	设置元素动画	6	
	设置切换动画	3	
【任务 12】设置幻灯片放映方式为演讲者放映。	设置放映方式	3	
【任务 13】保存并提交文件。	保存文件	3	

4.4.3 实现方法

项目 5　制作"中医药文化宣传——名医篇"主题演示文稿（药学系）

4.5.1　素养课堂

针灸鼻祖皇甫谧：抱病钻研、守正创新

皇甫谧，字士安，小时名静，晚年自称玄晏先生。西晋安定朝那（今甘肃灵台县朝那镇）人。著名医家，其著作《针灸甲乙经》是我国第一部针灸学的专著，在针灸学史上占有很高的学术地位。

皇甫谧幼年时父母双亡，便过继给了叔父，由叔父叔母抚养成人。他在幼时十分贪玩，到了 20 岁仍不喜欢读书，甚至有人认为他天生痴傻，叔母十分为他担心。一天，他摘回了许多野生瓜果给叔母吃，叔母对他说："如果你不好好学习，没有半点本事，就算是用上好的酒肉来孝敬我，也是不孝的。今年你已经 20 岁了，不读书，不上进，我心里就得不到安慰。我只希望你有上好的才学，可你总是不能明白长辈的心意。提高修养，学习知识都是对你自己有益的事，难道还能对我们有什么好处吗？"皇甫谧听了这番话，心中十分不安。顿悟自己原来已经虚度了 20 年的光阴，实在羞愧难当，便立志努力学习，不敢再有丝毫懈怠。他虽然家境贫寒，但即使是在家中种地时，他也不忘背着书，抽空阅读。自此之后，他对百家之说尽数阅览，学识渊博而沉静少欲，并著有《孔乐》《圣真》等书，在文学方面有很高的成就。

40 岁时，他患了风痹病，十分痛苦，但在学习上却仍是不敢怠慢。有人不解他为何对学习如此沉迷，他说："朝闻道，夕死可也。"意思是如果早上明白了一个道理，就算晚上便死去，也是值得的。皇帝敬他品格高尚、学识丰富，便请他做官，他不但回绝了，竟然还向皇上借了一车的书来读，也算得上是一桩奇事了。

他抱病期间，自读了大量的医书，尤其对针灸学十分有兴趣。但是随着研究的深入，他发现以前的针灸书籍深奥难懂且又错误百出，十分不便于学习和阅读。于是他通过自身的体会，摸清了人身的脉络与穴位，并结合《灵枢》《素问》和《名堂孔穴针灸治要》等书，悉心钻研，著述了我国第一部针灸学的著作——《针灸甲乙经》。

该书除了论述有关脏腑、经络等理论外，还记载了全身穴位 649 个，穴名 349 个，并对各穴位明确定位，对各穴的主治证、针灸操作方法和禁忌等都做了详细描述，并一一纠正了以前的谬误。

4.5.2 项目工单及评分标准

工单编号：

姓　　名			学　　号		
班　　级			总　　分		
项目工单			评分标准		
			评分依据	分值	得分
【任务1】新建演示文稿。 新建演示文稿，以"皇甫谧"命名并存储在桌面。使用"环保"主题修饰全文。			新建、保存文档	1	
			应用主题	2	
【任务2】设计幻灯片封面页。 ① 在标题占位符中输入文字"抱病钻研 守正创新"，字体为隶书，字号大小为60。 ② 在副标题占位符中输入文字"皇甫谧"，字体为隶书，字号40。			字符格式设置	2	
【任务3】在封面页插入图片并编辑。 ① 在封面页中插入图片"人物1.jpg"。 ② 调整图片大小并将其裁剪为圆形，纵横比为方形1∶1。 ③ 插入图片"笔刷黑.jpg"。 ④ 复制圆形图片，依照样图移动到合适位置，将左侧圆形图片的内容更改为"针灸.jpg"。			插入图片	2	
			裁剪图片	2	
			更改图片	2	
【任务4】图片旋转、对齐、下移一层。 ① 将"针灸.jpg"图片水平翻转。 ② 将"针灸.jpg"图片下移一层。 ③ 同时选中"针灸.jpg"图片和"人物.jpg"图片，设置"底端对齐"和"横向分布"。 ④ 封面页设置完毕。			图片旋转	2	
			图片下移一层	2	
			图片横向分布	2	
			底端对齐	2	

续表

项目工单	评分标准		
	评分依据	分值	得分
【任务5】设置幻灯片目录页。 ① 在第1张幻灯片后插入一张版式为"仅标题"的幻灯片，并依照样图编辑该幻灯片。 ② 隐藏背景图形。 ③ 在标题占位符中输入"目录"，文本字体为"隶书"，字号为"45"。 ④ 插入图片"金色边框1.jpg"，旋转90度。 ⑤ 缩放旋转后的图片高度为原始尺寸的20%，宽度为原始尺寸的10%。	新建幻灯片	2	
	隐藏背景	2	
	字符格式设置	1	
	旋转图片	2	
	缩放图片	2	
【任务6】插入竖排文本框。 ① 依照样图在图片中插入竖排文本框，输入"人物介绍"。 ② 设置字体为黑体，字号30。	插入文本框	2	
【任务7】组合竖排文本框和图片"金色边框1.jpg"。 ① 同时选中竖排文本框和图片"金色边框1.jpg"，设置二者的对齐方式为"水平居中"和"垂直居中"。 ② 将二者组合。 ③ 将组合复制3份。 ④ 同时选中组合及其3个副本，设置这4个组合对象对齐方式为"顶端对齐"和"横向分布"。 ⑤ 依照样图更改其他3个竖排文本框的内容。	对齐方式	2	
	组合	2	
	复制、粘贴	1	
	更改内容	1	
【任务8】设置目录页背景图片。 ① 插入图片"人物2.jpg"。 ② 裁剪图片大小和形状。 ③ 调整图片位置。 ④ 设置图片透明度。 ⑤ 柔化图片边缘。	裁剪大小	2	
	裁剪形状	2	
	透明度	2	
	柔化边缘	2	

续表

项目工单	评分标准		
	评分依据	分值	得分
【任务9】设置幻灯片"人物介绍"内容页。 ① 在第 2 张幻灯片后插入一张版式为"标题和内容"的幻灯片。 ② 插入图片"金色边框 2.jpg"。 ③ 依照样图调整图片大小和位置。 ④ 在标题占位符中输入"人物介绍",字体为黑体,字号 45。 ⑤ 更改版式为"空白"。	新建幻灯片	1	
	插入、编辑图片	1	
	更改版式	2	
	文本格式	1	
【任务10】在"人物介绍"内容页添加形状和文本框。 ① 依照样图插入形状"圆角矩形",并为其添加文字,字体为黑体,字号 25。 ② 设置形状填充颜色的"透明度"为 86%。 ③ 插入横向文本框并输入文字,字体为黑体,字号 25。 ④ 复制形状和文本框并粘贴到合适位置。	插入形状	2	
	填充颜色透明度	2	
	形状文字格式	2	
	插入文本框及格式设置	2	
	复制、粘贴	2	
【任务11】设置幻灯片"医学贡献"内容页。 ① 在第 3 张幻灯片后插入一张版式为"空白"的幻灯片,并依照样图编辑该幻灯片。 ② 插入图片"金色边框 3.jpg",调整其大小和位置。 ③ 将第 3 张幻灯片中的文本框"人物介绍"复制后粘贴到第 4 张幻灯片中,更改其内容为"医学贡献"。 ④ 插入两个横排文本框,按样图输入文字,字体为"黑体",字号为"22"。中间用虚线分隔开来。	插入图片	1	
	插入文本框	2	
	文字格式	1	

续表

项目工单	评分标准		
	评分依据	分值	得分
【任务12】设置幻灯片"医学精神"内容页。 ① 在第 4 张幻灯片后插入一张版式为"空白"的幻灯片，并依照样图编辑该幻灯片。 ② 插入横排文本框，并在其中输入"潜心治学""勤学不辍""刻苦钻研""守正创新"4 个医学精神，独立成行。 ③ 将文本转换为 SmartArt 图形，依照样图更改其形状。 ④ 在相应位置插入图片"金色圆.jpg"和艺术字。	新建幻灯片	2	
	字符格式设置	2	
	插入文本框	2	
	文本框转换为 SmartArt 图形	3	
	编辑 SmartArt 图形	3	
	插入、编辑图片	2	
【任务13】设置幻灯片末尾页。 依照样图设计幻灯片末尾页，相应图片在"皇甫谧"素材文件夹中。	复制、粘贴幻灯片	2	
	插入、编辑图片	2	
【任务14】利用幻灯片母版一次性在 3 张内容页幻灯片中插入相同内容。 使用幻灯片母版，在内容页中插入文本"厚德精医"，格式为隶书、深红色、14 号、居中。	设置母版	3	

续表

项目工单	评分标准		
	评分依据	分值	得分
【任务15】设置超链接。 将目录页幻灯片中各标题插入超链接，分别链接到对应内容页幻灯片，并在相应页幻灯片中依照样图所示插入形状"箭头：左"，设置返回超链接。	设置文本超链接	3	
	设置形状超链接	3	
【任务16】为第5张幻灯片设置动画。 ① 标题占位符，擦除、自左侧、从上一项开始；SmartArt 图形，擦除、自上侧、从上一项之后开始。其中，文本的动画效果为"序列，作为一个对象"。 ② 切换动画：所有幻灯片，旋转，自右侧。	设置元素动画	3	
	设置切换动画	3	
【任务17】设置幻灯片放映方式。 放映方式为演讲者放映（全屏幕）。	设置放映方式	2	
【任务18】保存并提交文件。	保存文件	2	

4.5.3 实现方法

模块 5

网络基础知识和应用

教学目标

◆ 掌握网络基础知识。
◆ 掌握网络组织、故障排查、故障修复等技能。
◆ 掌握 Internet 的基本应用（浏览、下载等）。
◆ 掌握 Outlook 电子邮件的发送、接收、回复、转发、附件的收发与保存等。
◆ 培养学生的职业素养，使学生具有应用互联网解决实际问题的能力。

项目 1 网络故障排查、修复案例分析

5.1.1 案例的提出

职院某班班长郑颁彰要上网查找一些资料，没想到计算机上不去网了，他联系了网络管理员，可是网络管理员很忙，要很久才能来帮他解决问题，为了以后能及时解决网络问题，于是他找了一些网络方面的资料，经过一段时间的学习研究，他终于可以自己处理网络问题了，并针对简单的网络问题总结出了一系列解决方案。

5.1.2 解决方案

① 了解计算机网络的定义，掌握计算机网络的组成，熟悉网络各硬件的功能。
② 掌握网络传输协议。
③ 掌握 IP 地址的相关知识。
④ 掌握网络测试工具的使用方法。

5.1.3 相关知识点

一、认识计算机网络

1. 计算机网络的定义

计算机网络就是将自治的计算机系统以共享资源的方式互连起来。关键字是：共享资源、自治的计算机系统和互连。

计算机网络最主要的作用就是计算机资源的共享和信息的交互。联网的计算机系统是相互独立的自治系统,离开了网络依旧可以工作,只是不能够实现共享和交互。联网的计算机之间必须遵循共同的网络协议。

2. 网络中的硬件

1) 传输介质

双绞线:双绞线由 2 根、4 根或 8 根绝缘导线组成,为了减少各线对之间的电磁干扰,各线对以均匀对称的方式,螺旋状扭绞在一起,2 根为一线来作为一条通信链路。线对的绞合程度越高,抗干扰能力越强,如图 5-1 所示。

图 5-1 双绞线

同轴电缆:同轴电缆可连接的地理范围较双绞线更宽,抗干扰能力较强,使用与维护也方便,但价格较双绞线的高。同轴电缆由内导体、外屏蔽层、绝缘层及外部保护层组成,如图 5-2 所示。

图 5-2 同轴电缆

光纤电缆:光纤电缆简称为光缆。每根光纤由玻璃或塑料拉成极细的能传导光波的纤芯和包层构成,外面再包裹多层保护材料。光纤通过内部的全反射来传输一束经过编码的光信号。光缆因其数据传输速率高、抗干扰性强、误码率低及安全保密性好的特点,而被认为是一种最有前途的传输介质,如图 5-3 所示。

图 5-3　光纤电缆

无线传输介质:使用特定频率的电磁波作为传输介质,可以避免有线介质(双绞线、同轴电缆、光缆)的束缚,组成无线局域网。目前计算机网络中常用的无线传输介质有无线电波(信号频率为 30 MHz~1 GHz)、微波(信号频率为 2~40 GHz)、红外线(信号频率为 3×10^{11}~2×10^{14} Hz)。

2)网卡

网卡是一块被设计用来允许计算机在计算机网络上进行通信的计算机硬件。由于其拥有 MAC 地址,因此属于 OSI 模型的第 1 层和第 2 层之间。它使用户可以通过电缆或无线相互连接。每一个网卡都有一个被称为 MAC 地址的独一无二的 48 位串行号,它被写在卡上的一块 ROM 中。网络上的每一台计算机都必须拥有一个独一无二的 MAC 地址。没有任何两块被生产出来的网卡拥有同样的地址。这是因为电气电子工程师协会(IEEE)负责为网络接口控制器(网卡)销售商分配唯一的 MAC 地址。网卡分为有线网卡和无线网卡两种,如图 5-4 和图 5-5 所示。

图 5-4　有线网卡

图 5-5　无线网卡

3）路由器

路由器（Router）是连接两个或多个网络的硬件设备，在网络间起网关的作用。其是读取每一个数据包中的地址，然后决定如何传送的专用智能性的网络设备。它能够理解不同的协议，例如某个局域网使用的以太网协议、互联网使用的 TCP/IP 协议。这样，路由器可以分析各种不同类型网络传来的数据包的目的地址，把非 TCP/IP 网络的地址转换成 TCP/IP 地址，或者反之；再根据选定的路由算法把各数据包按最佳路线传送到指定位置。所以，路由器可以把非 TCP/IP 网络连接到互联网上，如图 5-6 所示。

4）交换机

交换机（Switch）是一种用于电（光）信号转发的网络设备。它可以为接入交换机的任意两个网络节点提供独享的电信号通路。最常见的交换机是以太网交换机。其他常见的还有电话语音交换机、光纤交换机等。交换机只是用来分配网络数据的，它可以把很多主机连起来，这些主机对外各有各的 IP。交换机工作在中继层，根据 MAC 地址寻址，并且不能提供该功能，如图 5-7 所示。

图 5-6　路由器

图 5-7　交换机

3. 网络参考模型和 TCP/IP 协议

1）网络参考模型和标准协议（表 5-1）

表 5-1　开放系统互连协议（OSI）分层模型的基本思想

层号	名称	英文名称	各层主要功能简介
7	应用层	Application Layer	在网络应用程序之间传递信息
6	表示层	Presentation Layer	处理文本格式化，显示代码转换
5	会话层	Session Layer	建立、维持、协调通信
4	传输层	Transport Layer	确保数据正确发送
3	网络层	Network Layer	决定传输路由，处理信息传递
2	数据链路层	Data Link Layer	编码、编址、传输信息
1	物理层	Physical Layer	管理硬件连接

计算机利用协议进行通信时，发送方从上层向下层传输数据，每经过一层，都附加一个协议控制信息，到达物理层后，将数据包进行转换，送入传输介质。数据传输到接收方时，

再自下层向上层逐层去掉协议控制信息，并且完成各层的指定功能。

2）TCP/IP 参考模型与标准协议

因为 OSI 协议栈比较复杂，并且 TCP 和 IP 两大协议在业界被广泛使用，所以 TCP/IP 参考模型成为互联网的主流参考模型，如图 5-8 所示。

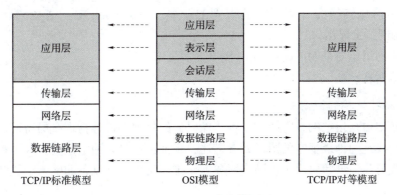

图 5-8　TCP/IP 参考模型图

TCP/IP 模型在结构上与 OSI 模型类似，采用分层架构，同时层与层之间联系紧密。

3）IP 地址

连接在网上的计算机都有唯一的网络地址。它有两种表示形式：一种以阿拉伯数字表示，称为 IP 地址，如长白山职业技术学院的 IP：166.111.8.250；另一种以英文单词和数字表示，称为域名地址，如 www.cbsvtc.com.cn/。

（1）IP 地址是一个 32 位的二进制数，分为 4 段，每段 8 位，中间用圆点隔开，每段都用十进制数字表示，其范围是 0~255。常用的 IP 地址有 A、B、C、D、E 5 类（表 5-2）。

A 类 IP 地址：第 1 个十进制数为网络标识，其余 3 个十进制数组成主机标识。
B 类 IP 地址：前 2 个十进制数为网络标识，后 2 个十进制数组成主机标识。
C 类 IP 地址：前 3 个十进制数为网络标识，最后 1 个十进制数为主机标识。
D 类 IP 地址：第 1 个十进制数的范围为 224~239。
E 类 IP 地址：第 1 个十进制数的范围为 240~255。

表 5-2　IP 地址

类型	第一段数字范围
A	1~127
B	128~191
C	192~223
D	224~239
E	240~255

（2）域名是网络上的一台服务器或一个网络系统的名字，它由若干个英文字母和数字组成，并用"."分隔成几个部分。例如，在域名地址 www.cbsvtc.com.cn/中，www 表示万维网站，三级计算机子域 cbsvtc 表示长白山职业技术学院，二级计算机子域 com 表示商业性

质，一级计算机子域 cn 表示中国。在因特网上没有重复的域名。

4. 浏览器

浏览器是用于浏览 Internet 显示信息的工具，Internet 中的信息内容繁多，有文字、图像、多媒体，还有连接到其他网址的超链接。通过浏览器，用户可迅速浏览各种信息，并可将用户反馈的信息转换为计算机能够识别的命令。在 Internet 中，这些信息一般集中在 HTML 格式的网页上显示。

目前主流的浏览器是 Microsoft Edge 浏览器。

二、网络拓扑结构

1. 网络拓扑结构的概念

网络拓扑结构是指把网络电缆等各种传输媒体的物理连接等物理布局特征，通过借用几何学中的点与线这两种最基本的图形元素描述，来抽象地讨论网络系统中各个端点相互连接的方法、形式与几何形状，表示出网络服务器、工作站、网络设备的网络配置和相互之间的连接。

计算机网络的拓扑结构分析是指从逻辑上抽象出网上计算机、网络设备以及传输媒介所构成的线与节点间的关系，并进行研究的一种研究方式。在进行计算机网络拓扑结构设计的过程中，通过对网络节点进行有效控制，从而对节点与线的连接形式进行有效选取，已经成为合理进行计算机网络拓扑结构构建的关键。设计人员对计算机网络拓扑结构进行有效选择，可以在很大程度上促进当前网络体系的运行效果，从根本上改善技术的可靠性、安全性。

2. 网络拓扑结构的分类

计算机网络的拓扑结构是指网络中包括计算机在内的各种网络设备（如路由器、交换机等）实现网络互连所展现出来的抽象连接方式。计算机网络拓扑所关心的是这种连接关系及其图表绘制，并不在意所连接计算机或设备的各种细节。通过拓扑图表可以清晰地了解到整个网络中各节点的线路连接情况以及整个网络的外貌结构。其中的节点主要是指网络中连接的各种有源设备，比如计算机、路由器、打印机、交换机等，这些节点通过微波、线路、光纤、电话等介质进行信息流的连接，从而形成网络。因此，计算机网络拓扑结构就是由节点和链路组成的。计算机网络拓扑结构根据其连线和节点的连接方式，可分为以下几种类型。

1）总线型

计算机网络拓扑结构中，总线型就是一根主干线连接多个节点而形成的网络结构。在总线型网络结构中，网络信息都是通过主干线传输到各个节点的。

总线拓扑结构的特点主要有：①结构简单，数据入网灵活，便于扩充；②不需要中央节点，不会因为一个节点的故障而影响其他节点数据的传输，故可靠性高，网络响应速度快；③所需外围设备少，电缆或其他连接媒体价格相对较低，安装也很方便；④由于发送信息的方式采用的是广播式的工作方式，所以共享资源能力强。为了解决干扰问题，在总线两端连接端结器（或终端匹配器），主要是为了与总线进行阻抗匹配，最大限度地吸收传送端部的能量，避免信号反射回总线时产生不必要的干扰。

其主要的缺点在于总干线将对整个网络起决定作用，主干线的故障将引起整个网络瘫痪。

总线型拓扑结构如图 5-9 所示。

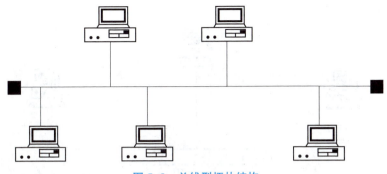

图 5-9　总线型拓扑结构

2）环型

计算机网络拓扑结构中，环型拓扑结构主要是各个节点之间进行首尾连接，从而形成一个环路。在环型网络拓扑结构中，网络信息的传输都是沿着一个方向进行的，是单向的，并且在每一个节点中，都需要装设一个中继器，用来收发信息和对信息进行扩大读取。

环型网络拓扑结构的特点是：①信息依靠两个相邻的环路接口沿固定方向传送；②每个节点都有自举控制的功能；③由于信息会经过环路上的所有环路接口，当环路过多时，就会影响数据传输效率，网络响应时间变长；④一环扣一环的连接方式会让其中一个环路接口的故障造成整个网络的瘫痪，增加维护难度；⑤由于环路是封闭的，所以扩充不方便。环型网络拓扑结构也是微机局域网常用拓扑结构之一，适合信息处理系统和工厂自动化系统。1985 年，IBM 公司推出的令牌环型网络是其典范。在 FDDI 得以应用推广后，这种结构也广泛得到采用。

它的缺点主要表现为节点过多，传输效率不高，不便于扩充。

环型拓扑结构如图 5-10 所示。

3）星型

在计算机网络拓扑结构中，星型拓扑结构主要是指一个中央节点周围连接着许多节点而组成的网络结构。其中，中央节点上必须安装一个集线器。所有的网络信息都是通过中央集线器（节点）进行通信的，周围的节点将信息传输给中央集线器，中央集线器将所接收的信息进行处理加工，从而传输给其他的节点。

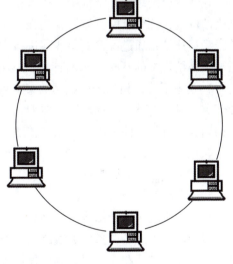

图 5-10　环型拓扑结构

星型拓扑结构具有以下特点：①网络结构相对简单，集中控制易于维护，容易实现组网；②网络延迟时间短，传输误码率低；③网络共享能力较差，通信线路利用率不高，中央节点负担过重；④可同时连接双绞线、同轴电缆及光纤等多种媒介。星型网络拓扑结构的主要特点在于建网简单、结构容易构造、便于管理等。

它的缺点主要表现为中央节点负担繁重，不利于扩充线路的利用。

星型网络拓扑结构如图 5-11 所示。

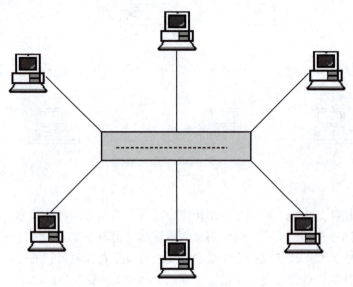

图 5-11　星型网络拓扑结构

4）树型

在计算机网络拓扑结构中，树型拓扑结构主要是指各个主机进行分层连接，其中，处于越高的位置，此节点的可靠性就越强。树型拓扑结构其实是总线型拓扑结构的复杂化，由于总线型拓扑结构通过许多层集线器进行主机连接，从而形成了树型拓扑结构。在互联网中，树型拓扑结构中的不同层次的计算机或者是节点，它们的地位是不一样的，树根部位（最高层）是主干网，相当于广域网的某节点，中间节点所表示的应该是大局域网或者城域网，叶节点所对应的就是小局域网。树型拓扑结构中，所有节点中，任意两个节点之间都不会产生回路，所有的通路都能进行双向传输。

其优点是成本较低、便于推广、灵活方便，比较适合那些分等级的主次较强的层次型网络。

树型拓扑结构如图 5-12 所示。

5）网状

在计算机网络拓扑结构中，网状结构是最复杂的网络形式，它是指网络中任何一个节点都会连接着两条或者两条以上线路，从而保持跟两个或者更多的节点相连。网状拓扑结构各个节点跟许多条线路连接着，其可靠性和稳定性都比较强，其比较适用于广域网。同时，由于其结构和联网比较复杂，构建此网络所花费的成本也是比较高的。

前面的几种网络拓扑结构主要用于构建小型的局域网性质的网络，当面对一些大型网络的构建时，一般采用网状拓扑结构。同样，网状拓扑结构也是一种组合型拓扑结构，它是将多个利用前面介绍的拓扑结构组成的子网或局域网连接起来而构成的。网状拓扑结构一般用于 Internet 骨干网上，是使用路由算法发送数据的最佳路径。但在实际应用中，根据具体需要，几种拓扑结构通常综合使用。

网状拓扑结构如图 5-13 所示。

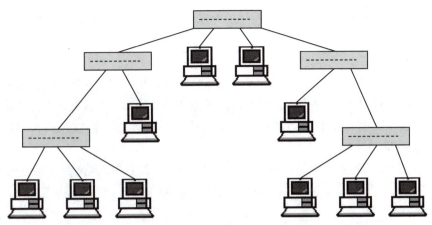

图 5-12 树型拓扑结构

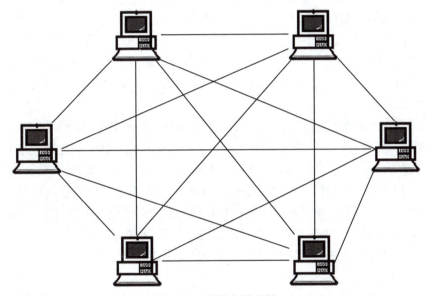

图 5-13 网状拓扑结构

三、常见网络故障现象分析

1. 线路故障

线路故障最常见的情况就是线路不通，诊断这种故障的方法：用 ping 检查线路远端的路由器端口是否还能响应，或检测该线路上的流量是否还存在。一旦发现远端路由器端口不通，或该线路没有流量，则该线路可能出现了故障。这时有以下几种处理方法。

首先是 ping 检查线路两端路由器端口，检查两端的端口是否关闭了。如果其中一端端口没有响应，则可能是路由器端口故障。如果是近端端口关闭，则可检查端口插头是否松动，路由器端口是否处于 down 的状态；如果是远端端口关闭，则要通知线路对方进行检查。

进行这些故障处理之后，线路往往就通畅了。如果线路仍然不通，一种可能就是线路本身的问题，可查看线路中间是否被切断；另一种可能是路由器配置出错，比如路由循环了，也就是远端端口路由又指向了线路的近端，这样线路远端连接的网络用户就不通了，这种故障可以用 traceroute 来诊断。解决路由循环的方法就是重新配置路由器端口的静态路由或动态路由。

2. 路由器故障

事实上，线路故障中很多情况都涉及路由器，因此，也可以把一些线路故障归结为路由器故障。但线路涉及两端的路由器，因此，在考虑线路故障时，要涉及多个路由器。有些路由器故障仅仅涉及它本身，这些故障比较典型的就是路由器 CPU 温度过高、CPU 利用率过高和路由器内存余量太小。

其中最危险的是路由器 CPU 温度过高，因为这可能导致路由器烧毁。路由器 CPU 利用率过高或路由器内存余量太小都将直接影响到网络服务的质量，比如路由器上丢包率会随内存余量的下降而上升。

要检测这种类型的故障，需要利用 MIB 变量浏览器这个工具，从路由器 MIB 变量中读出有关的数据。通常情况下，网络管理系统有专门的管理进程不断地检测路由器的关键数据，并及时给出报警。要解决这种故障，只有对路由器进行升级、扩内存等，或者重新规划网络的拓扑结构。

另外，路由器故障就是自身的配置错误。比如配置的协议类型不对、配置的端口不对等。这种故障比较少见，只要在使用初期配置好路由器，基本上就不会出现了。

3. 主机故障

主机故障常见的现象就是主机的配置不当。比如，主机配置的 IP 地址与其他主机冲突，或 IP 地址根本就不在子网范围内，这将导致该主机不能连通。如泰州无线电管理处的网段范围是 172.17.14.1～172.17.14.253，所以，主机地址只有设置在此段区间内才有效。

还有一些服务设置的故障。比如，E-mail 服务器设置不当导致不能收发 E-mail，或者域名服务器设置不当导致不能解析域名。主机故障的另一种可能是主机安全故障。比如，主机没有控制其上的 finger、rpc、rlogin 等多余服务。而恶意攻击者可以通过这些多余进程的正常服务或 bug 攻击该主机，甚至得到该主机的超级用户权限等。

4. 其他故障

比如，不当共享本机硬盘等，将导致恶意攻击者非法利用该主机的资源。发现主机故障是一件困难的事情，特别是别人恶意的攻击。一般可以通过监视主机的流量或扫描主机端口和服务来防止可能的漏洞。当发现主机受到攻击之后，应立即分析可能的漏洞，并进行预防，同时通知网络管理人员注意。现在，各市都安装了防火墙，如果防火墙地址权限设置不当，也会造成网络的连接故障，只要在设置使用防火墙时加以注意，这种故障就能解决。

5.1.4 实现方法

1. 连接指示灯不亮

网卡后侧 RJ45 的一边有两个指示灯，分别是连接状态指示灯和信号传输指示灯，其中，正常状态下，连接状态指示灯呈绿色并且长亮，信号指示灯呈红色，正常应该不停地闪烁。如果发现连接指示灯，也就是绿灯不亮，那么表示网卡连接到 HUB 或交换机之间的连接有故障。对此可以使用测试仪进行分段排除，如果从交换机到网卡之间是通过多个模块互连的，那么可以使用二分法进行快速定位。一般情况下，这种故障发生多半是网线没有接牢、

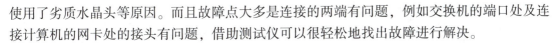

使用了劣质水晶头等原因。而且故障点大多是连接的两端有问题，例如交换机的端口处及连接计算机的网卡处的接头有问题，借助测试仪可以很轻松地找出故障进行解决。

2. 信号指示灯不亮

如果信号指示灯不亮，则说明没有信号进行传输，但可以肯定的是，线路之间是正常的。可以使用替换法将连接计算机的网线换到另外一台计算机上，或者使用测试仪检查是否有信号传送，如果有信号传送，那么是本地网卡的问题。实际的工作经验证明，网卡导致没有信息传送是比较普遍的故障。对此，可以首先检查网卡安装是否正常、IP 设置是否错误，可以尝试 ping 本机的 IP 地址，如果能够 ping 通，则说明网卡没有太大问题；如果不通，则可以尝试重新安装网卡驱动来解决。另外，对于一些使用了集成网卡或质量不高的网卡，容易出现不稳定的现象，即所有设置都正确，但网络却不通。对此，可以将网卡禁用，然后重新启用的方法。

3. 降速使用

很多网卡都是使用 10M/100M 自适应网卡，虽然网卡的默认设置是"自适应"，但是受交换机速度或网线制作方法的影响，可能出现一些不匹配的情况。这个时候可以把网卡速度直接设为 10M。方法是右击"本地连接"，打开其属性窗口，在"常规"选项卡中单击"配置"按钮，将打开的网卡属性窗口切换到"高级"选项卡，在"属性"列表中选中"Link Speed/Duplex Mode"，在右侧的"值"下拉菜单中选择"10 FullMode"，依次单击"确定"按钮保存设置。

4. 防火墙导致网络不通

在局域网中，为了保障安全，很多用户安装了防火墙，这样很容易造成一些"假"故障，例如，ping 不通但是可以访问对方的计算机，不能够上网却可以使用 QQ 等。判断是否是防火墙导致的故障很简单，只需要将防火墙暂时关闭，然后检查故障是否存在。而出现这种故障的原因也很简单，例如，用户初次使用 IE 访问某个网站时，防火墙会询问是否允许该程序访问网络，一些用户因为不小心选择了"不允许"，这样以后都会使用这样的设置，导致网络不通。比较彻底的解决办法是在防火墙中除去这个限制。例如，笔者使用的是金山网镖，那么可以打开其窗口，切换到"应用规则"标签，然后在其中找到关于 Internet Explorer 项，单击"允许"按钮即可。

5. 整个网络不通

在实际的故障解决过程中，对于一些较大型的网络，还容易出现整个网络不通的奇怪故障。说它奇怪，是因为所有的现象看起来都正常，指示灯、配置都经过检查了，任何问题都没有，但网络就是不通；而且是在不通的过程中，偶尔有一两台计算机能够间歇性地访问。其实这就是典型的网络风暴现象，大多发生在一些大中型网络中。即网络中存在很多病毒，然后彼此之间进行流窜，相互感染，由于网络中的计算机比较多，这样数据的传输量很大，直接就占领了端口，使正常的数据也无法传输。对于这种由病毒引发的网络风暴，最直接的解决办法就是找出风暴的源头，这时只需要在网络中的一台计算机上安装一个防火墙，例如金山网镖，启用防火墙后，就会发现防火墙不停地报警。打开后，可以在"安全状态"标签的安全日志中看到防火墙拦截来自同一个 IP 地址的病毒攻击，这时只要根据 IP 地址找出是哪一台计算机，将其与网络断开进行病毒查杀，一般即可解决问题。

6. 配置错误导致网络不通

这种故障的外部表现大多是网络指示灯正常，也能够 ping 通，有时可以访问内网资源，但无法访问外网资源，有时还会表现出访问网站时只能通过 IP 地址访问，而不能通过域名访问。这就是典型的网络配置不当所产生的，即没有设置正确的网卡和 DNS。如果网关设置错误，那么该台计算机只能在局域网内部访问，如果 DNS 设置错误，那么访问外部网站时不能进行解析。对此只需要打开本地连接的属性窗口，打开"Internet 协议（TCP/IP）"属性窗口，然后设置正确的默认网关和 DNS 服务器地址即可。

7. 网上邻居无法访问

网络是畅通的，与 Internet 或局域网内部的连接全部正常，但是通过网上邻居访问局域网中的其他计算机时，却无法访问。造成这种故障的原因比较多，笔者在这里可以给大家提供一个简单的解决办法。即直接在"运行"窗口中按照"计算机名（IP 地址）共享名"的格式来访问网内其他计算机上的共享文件夹，这样不仅可以绕开这个故障，而且比通过网上邻居访问要更加快捷。

8. 组策略导致网络不通

这种故障主要存在于 Windows 不同的版本系统之间，是因为组策略设置了禁止从网络访问。因此，可以在"运行"窗口中输入"Gpedit.msc"，并按 Enter 键，在打开的"组策略"窗口中依次选择"本地计算机策略""计算机配置""Windows 设置""安全设置""本地策略""用户权利指派"，然后双击右侧的"拒绝从网络访问这台计算机"，在打开的窗口中将里面的账户列表选中并删除即可。

网络不通是一个复杂多变的故障，但只要掌握其本质，了解网络构建的步骤，熟悉故障的易发点，就可以做到以不变应万变，轻松解决网络不通的问题。

项目 2　网上漫游案例分析

5.2.1　案例的提出

职院某班班长郑颁彰要组织一个有关大学生安全教育的主题班会活动。这次活动需要许多创意和素材，创作资源的逐渐匮乏使他不得不寻求老师的帮助。另外，有一些通知与电子演示文稿也需要在网上发布与传送。于是，在老师的建议下，他开始了网上漫游，搜索并下载了校园安全方面的资料，并注册了电子邮箱来传送电子信息，不久就设计了如下解决方案。

5.2.2　解决方案

网上漫游寻找资料，以充实创作素材。注册电子邮箱，以发布通知和传送电子信息。

5.2.3　相关知识点

① Internet Explorer 9 浏览器。
② Outlook 电子邮件。

5.2.4　实现方法